はじめに

「生命の星」と呼ばれている地球……そこには実に多様な生物が存在している。その大きさは、最大全長がおよそ34mにも達する地球最大の哺乳類シロナガスクジラから、数マイクロメートル（μm：１μmは1000分の１mm）の顕微鏡でなければ見ることもできない細菌にいたるまで様々であり、生物種の総数は未だに発見されていないものまで含めると1000万種ともいわれている。

これらの地球で生きる生物は、およそ38億年前に原始の地球に生物が誕生して以来、長い時間をかけて進化してきた。ただし、その進化の道のりに目的や何らかの戦略があったわけではないので、とてつもなく寄り道だらけのものだった。ある意味、偶然の産物である。

地球における生命史を振り返ると、少なくとも５回の大量絶滅を繰り返してきたことがわかっている。大気組成の変化、気温の変化、あるいは小惑星の激突などによる地球環境の激変によるものだ。それらの大量絶滅のたびに、全生物種のうち１～３割しか生き残れなかったとされる。だが、そんな過酷な時代をたまたま生き延びたものたちが、さらに誕生と死を繰り返しながら進化し、生物としての歴史をつないできた。

この奇跡的な生命の連続性を可能にしたのは、多様性だった。多様な生物が存在したからこそ、環境の激変を乗り越えられ、地球は「生命の星」であり続けることができたのだ。

では、そもそも生命とはいったい何なのか？

遺伝子の仕組みが解明されてきたことにより、多くの生物学者が「生物はデジタル情報である」と考えるようになっている。

どんな生物でも「死」を免れることはできないが、生物としての情報は遺伝子によって親から子へと受け継がれていく。この遺伝情報は、基本的にアデニン（A）、チミン（T）、グアニン（G）、シトシン（C）という４種類の塩基によって記録されているデジタル情報そのものであり、地球上に最初に出現した生物の遺伝子情報は、今を生きている私たちの遺伝情報にも脈々と受け継がれている。

この事実は、生物はある日突然ぽっと誕生したものではなく、「単純な遺伝情報が、進化というプログラムにより複雑化してつくられた」ということを示している。

生命のはじまりは、偶然できたすごく単純な物質だった。それが変化を繰り返しているうちに「自己増殖」するようになり、遺伝情報が変化（変異）して多様性が増していった。そして多様化したそれら「生命の種」の中から細胞が誕生し、その時代の環境にたまたま適応して、つごうよく生き残るものが「選択」された。

この「変化」と「選択」の繰り返しが「進化のプログラム」であり、それにより生物がつくられ、現在まで続いている。

たとえばウイルスはDNAやRNAなどの遺伝物質を膜で包んだだけの非常に単純な構造で、自分だけでは子孫をつくることができない。そのため基本的にはウイルスは生物には入れられてはいない。

それに対して、原核生物・真核生物は自分自身を複製するための遺伝情報を持っている。さらに、太古の多細胞生物の中から「より複雑な体を持つプログラム」を持つものも登場した。その結果、単細胞生物しか存在しなかった地球に、より複雑な体を持ち、活発に動き回りながら子孫を残す（遺伝情報をつないでいく）種が登場してきた。

そういう意味では、ヒトを含むあらゆる生物の体は、遺伝情報をより効率的に「つないで」いくための器にすぎず、「生命とはデジタル情報であり、進化とはプログラムだ」とも言えるのだ。

本書は、最新の研究成果をベースに、生物とは何か、多様性の重要性、将来の人間の姿について紹介していく。生物、そして私たちをつくり出した、かけがえのない「地球」を愛おしむ気持ちが、より一層強くなれば幸いである。

小林武彦
東京大学 定量生命科学研究所教授

INDEX

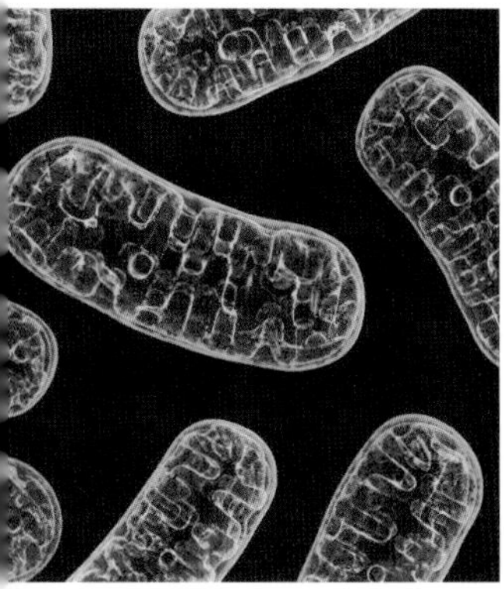

Chapter 4 なぜ、生物は生き残れたのか？ 67

Chapter 5 多様性はなぜ必要か ―― 99

Chapter 6 ウイルスとの共存 ―― 125

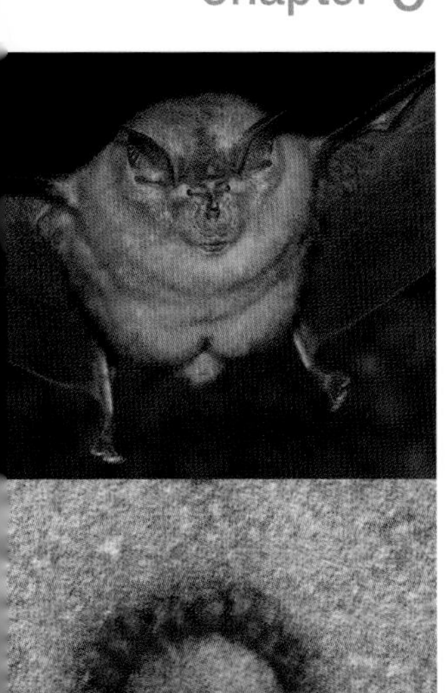

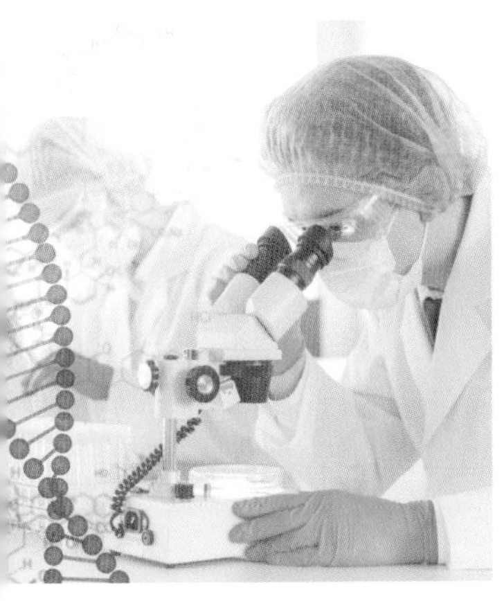

▲遺伝子のイメージ　Photolibrary

Chapter 1 生命って何だ!?

生物とはいったい何なのか？
人類は古くから、この命題と向き合ってきたが、

■生物の定義

親から子へ、子から孫へと、延々と受け継がれていく命のつながり……いったい生命とは何なのだろうか？

人類はその謎を解こうと、はるか昔から思索を続けてきた。世界中に、世界は卵から生じたとか、生物は神によってつくられたなど、様々な形の神話が伝えられているが、そうした神話も、生命とは何かを知りたいという人類の本能的な欲求が生み出したものだったのかもしれない。

その人類は長い歴史を経て、ついに生命について科学的なアプローチを始めた。現在、多くの生物学者が認めている一般的な定義として、次のような条件を満たす存在が「生物」だとされている。

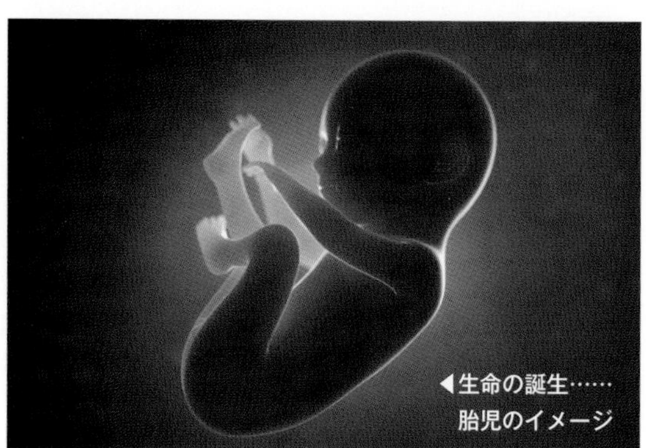

◀生命の誕生……胎児のイメージ

【生物を定義する３つの条件】

①外界と膜で仕切られた細胞を基本単位とする。

生物を構成している基本単位が細胞である。その細胞には様々なタイプのものが存在しているが、そのすべてが、細胞膜で覆われた構造を有している。

②代謝（物質やエネルギーの流れ）を行う。

細胞の中では様々な化学反応が起き、代謝が行われている。それが生命活動のエネルギーとなっている。

③自分の複製をつくる。

細胞の中には遺伝子が組み込まれており、自分の複製をつくる能力（自己複製能力）が備わっている。つまり、子孫を残すことができる。

●生物を構成する基本単位は「細胞」であり、細胞内では代謝が行われる

すべての生物は細胞で構成されているが、その細胞は細胞膜という膜によって包まれ、外界と仕切られている。そしてその内部には、それぞれの生物の遺伝情報を格納した染色体が存在している。

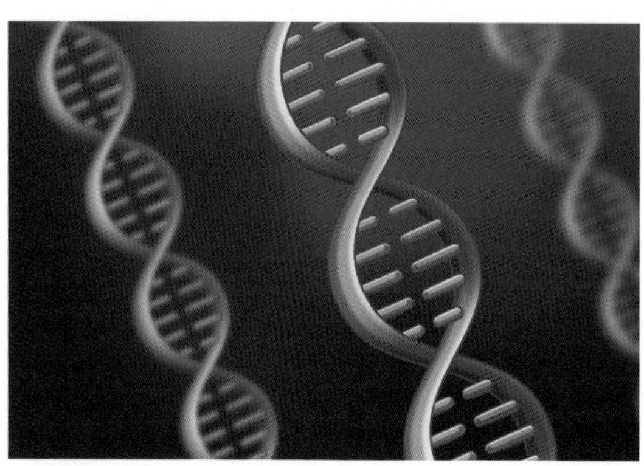

▲DNAのイメージ　ILLUST KIT

この染色体は、DNA（デオキシリボ核酸：deoxyribonucleic acid）とそれに結合するタンパク質から構成される高分子生体物質だ。

細胞は、この染色体を包む膜（核膜）があるかないかによって原核細胞と真核細胞に分けられる。核膜を持たない細胞（つまり細胞核がない細胞）が原核細胞であり、核膜を持つ細胞（つまり細胞核を持つ細胞）が真核生物だ。そして原核細胞でできている生物を原核生物、真核細胞でできている生物を真核生物と呼んでいる。

原核生物は細菌など単細胞生物のみだが、真核生物にはアメーバのような単細胞生物もいれば、植物や動物のような多細胞生物もいる。

また、生物の細胞内では外界から取り入れた無

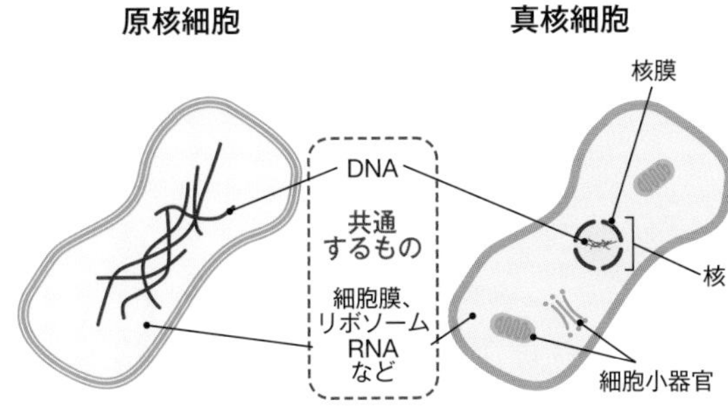

▲原核細胞と真核細胞の違い
染色体が細胞内でむき出しになっており、細胞内にもやもやと広がっているのが原核細胞。一方、染色体が核膜で包まれ、核を形づくっているのが真核細胞だ。一般的な原核細胞の実際の大きさは真核細胞の10分の１以下である。

機物や有機化合物を基質として、「解糖系」「クエン酸回路」「電子伝達系」と呼ばれる一連の化学反応が起きている。この化学反応によって生み出されたエネルギーにより、生命活動が維持される。

たとえば、真核細胞内に存在するミトコンドリアでは、糖質などのエネルギー源と細胞に運ばれてくる酸素を反応させて、生命維持のエネルギー源となるATP(アデノシン三リン酸：adenosine triphosphate)を生み出している。ミトコンドリアが「体内の発電所」と呼ばれる所以である。

●細胞は自己複製能力を持つ

個々の生物の体を構成する体細胞は、原則としてすべて同じ遺伝情報を持っている。そのためには、生命の設計図ともいえるDNAが正確に複製される必要がある。

遺伝情報を担っているDNAは２本の長い鎖が水素結合して結びついて二重らせん構造となっているが、細胞が分裂する際には、二重らせん構造になっていた２本の鎖が複製開始点から開いていくと同時に、新しい塩基と結びつく。このとき、ペアとなる塩基の組み合わせは決まっている。そのため、まったく同じ遺伝子配列を持った新しい鎖がつくられていく。

これが細胞の持つ自己複製のメカニズムであり、その能力がなければ生物ではない、ということになる。

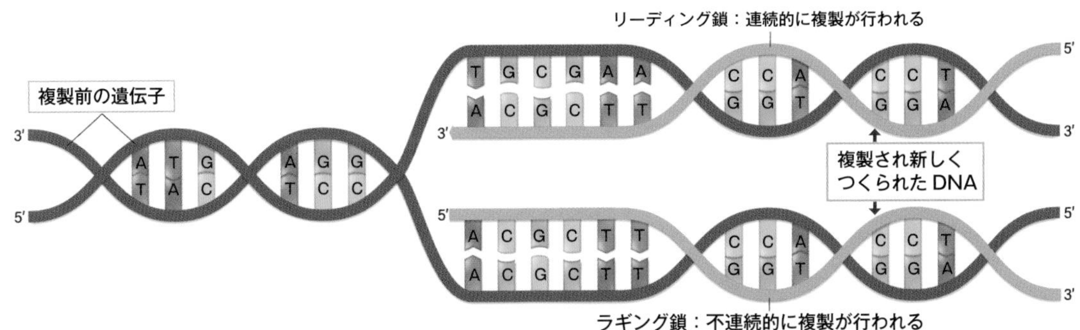

▲DNAが複製されるプロセス
DNAを構成する基本単位は、ヌクレオチド（核酸塩基＋糖＋リン酸）という物質であり、DNAを複製するのがDNAポリメラーゼという酵素だ。DNAポリメラーゼは、鋳型となるDNA鎖と対をなすヌクレオチドをつなげていくはたらきがある。また、DNAを合成する方向は決まっており、連続して複製を行うリーディング鎖と、逆方向の合成された短い断片をつなぎ合わせる不連続的に複製を行うラギング鎖の２つのプロセスがある（詳細は148ページを参照）。

■進化のプログラム〜運がいいものが生き残る！

▲生物の進化のイメージ　AdobeStock ©Olena

これまでの無数の生と死が繰り返されて生物は進化し、私たちが存在している。現在存在する生物は突然出現したわけではなく、進化の結果として誕生してきた存在なのだ。「はじめに」に書いたように、生物の始まりは、非常に単純な物質だった。それが「変化」して自分で増えるようになり、その中でも増えやすいものだけが「選択」され、生き残ってきた。この「変化」と「選択」を繰り返すことが、進化のプログラムである。

選択されなかった生き物はどうなったか？　簡単にいうと、分解して新たに誕生する生物の材料になっていった。こういう進化のサイクルは生命が誕生した38億年前からずっと続いている。そしてその結果として、今の私たちの存在があるのだ。

つまり、進化というのは何らかの目的があって起きるものではないということだ。変化と選択が常に繰り返される中で、そのときどきの地球環境に都合がいい形や性質を持ったものが生き残ってきた。言葉を換えれば、運のいいものだけが生き残ってきた。

●「強いものが生き残る」というのは幻想だ

生物の進化というと、「生き残るための戦略だ」とか「強いものが生き残る」というイメージで捉えられてきた。しかし、進化にそんな意思があるわけではないし、決して強いものだけが生き残ってきたわけではない。

実は、地球の環境はものすごく変わりやすい。その中で生き延びてきたのは、強いものというよりも、運がいいものであり、どちらかといえば、隠れるのがうまかったり、体が小さかったりする弱者たちである。その例をいくつか挙げておこう。

●あっさり姿を消した巨大トンボ

３億年ぐらい前の古生代石炭紀には、羽を広げると70㎝にもなるトンボがいた。メガネウラと名づけられているこのトンボが大型化したのは、温暖だった石炭紀は植物が多く、酸素濃度が特に高かったためと考えられている。しかし環境の変化に伴い、あっさり絶滅してしまった。

それに対し、今、どういうトンボが残っているかというと、たとえばカゲロウなどは、成虫になったら、数時間から数十時間しか生きられず、口すらない。そんな一見弱そうな生き物が生き残り、幅70㎝あるトンボは絶滅したのだ。つまり、強いほうが生き残ったわけではないということである。地球の環境は、長い目で見ると暖かくなったり寒くなったり、空気の組成が変わったり、いろいろ変わってきた。その中で、たまたまその条件で生き残れたものが命をつないできたのだ。

▲古生代の巨大トンボ「メガネウラ」の化石
当時としては最強クラスの捕食者で、小型の両生類、爬虫類なども襲っていたと想像されている。
Adobe Stock　©Ardrii_Oliinyk

●巨大隕石落下で人類の祖先は繁栄の糸口をつかんだ

▲哺乳類の祖先とされるアデロバシレウスの想像図。
現在のトガリネズミのような姿をした人間の手のひらに乗るほどの小さな生物だった。©Nobu Tamura

今から6650万年前の中生代の終わりには、ユカタン半島に巨大隕石が落下し、激しい気候変動が起きて中生代の生き物の約70%が絶滅し、恐竜は完全に姿を消したとされる。

そんな過酷な環境の中でたまたま生き残ったのが、われわれの祖先である小さな哺乳類であるアデロバシレウスやメガゾストロドン（57ページ参照）だった。

彼らは、それまで恐竜や大型の爬虫類から隠れて、ひっそりと生きていた。

しかし、それまで地球を支配していた大型の爬虫類や恐竜がいなくなったおかげで、いろいろな場所に進出し、進化して繁栄していった。その子孫がわれわれである。

生物は、怖いものから逃げる、痛いものを避けるなどといった逃避本能や生存本能を有しているが、われわれの先祖は、そういった逃避本能だとか生存本能が強かったのだろう。

だからこそ、恐竜や大型の爬虫類に食われながらも絶滅せずに子孫を残し続け、彼らがいなくなった世界で繁栄期を迎えることができたのだ。

われわれ人間は、「自分たちは進化の頂点にある強者だ」と考えがちだが、実は運よく生き残ってきただけのことなのである。

●ウナギが遠くの深海で産卵するのも“進化による選択”

繰り返すが、進化は、何か目的があってこうなろうと思って起きたわけではない。どういう選択圧がかかったかということが重要だ。たとえばニホンウナギは、マリアナ諸島西方海域まで行って、200mぐらいの深さで産卵していることが最近になってようやくわかってきた。

なぜ、そんな遠くまで行って産卵するのか？それに理由はない。より遠くで産むから、卵が食べられなくて生き残れた。それをずっと繰り返しているうちに、どんどん産卵場所が遠くなっていった。そもそも最初から「遠くの深海まで行って卵を産もう」と思う物好きなウナギなんて1匹もいなかった。だが、多様なウナギが生じる中で、偶然そういう習性を持つ一族が出現し、それが生き残ったということだ。つまり、進化のプログラムの「選択」は偶然によるものであり、そのときどきの環境でたまたま生き残ったということなのである。

▲ニホンウナギの産卵場所
参考：東京大学プレスリリース「ニホンウナギの産卵地点の発見」2006年2月23日

■地球上に生息している生物種と数

国際自然保護連合（IUCN：International Union for Conservation of Nature and Natural Resources）の調べによると、現在、人類がその存在を認知し、学名がつけられている生物（細菌類を除く）は、2021年の段階で213万種類を超えているという。

その内訳は下の円グラフのとおりだ。

これを見てもわかるように、最も種の数が多いのが昆虫類で約５割を占めている。そういう意味では、地球はまさに昆虫の星であるといえる。しかし、ここに挙げている生物種の数はあくまで人間がこれまでに発見しているものに限られており、未だに発見されていない生物種の数のほうが圧倒的に多いとされている。

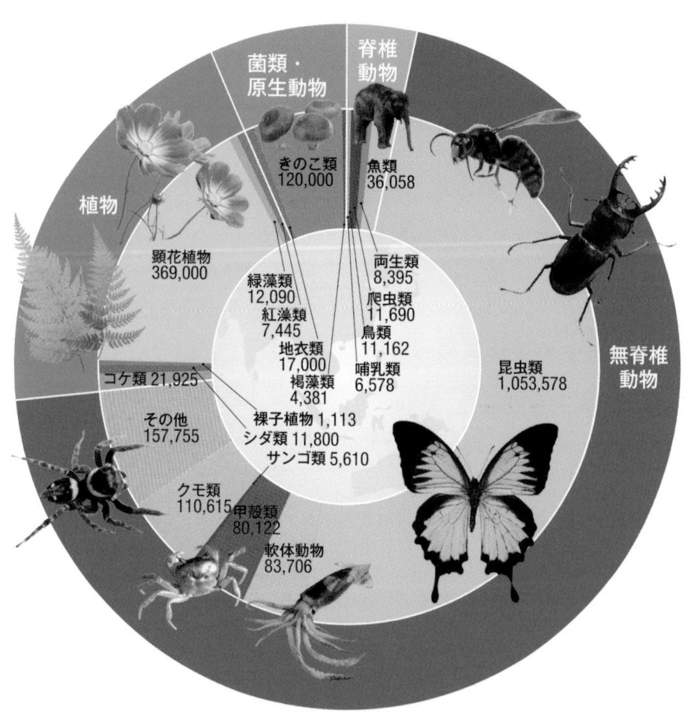

■ 学名がつけられている生物種と数

分類	種類	種数
脊椎動物	哺乳類	6,578種
	鳥類	11,162種
	爬虫類	11,690種
	両生類	8,395種
	魚類	36,058種
無脊椎動物	昆虫類	1,053,578種
	軟体動物	83,706種
	甲殻類	80,122種
	サンゴ類	5,610種
	クモ類	110,615種
	その他	157,755種

分類	種類	種数
植物	コケ類	21,925種
	シダ類	11,800種
	裸子植物	1,113種
	顕花植物	369,000種
	緑藻類	12,090種
	紅藻類	7,445種
菌類・原生動物	地衣類	17,000種
	きのこ類	120,000種
	褐藻類	4,381種
合計		2,130,023種

出典：IUCN Red List version 2021-3: Table 1a
Last updated: 09 December 2021

●推定される地球の生物種は870万種

2011年には、世界自然保全モニタリングセンター、カナダのダルハウジー大学、アメリカのハワイ大学の研究者らによるグループが、地球上の生物種数は推定で約870万に上るという研究報告を発表している。

従来のデータベースには、種、属、科、目、綱、門、界の階層で分類した生物約125万種が登録されており、未登録の生物を含めた総数は300万～1億と推定されていたが、同研究グループは、その登録された生物種を分析し、種と上位階層との間の数値的パターンを突き止めることで、より正確な生物種数を算出したとしている。

また、870万種のうち動物が777万種、植物が29万8000種、菌類が61万1000種と推定。そのうち650万が陸上種、220万が海洋種であり、陸上種の86%、海洋種の91%が未知種であるとした。地球にはまだまだ、人類が知らない数多くの生物が存在しているのだ。

その一方で絶滅が危惧(きぐ)される生物種も少なくない。2019年、国際自然保護連合（IUCN）は、絶滅の危機にある世界の野生生物のリスト「レッドリスト」の最新版を公開したが、この最新のリストで、絶滅危惧種とされた種の数は2万8338種と更新前の2万6840種を大きく上回った。

ただし、これはいうまでなく、現在、人間が存在を確認している生物種に限った話であり、実は未確認生物種の中には人類に知られることがないまま姿を消している種があることは容易に想像できることだ。

こうした生物種の絶滅に、温暖化の問題も含め、人間が深く関与していることは間違いないとされている。だからこそ今、私たちは生物多様性の大切さをしっかりと考えるべきなのである。

●目に見えない微生物の世界も広大だ

さらに生物界を語るうえで忘れてはならないのが微生物の存在だ。微生物には、後生動物、原生動物、真菌類、細菌類（バクテリア類）など様々な生物が含まれるが、最近の研究では、酸素がなくても死なないもの、100℃以上の高温化でも生存できるもの、石油を食べるもの、あるいは有機物を燃料に発電するものなども見つかっている。

そのうち数として最も多いのは細菌類で、今までに1万種程度が培養・保存されている。だが、これは環境中に現存する細菌種の0.1%にも満たないと推定されている。

つまり99.9%以上は未知の存在なのだ。

ちなみに、私たちの体の中にも細菌類は棲(す)みついている。最近の研究で、ヒトの体に棲みついている常在細菌は口の中が約100億個、皮膚が約1兆個、胃が約1万個、小腸が約1兆個、大腸が約100兆個、泌尿器(ひにょうき)や生殖器がそれぞれ約1兆個であることがわかってきた。

人体は37兆2000億の細胞で構成されているが、ヒトはそれをはるかに超える細菌と共生しているのだ。

常在細菌が棲む主な部位と細菌の数

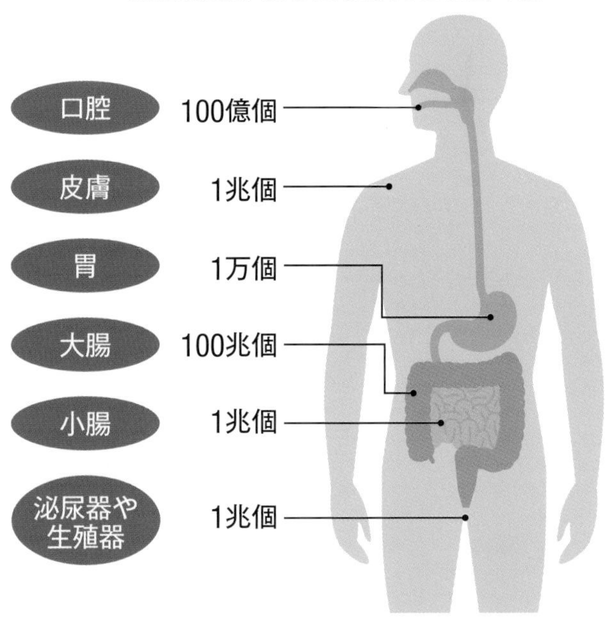

▲私たちの体には全部で100兆個超の細菌が棲みついていると推定されている。

■生物と無生物の境界線

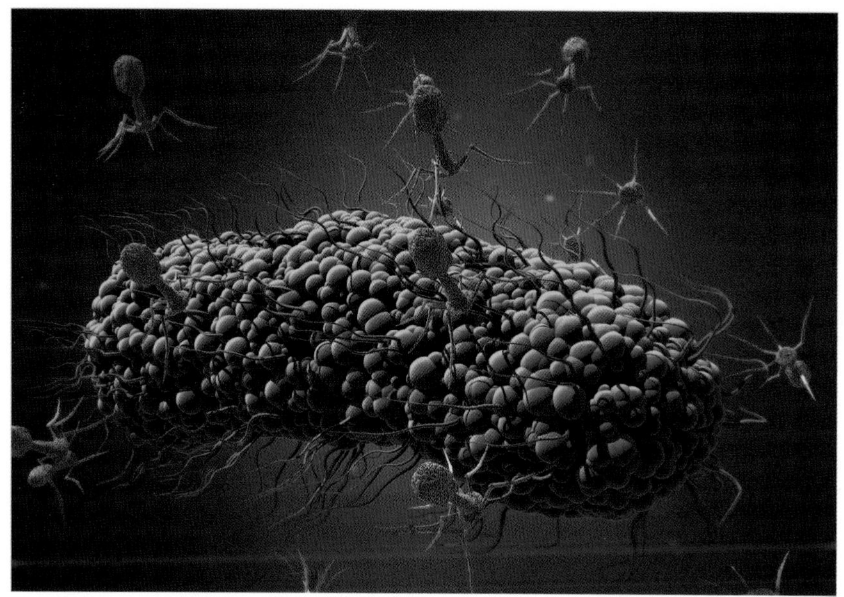

◀細菌に感染するウイルス（バクテリオファージ）のイメージ
バクテリオファージとは、「バクテリア（bacteria）を食べるもの（ギリシャ語：phagos）」という意味で、文字通り細菌に感染するウイルスのことである。
iStock ©Design Cell

生物の中で、最もつくりがシンプルなのが細菌類（バクテリア類）である。そのため、細菌は地球上に最初に現れた生物だと考えられている。サイズは数μm（1μm＝1000分の1㎜）ながら、地球のいたるところに生息し、前述したようにヒトの体の中にも存在する（13ページ参照）。

一般的に、それより小さいのがウイルスだ。ウイルスは遺伝物質（DNAやRNA）と、それを包むタンパク質の殻（カプシド）からなる数nm（100万分の1㎜）サイズの粒子である。

カプシドとは、ウイルスの遺伝物質（DNAまたはRNA）を包んでいる膜のことで、主としてタンパク質からなる。また、一部のウイルスは、宿主の細胞膜（リン脂質とタンパク質）に由来する脂質二重膜を持っている。こうした膜を持つウイルスには、単純ヘルペスウイルス、コロナウイルス、インフルエンザウイルス、HIVウイルスなどがある。

このような構造を持つウイルスが果たして生物と呼べるのか、それとも無生物なのか、未だに明確な結論は出ていない。

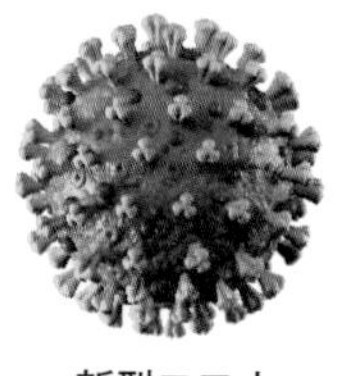
新型コロナウイル

HIVウイルス

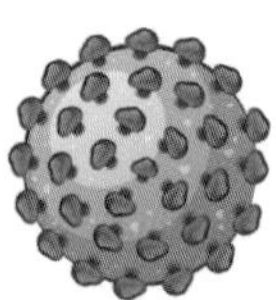
B型肝炎ウイルス

エボラウイルス

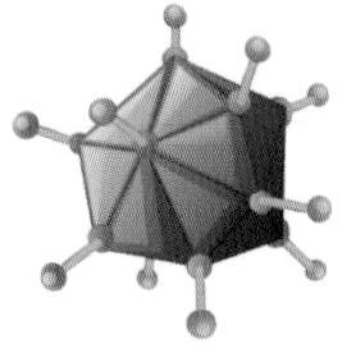
アデノウイルス

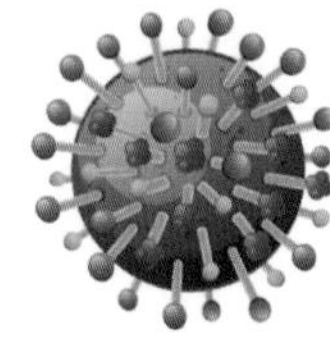
インフルエンザウイルス

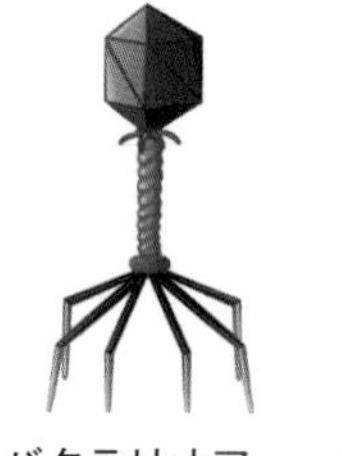
バクテリオファージ

▲ウイルスにもいろいろな形がある

●生物と無生物のあいまいな境界線

ウイルスは細胞構造を持たないし、代謝も行わない。また、リボソームという遺伝情報を翻訳してタンパク質をつくる装置がなく、自分自身で体やエネルギーをつくるために必要なタンパク質をつくれないから無生物であるとする研究者が多い。

それに対して、前述したようにウイルスの中には前述したように膜状の構造を持っているものがいるし、他の生物の細胞を利用するとはいえ、自己複製するのだから生物と考えてもいいのではないかと考える研究者もいる。

また、たとえば肺炎や性感染症を起こす細菌であるクラミジアはエネルギーを産生するのに必要な酵素を持たず、単独で増殖することはできず、増殖するのは他の生物の細胞に寄生しているときだけである。そのため、偏性細胞内寄生体と呼ばれているが、自力で増殖できないという点ではウイルスと同じであるが、生物（真正細菌）に分類されている。

そういう意味では、生物と非生物の境界線はあいまいである。これは無生物から生物が誕生したからであり、仕方がないことだ。

ウイルス、細菌、真菌、ヒト細胞の違い

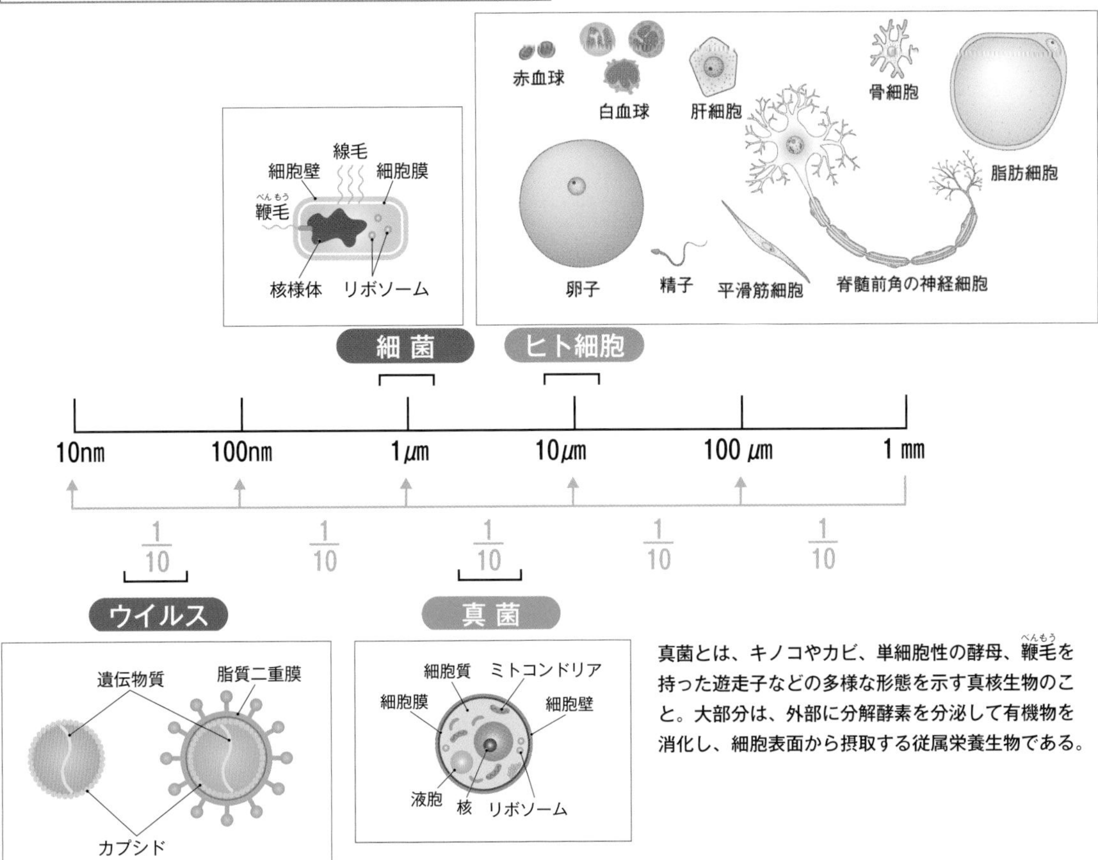

ヒト細胞の大きさは様々だ。赤血球は７～８μm、白血球は６～30μm、肝細胞は20μm、骨細胞は５～20μmほどだ。脂肪細胞は最大約150μmほどだ。平滑筋細胞は0.5μm～0.5mmほどと様々だし、神経細胞の多くは数mm～数十mmだが、脊椎前核の神経細胞は１mほどもある。また、卵子は0.1～0.2mmとかなり大きいが、精子は頭部が５μm、尾部が50μmほどである。

ヒト細胞のイラストの出典：増田敦子／『新訂版 解剖生理をおもしろく学ぶ』サイオ出版、2015

●巨大ウイルスの発見

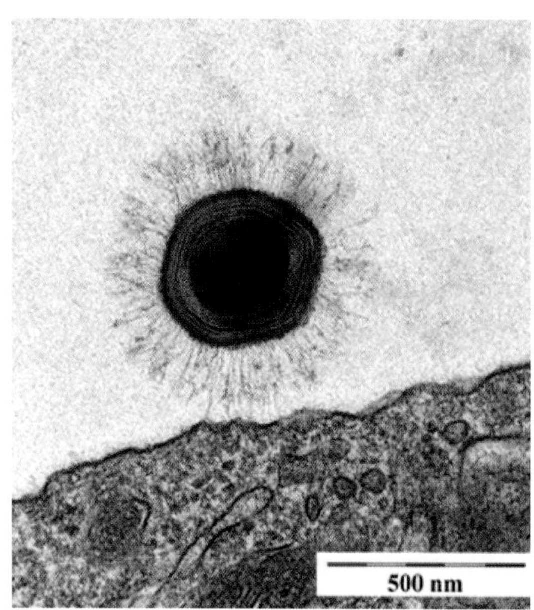

▲宿主の細胞体に結合しようとしているミミウイルス
出典:PLOS/journal June 13, 2008　©2008 Ghigo et al.

1992年にイングランドのウェスト・ヨークシャー州の病院で、採取されたアメーバの中から正体不明の細菌らしきものが発見された。その細菌らしきものが、フランスの研究グループによる電子顕微鏡観察で、ウイルスの一種であると確定したのは2003年のことだった。

このウイルスは驚くべきことに本体を包む繊維を含むと直径が約0.75㎛（本体だけでも直径約0.4㎛）もあった。この大きさは、それまで巨大だとされていた天然痘ウイルスやクロレラウイルス（直径約0.2㎛）や、小型の真正細菌であるマイコプラズマ（直径約0.3㎛）をはるかにしのぐ大きさであり、細菌を真似ている（mimic）として、ミミウイルス（mimivirus）と名づけられた。

また、このミミウイルスは線状の２本鎖DNAを持ち、そのゲノムサイズは約1.2Mbp（１Mbp＝100万塩基対）で、遺伝子数が約1000個もあることも判明した。天然痘ウイルスのゲノムサイズは約0.2Mbpで遺伝子数は197個、ゲノムサイズが小さい細菌であるマイコプラズマのゲノムサイズは約0.6Mbpで遺伝子数は467個だから、こちらもけた違いのスケールだった。さらに彼らの遺伝子の約40%は原核生物と真核生物の遺伝子と相同性を示し、残りの約60%は自身の祖先から受け継いだもの、あるいは別のウイルスから伝播したものと考えられる。この部分は、既存のデータベースに類縁配列がない遺伝子でもあった。

こうした結果を踏まえ、多くの研究者はミミウイルスの由来は極めて古く、他の生物（真正細胞、古細菌、真核生物）とは別のグループだと考えるようになっている。

さらに2013年には、ミミウイルスの２倍以上の大きさを持つパンドラウイルスも発見された。このウイルスはいびつな楕円形で、大きさは１㎛を超え、ゲノムサイズは2.5Mbp、遺伝子数は2500を超えていた。

その後、ピソウイルス、マルセイユウイルスなどの巨大ウイルスの発見が続いていたが、これらはよく似ているもののお互いに同じ科を形成するほど近い関係はなく、まったく違う系統なのではないかと考えられている。

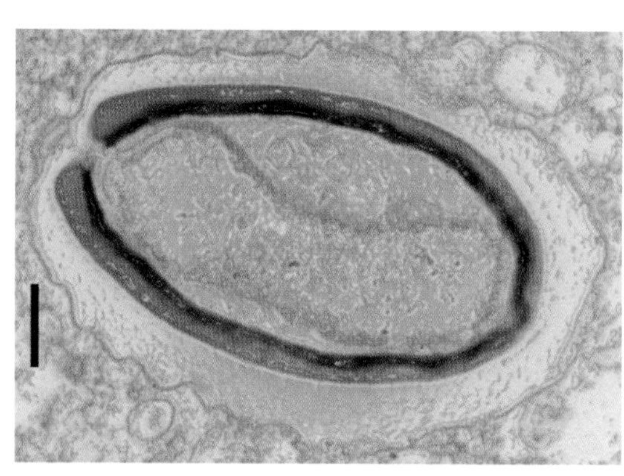

▲パンドラウイルス（写真左のスケールは100nm）
出典:cnrs Espace press11 juin 2018
©IGS-CNRS/AMU

日本でも、緒方博之教授（京都大学化学研究所）、吉川元貴博士課程学生（京都大学理学研究科）、武村政春教授（東京理科大学）、村田和義准教授（生理学研究所）、望月智弘研究員（東京工業大学地球生命研究所）らの共同研究チームが、トーキョーウイルス（マルセイユウイルスの仲間）やミミウイルス・シラコマエ（ミミウイルスの仲間）

などを発見していたが、さらに北海道にある温泉地域の湯溜まりとその水底の泥土サンプルから、アメーバを宿主とする新しい巨大ウイルスを分離。この巨大ウイルスが、これまでに知られていた巨大ウイルスと多くの点で異なることを明らかにして、メドゥーサウイルスと名づけた。

同チームは、メドゥーサウイルスは、ヒストン（真核生物がDNAを折りたたんで核内に収納するために必須な５種類のタンパク質）の遺伝子をゲノム内に全セット保持しており、真核生物の先祖がヒストン遺伝子を古代のウイルスから獲得した可能性を示唆しているとしている。

▲巨大細菌チオマルガリータ・マグニフィカ
出典：JOINT GENOME INSTITUTEホームページ
©Jean Marie Volland

●巨大細菌の謎

2022年には、アメリカのローレンス・バークレー国立研究所などのチームによって、カリブ海のマングローブ林の落ち葉から、長さが最大で2㎝にもなる巨大な細菌も発見されている。この巨大細菌はカリブ海の小アンティル諸島にあるフランス領グアドループで発見されたが、大きなものは人のまつ毛ほどもあり、「チオマルガリータ・マグニフィカ」と命名された（原名のチオマルガリータは「硫黄の真珠」、種名のマグニフィカは「壮大」という意味）。

そもそも、この細菌は2009年に発見されていたが、その後、遺伝子配列を調べることで、硫黄酸化細菌の一種であることが判明した。

大腸菌をチオマルガリータ・マグニフィカの上に並べると、62万5000個も並べられ、大腸菌の大きさを人間にたとえると、チオマルガリータ・マグニフィカはエベレスト山並みの人の身長に匹敵するというから、いかに巨大かがわかる。

また、単細胞の中に遺伝物質が自由に浮かんでいる一般的な細菌と違って、薄膜に覆われた「ペピン」と呼ばれる小さな袋の中にDNAが入っており、硫黄水の底の堆積物の上で、硫黄の化学エネルギーを利用し、周囲の水から酸素を取り込んで糖類を生成している他、二酸化炭素もエネルギー源としているという。

いったいなぜ、こんな巨大な細菌が存在しているのか、今後の研究が待たれるところだ。

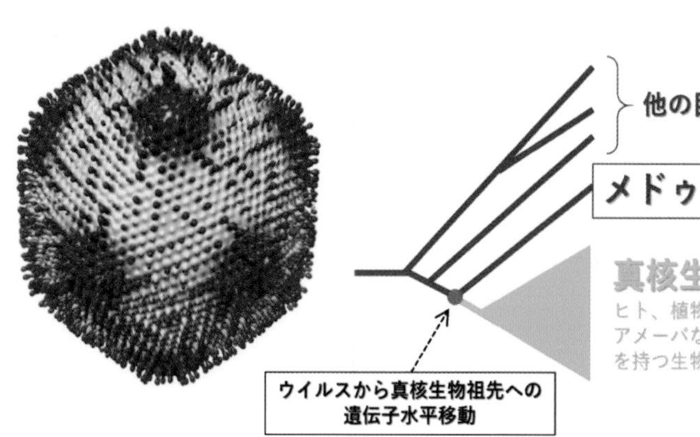

◀左はメドゥーサウイルスの粒子構造（粒子径260㎚、ゲノム長38万塩基対）、右はヒストン遺伝子やDNA複製酵素の系統樹の模式図。

出典：東工大ニュース 2019年２月８日「ヒストン遺伝子を全セット持つ巨大ウイルスの発見―DNA関連遺伝子のウイルス起源に新たな証拠―」

COLUMN 地球生命の進化の歴史

地球に棲(す)むすべての生命は、38億年前の海洋に登場した単細胞生物だったと考えられている。そして10億年ほど前に多細胞生物が出現し、様々な姿をした生き物が、様々な環境下で繁栄と絶滅を繰り返してきた。

さらに5億年ほど前には、陸上へと進出する生物が出現し、その子孫たちはさらに多様化して、現在見られる豊かな生態系を生み出していった。

左の図は、「JT生命誌研究館」で作成された地球生命の進化を図式化した「生命誌絵巻」だ。

扇の一番下が、38億年前の地球生命が誕生したときだ。すべての生き物の祖先となる細胞が誕生し、様々な単細胞生物が生まれた。そして時代は上のほうへと進み、多細胞生物が出現した後、長い時間を経て陸上生物が登場。その子孫は陸上生活に適応しながらさらに多様化していった。

そして、その上(扇の先端)が現在の姿である。地球に生息する生物種を表している。

この多様性こそ、貴重なものなのだ。

提供:JT生命誌研究館
協力:団まりな
絵:橋本律子
原案:中村桂子

● 「生命誌絵巻」解説図

下の図は、18、19ページの「生命誌絵巻」の解説図である。私たち人類は、「生命誌絵巻」の扇の先端の左端につつましく描かれている。これを見てもわかるように、人間は扇の頂点、あるいは扇の外にいて、すべての生き物を支配しているわけではない。

私たち人類は、現在、地球で生きている様々な生き物たちの一員にすぎない。また、現在に至るまで様々な生物種が誕生しては滅亡するという歴史を繰り返してきた結果、存在している。

つまり、私たち人類は、現在を生きる他の生き物たちと同様に、38億年の歴史を等しく分かち合っている存在だということだ。また、それらの生き物たちがいるからこそ、生きていられるのだということを忘れてはならないのだ。

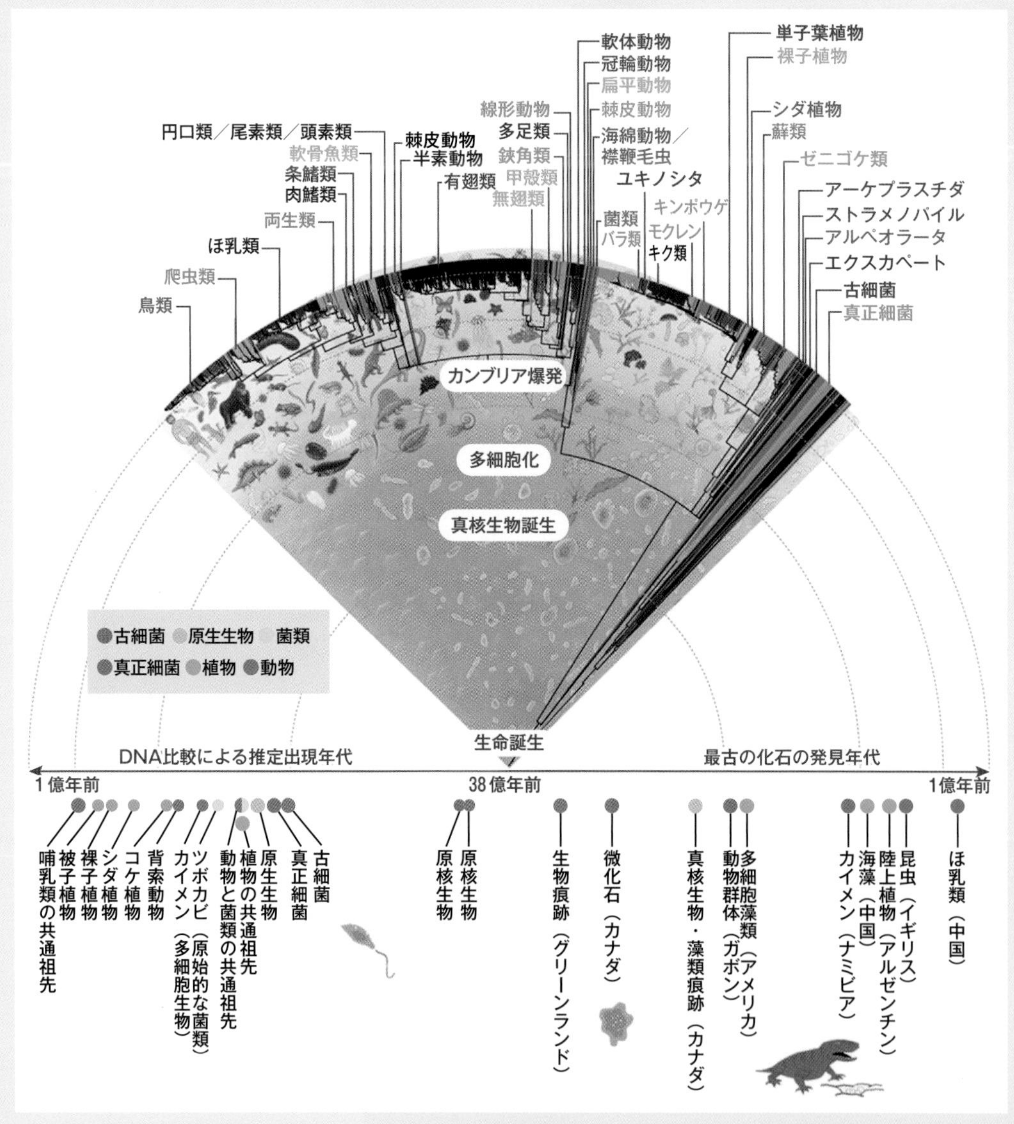

▲生命誌絵巻

提供：ＪＴ生命誌研究館　※系統樹と分類データは、2013年制作当時のもの。

▲生命誕生のイメージ　iStock ©coopen007

Chapter 2 生命の始まり

40億年前、誕生したばかりの地球の表面は高温でドロドロに溶けていた。その後、何億年という時間をかけて徐々に冷えていき、核酸やタンパク質、脂質などの細胞の材料となる有機物が燃えてなくなることもなくなり、蓄積していった。そして何億年もかけて、その中から袋に包まれたものが登場する。それが生命誕生である。

▲地球に降り注ぐ隕石のイメージ
隕石には有機物が含まれていた。それが地球生命の材料となった。
iStock ©Evgenity Ivanaw

■生命の材料は宇宙からも来た

生命は基本的に有機物でつくられている。その有機物がどのようにつくられたかについては、「化学進化仮説」が有力視されていた。1950年代に、シカゴ大学の大学院生だったスタンリー・ミラー（1930～2008年）がメタンやアンモニアを主成分とする混合気体をフラスコの中に満たし、放電を繰り返すことでアミノ酸などを生成させることに成功していた（ミラーの実験）。その結果を受けて、深海の海底火山や熱水噴出孔（ねっすいふんしゅつこう）などの、化学変化を起こしやすい環境下で単純なガスから有機物が合成され、その集積を元にして生命が誕生したと考えられていたのである。

日本の小惑星探査機「はやぶさ２」が、2020年12月６日にリュウグウから持ち帰ったサンプル（総量約5.4ｇ）から、生物のタンパク質合成に必要なアミノ酸や、体内のエネルギー生産に関わるアスパラギン酸や食物のうま味成分のグルタミン酸、体内でつくれないバリンやロイシンなど計23種のアミノ酸が見つかった。その結果、地球生命の材料が宇宙からももたらされたという説が考えられるようになった。

▲リュウグウでサンプルを採取するはやぶさ２のイメージ
©JAXA

●原始地球に降り注いだ隕石（いんせき）

46億年前、星間雲（せいかんうん）が収縮して太陽が誕生した。そして残った塵（ちり）やガス、氷が集まり、衝突を繰り返しながら微惑星を形成。さらにその微惑星同士が衝突、分裂、合体を繰り返しながら、現在の７つの惑星を含む太陽系が形づくられていった。

リュウグウはその過程で形成された小惑星のひとつだが、原始地球には大量の微惑星や小惑星が衝突した。また、無数の隕石が落下して、地球に有機物や水がもたらされた。それに加え、地球環境下で新たにつくられた有機物もプラスされて生命の材料となっていったのではないかと考えられている。

● なぜ地球だけに生命が誕生したのか

今のところ、太陽系の惑星の中で、生命の存在が確認されているのは地球だけである。このように地球で生命が誕生した大きな理由のひとつは、地球と太陽（恒星）が程よく離れているからだ。

誕生して間もない原始の地球は今とは異なり、溶岩や硫酸ガスなどが噴き出し、宇宙からは強い放射線、紫外線などが降り注ぎ、とても生物が棲める状態ではなかった。

だが、それが化学反応を引き起こすという点では好条件だったのだ。

その結果、様々な生物の材料になる有機物が生成され、特に化学反応を起こしやすい場所（たとえば海底の熱水噴出孔のように、高温で地中からの物質の供給も絶えない場所）で、タンパク質の材料となるアミノ酸や、核酸（DNA、RNA）の基（タネ）となる糖や塩基がつくられ、蓄積していったと考えられている。

地球は、水や生物の材料となる有機物が凍ることなく、しかも燃えるほど熱すぎない環境にあった。このように、恒星との程よい距離を、「ハビタブルゾーン」（生存可能領域）と呼ぶが、その後、地球の温度は徐々に下がっていき、まさに生物が誕生して、繁栄するのにちょうどいい条件が揃っていったと考えられている。

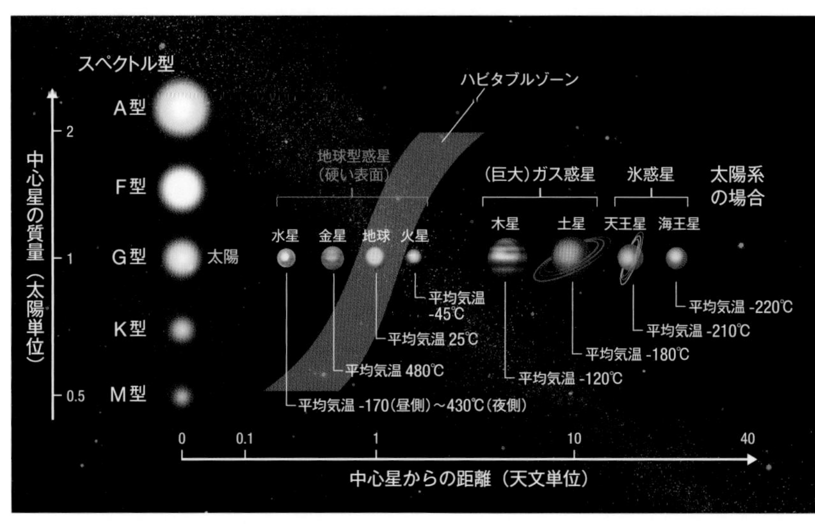

◀太陽系における
ハビタブルゾーンの概念図
出典：日本天文学会「天文学辞典」

COLUMN　地球以外にもある生命存在の可能性

太陽系の惑星だけを見ると、ハビタブルゾーンに位置しているのは地球だけだが、太陽系の外に目を向けると、生命が存在できそうな条件を備えた星はいくつか発見されている。たとえば、地球から約300光年離れた恒星の周りを回っているケプラー1649ｃという惑星もそのひとつだ。

また、恒星から離れていても、内部に熱い熱源を持っていれば、生物が存在している可能性がある。たとえば、土星の衛星エンケラドスは氷で覆われているが、土星の周囲を回るときに土星の巨大な引力により変形する。その際に生じる岩石の摩擦熱と、地熱によって氷が溶けている地域があると考えられている。ひょっとしたら、そこに細菌のような小さな生物が存在しているかもしれない。

▲ケプラー1649ｃの想像図
この惑星の大きさは地球の1.06倍ほどで重力も程よく、恒星から受ける光の量は地球が太陽から受ける量の75%ほどで、液体の水が存在している可能性が高いとされる。

◀RNAのイメージ
iStock ©Christoph Burgstedt

■生命史の最初の一歩「RNA ワールド」

生命誕生の材料が揃っていても生命が誕生するまでには、とてつもなく長い年月が必要だった。それは、自己複製能力すなわち子孫を残す能力の獲得という、乗り越えなければならない高い壁が立ちはだかっていたからだ。

現在、生物と見なされるための条件のひとつは「自身のコピーをつくれること」と定義されている。そのはたらきを担っているのはRNA（リボ核酸）とDNA（デボキシリボ核酸）で、総称して核酸と呼ばれている。

だが、原始地球で初めて生命が誕生した頃には、RNAが中心となり生命活動が行われていたと考えられている。地球の生命史は、そんな「RNAワールド」から始まったのだ。

●RNAとは何か

核酸の構成単位はヌクレオチドと呼ばれる。ヌクレオチドは、リン酸、糖、塩基の３つの分子が結合し、RNAはそれがつながってひも状の構造となっている。

RNAはリボースという糖を使うのに対し、DNAはデボキシリボースという糖が使われるが、このリボースとデボキシリボースの違いは２位の炭素C（図中の$C_{2'}$）に、RNAの場合はOH（ヒドロキシ基）がついているのに対し、DNAの場合は水素Hがついているという違いである。

また核酸を構成する塩基については、性質の異なる５つ（A：アデニン、G：グアニン、C：シトシン、T：チミン、U：ウラシル）の中から４種類が使われるが、RNAはA、G、C、Uを使い、DNAはA、G、C、Tを使っている。

この塩基の並び順の違いによって無数に近い種類（配列）の核酸をつくり出すことができる。たとえば、ヌクレオチドが20個つながった核酸なら、4の20乗倍＝１兆種類もつくれることになる。

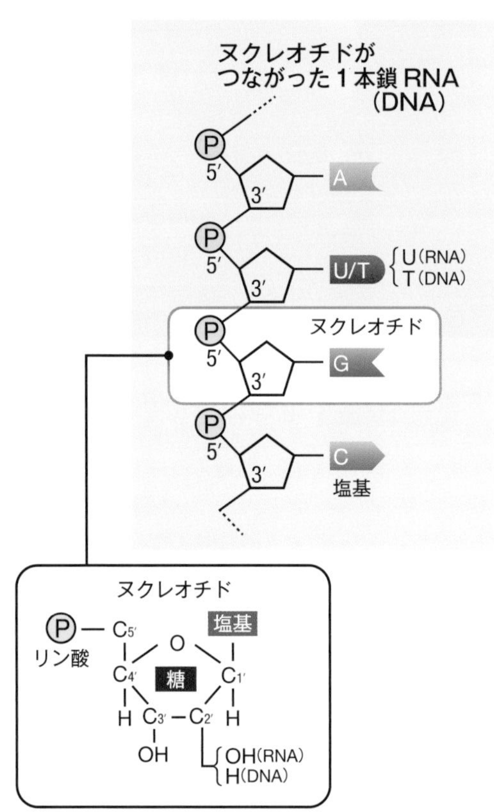

▲核酸（RNAとDNA）の基本構造
RNAでは糖の$C_{2'}$に水酸基（OH）が結合しているが、DNAでは水素（H）が結合している。
参考：『生物はなぜ死ぬのか』（小林武彦著 講談社現代新書）

●塩基には相性がある

また塩基には相性があり、アデニンとウラシル、グアニンとシトニンは、くっつきやすい性質を持っている。そのため、まるで鋳型（いがた）と鋳物（いもの）のような2本鎖構造をつくることもできる。

このように組み合わせが決まっている性質を相補性といい、相補的に結合した2つの塩基を塩基対と呼び、2本鎖を相補鎖と呼ぶ。

この2本鎖構造は、熱やアルカリの影響で解離して1本鎖になり、再びそれぞれが鋳型となって、同じ並び順の塩基配列を持ったRNA分子を大量につくっていくことができる。つまり、ここで「自己複製」が可能となったのだ。

これに加えて、RNAには自らその並び順を変える「自己編集能力」も備わった。長い分子を切って、別の場所とつなげたりする能力である。さらに長いRNAは折りたたまれて、部分的に2本鎖をつくった立体的な構造体をつくる能力を備えていった。

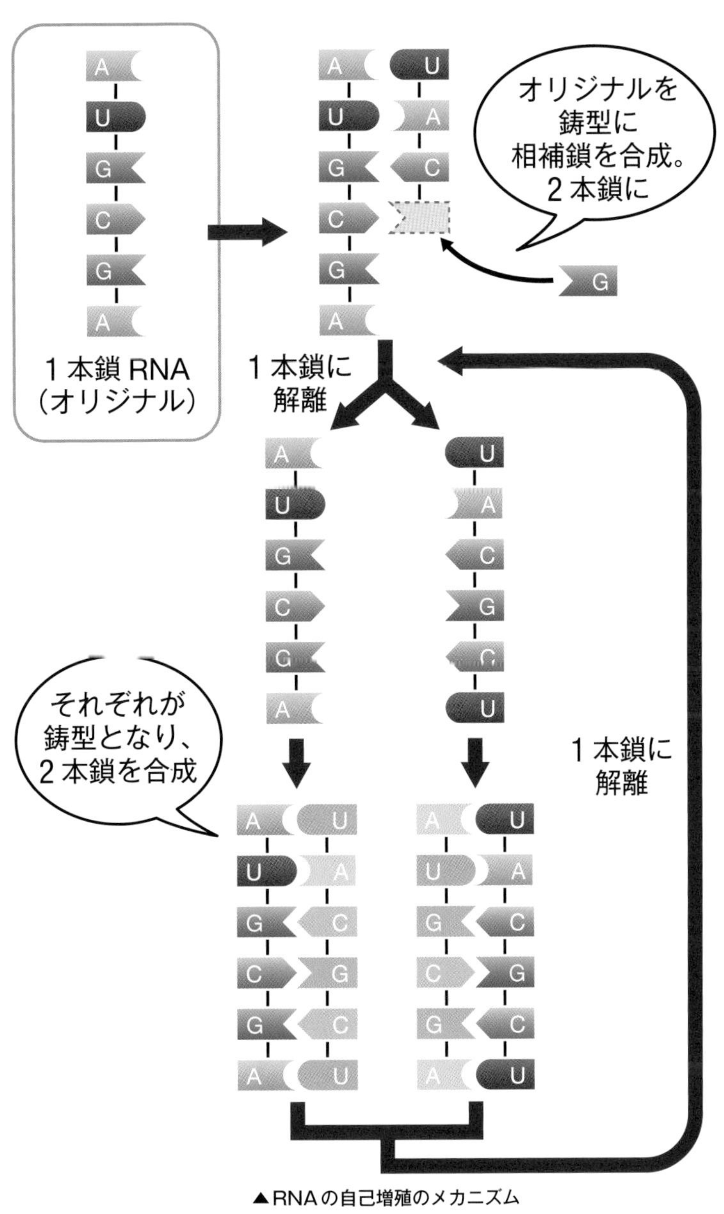

▲RNAの自己増殖のメカニズム

参考:『生物はなぜ死ぬのか』（小林武彦著 講談社現代新書）

●数えきれないトライ＆エラーが進化を生んだ

RNAがこうした能力を持つようになったのは、長い年月をかけて様々な配列、長さ、構造を持つものがつくられては壊された結果である。数えきれない回数のトライ＆エラーが繰り返される中で、たまたま、そうした特質（配列）を持つものが“生き残ってきた”のである。

そして、それが大いなる「進化」を生むこととなる。より増えやすい配列を持ったRNA分子が急激に増えていった。さらに自己編集して効率よく増える者同士がつながり、他を駆逐するスピードはいっそう上がっていった。

このように、生産性がより高い（よく増える）分子が材料を独占し、他は分解されて材料となり、自己増殖するRNAはますます「進化」して、生物誕生の基礎をつくっていったのである。

●袋に入ったRNA

進化したといっても、RNAは反応性に富む一方で、壊れやすい性質も持っていた。そのため、つくられてはすぐに分解されて、それが新しいRNAの材料になるというリサイクルの時代が続いた。

だが、何億年という時間の経過とともに、地球の温度は徐々に下がり、細胞の材料となる、核酸、アミノ酸、脂質などの有機物が燃えてなくなることもなくなって蓄積していった。さらにはアミノ酸をつなぎ合わせてタンパク質をつくるRNAも現れた。タンパク質はRNAと相性がよく、RNAの自己複製を助けたり、分解を防いだりするはたらきを持つようになっていった。そしてRNAとタンパク質は、「液滴（えきてき）」と呼ばれるドロドロした塊（かたまり）を形成した。最初にできた塊は水溶性で、くっついたり離れたりしていたが、それでも液滴内で材料となる分子の濃度が高まると、化学反応がより多く起きるようになった。

それから長い年月が過ぎると、今度は水に溶けない油性の“袋”に包まれた液滴が登場してきた。これもまったく偶然によるものだったが、それによりRNAは、外界から守られ、より安定した環境で自己複製を重ねることが可能となった。

そのときの状態は、ちょうど2層に分離したセパレートドレッシングを激しく混ぜてできた乳液状の粒のようなものだった。だが、その中でもより自己複製能力の高いものが集合と分散を繰り返すうちに、より効率よく自己増殖できる能力を持った“袋”が支配的となり、最初の細胞の原型となっていったと考えられている。

ここでも進化のプログラムである「変化と選択」は動き続けている。

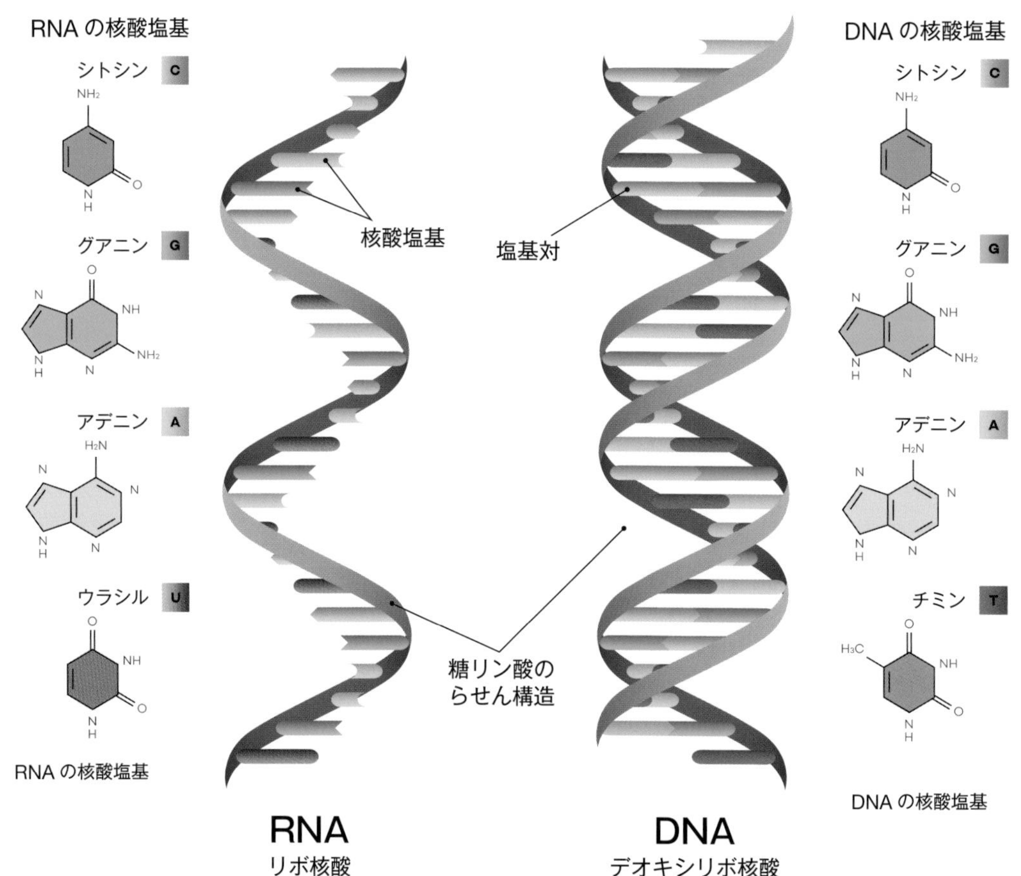

▲RNAとDNAの違い

● リボソームとDNAの登場

アミノ酸をつなげてタンパク質をつくるRNAは、現存するリボソームの原型となる。

リボソームは現在、地球に生息するすべての生物の細胞内に存在し、mRNA（メッセンジャーRNA。30ページ参照）の配列情報を基にアミノ酸をつなげてタンパク質をつくり出している。だが、もともとはRNAがそのはたらきを果たしていた。自らアミノ酸をつなぎ合わせてタンパク質をつくる能力を獲得した「袋に入ったRNA」こそ、生命のプロトタイプだったと考えられているのだ。

そしてその後、長い時を経て、ついにDNAを持つものが出現する。DNAはリン酸、糖（デオキシリボース）、アデニン（A）、グアニン（G）、シトシン（C）、チミン（T）という塩基がつながってできている物質である。

RNAと同様にヌクレオチドがつながった鎖構造になっているが、2本鎖のらせん構造を取りやすく、RNAよりも安定していて分解されにくい性質を持っている。

このDNAの出現により、生物は直接タンパク質合成に関わるRNAに加え、その設計図としてより壊れにくいDNA配列情報をストックすることで、子孫により安定に遺伝情報を伝えるという能力を獲得したのである。

COLUMN 遺伝子からタンパク質へ～遺伝情報を実行する「セントラルドグマ」

現在ではすべての生物は、基本的にDNA を遺伝物質として利用している。

このDNA の塩基配列の一部が遺伝子としての情報を持っている。そして、その塩基配列がタンパク質のアミノ酸配列を指定している。つまり、どのアミノ酸をどのような順番でつなぎ合わせるかが決まっているのだ。

遺伝子の情報は「DNA →(転写)→ mRNA →(翻訳)→タンパク質」の順に伝達される。

DNA の二重らせん構造の発見者のひとりであるイギリスの生物学者フランシス・クリック(生没年:1916～2004年)は、この一連のプロセスを「セントラルドグマ(中心原理)」と名づけた。

これこそ、「すべての生物に共通した遺伝情報の発現に関する基本原則だ」というのがその理由だった。

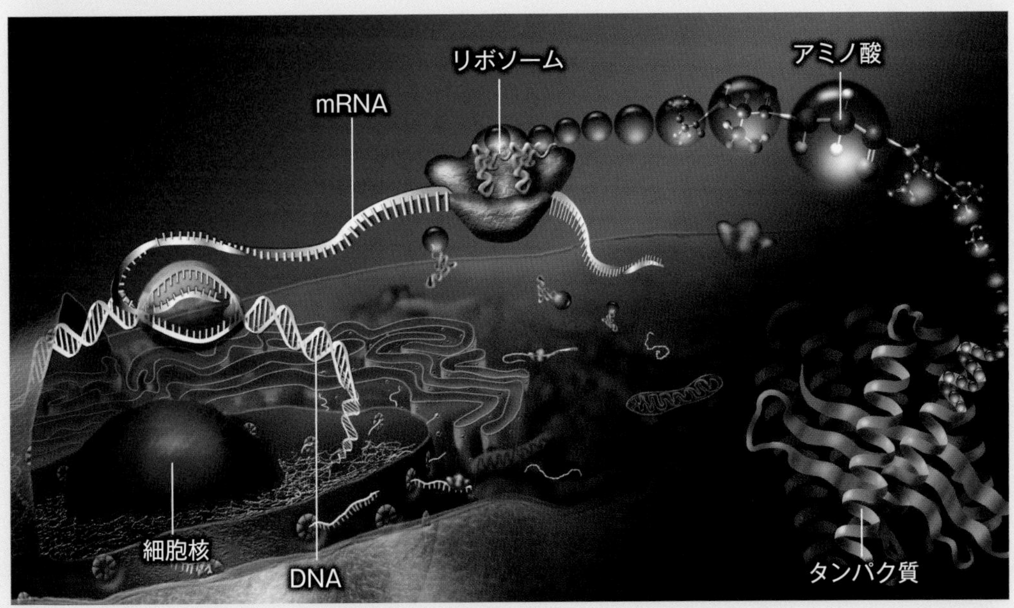

▲セントラルドグマのイメージ　©Nicolle-Ranger,National Science Foudation

●遺伝子とは「タンパク質の設計図」である

生物の体のほとんどはタンパク質で構成されている。たとえばヒトの場合、活動するための筋肉組織から、食べ物を消化するための酵素に至るまで、水分を除けば体の半分近くがタンパク質でつくられている。

そのタンパク質をつくるための設計図が、セントラルドグマの最初のDNAだが、タンパク質は細胞核の外でつくられるのに対し、DNAは核内に収められており、核の外に出ることはできない。よく「図書館に厳重に保管された持ち出し禁止の本のようなもの」といわれる。それにもかかわらず、核の外でタンパク質をつくれるのはなぜなのか？　それは、下図に示すように、RNAによって「転写」と「翻訳」という作業が行われるからである。

このタンパク質がつくられるプロセスについては、次ページから説明するが、ここまでの説明で、タンパク質合成のプロセスにおいて、DNAが脇役にすぎないことに気づいた人もいるだろう。生物にとって必要不可欠なタンパク質合成反応の主役はRNAなのである。

これは生命の始まりのRNAワールドにおいて、「生命の種」として、遺伝情報としてもタンパク質合成をはじめとする化学反応を触媒する「酵素」としてもすべて仕切っていたのがRNAだったことを考えると納得ができる。

●進化は止まらない

何度もトライ＆エラーを繰り返しているうちに、偶然にも、効率よく複製し、タンパク質も合成するRNAができた。さらにすべてを担っていたRNAから遺伝情報の保持を「情報のストックセンター」としてDNAに移して、それらがタンパク質の設計図として使われるようになったのだろうと考えられている。

RNAとDNAは、材料となる糖の種類が違うだけで構造はほぼ同じである。しかし、わずかながら“DNAのほうが、RNAよりも分解されにくい”という性質を持っていた。そのおかげでどんどん多くの情報を蓄えることにも成功した。

生命が地球に誕生する確率を表す、次のようなたとえがある。

「25mプールにバラバラにした腕時計の部品を沈め、ぐるぐるかき混ぜていたら自然に腕時計が完成し、しかも動き出す確率に等しい」

そんな奇跡が実際に起きたのであり、今現在も「変化と選択」を繰り返す生命の進化は続いている。

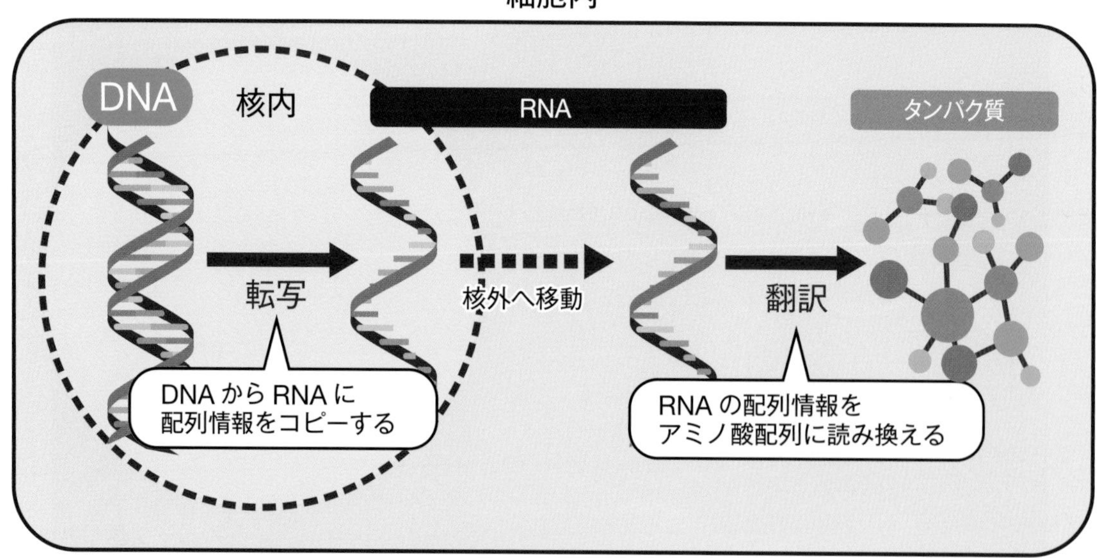

▲「転写」と「翻訳」のイメージ

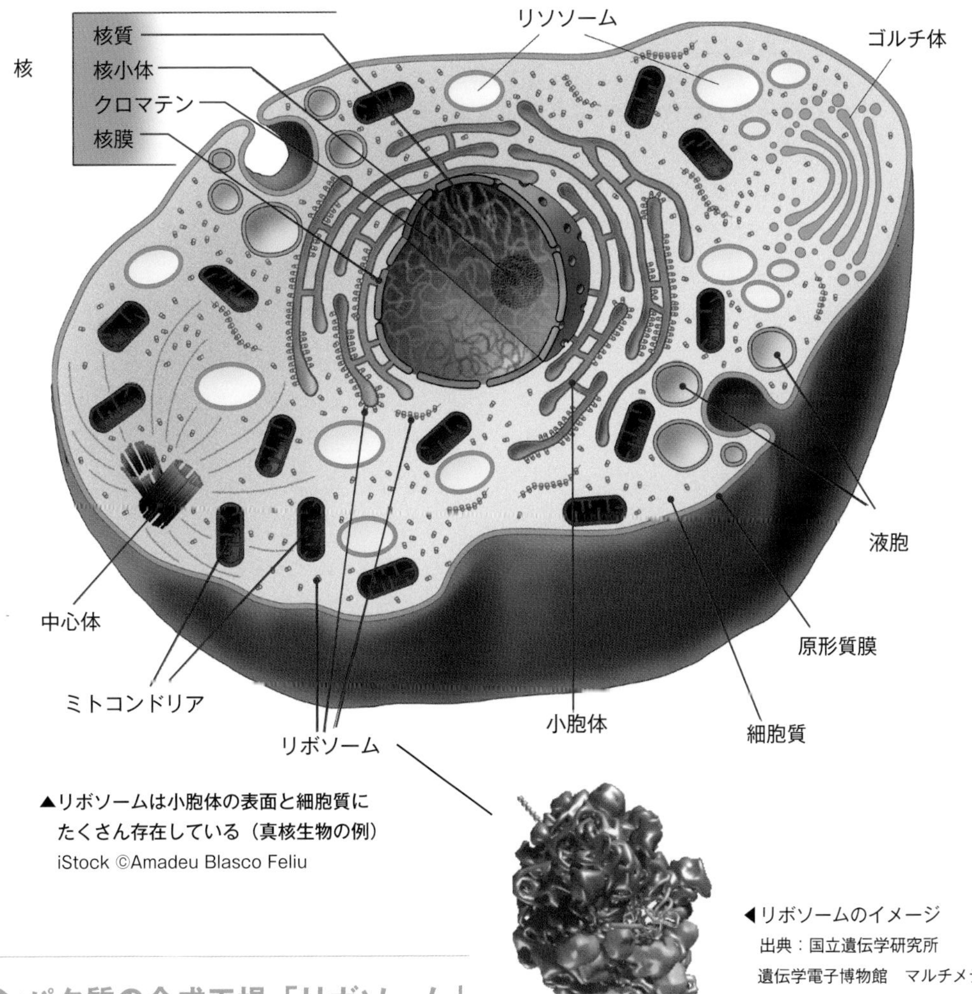

▲リボソームは小胞体の表面と細胞質にたくさん存在している（真核生物の例）
iStock ©Amadeu Blasco Feliu

◀リボソームのイメージ
出典：国立遺伝学研究所
遺伝学電子博物館　マルチメディア資料館

■タンパク質の合成工場「リボソーム」

現存している真核細胞のリボソームは、約80種類のタンパク質（リボソームタンパク質）と４本のrRNA（リボソームRNA）からなる25～30㎚の粒子であり、右上図（◀リボソームのイメージ）のような構造になっている。紫の部分を大サブユニット、青の部分を小サブユニットと呼んでいる。

細胞質内に浮かぶように存在している遊離リボソームと小胞体の表面に付着している膜結合リボソームが存在する。大サブユニットと小サブユニットは、mRNAの転写時に結合する。

●ヒトのタンパク質は 20 種類のアミノ酸でできている

生命活動の主役であり、生物の体をつくるのはタンパク質である。自然界には500種類以上のアミノ酸が存在しているが、ヒトの体のタンパク質の材料となるアミノ酸は20種類のみである。

そのうち11種は、酵素のはたらきによって生物の細胞内で合成されており、「非必須アミノ酸」と呼ばれている。しかし、残りの９種類は体内で充分な量を合成できないため、食事から摂取しなければならない。それら、体内で合成されないアミノ酸のことを「必須アミノ酸」と呼んでいる。

アミノ酸はいずれも生合成（生体内で有機物が合成されること）の過程が長く、つくるのはたいへんだ。そのため進化の過程で、食物から摂取することができるアミノ酸の合成をしなくなったものが、出てきたのかもしれない。つまり「退化」したのである。

リボソームはそれら20種類のアミノ酸を遺伝子の指示通りにつなぎ合わせ、生命活動に必要な様々なタンパク質をつくっている工場なのだ。

● タンパク質合成に大きな役割を担うRNA

リボソームにおけるタンパク質合成で中心的な役割を果たしているのが、リボソームの本体であるrRNA（リボソームRNA）に加え、mRNA（メッセンジャーRNA＝伝令RNA）とtRNA（トランスファーRNA＝運搬RNA）という計３つのRNAである。これらはDNAから転写によりつくられて細胞質に存在する。

rRNAはタンパク質合成全般を触媒する。そこにDNAから遺伝子の配列情報を写し取ったmRNAがやってくる。さらに運搬役のtRNAによって、mRNAが指定するアミノ酸が運ばれてくる。そのアミノ酸をつなぎ合わせてタンパク質をつくるのはrRNAだ（タンパク質をつくるアミノ酸は下図の通り）。

● 重要なRNAのはたらき

ヒトの細胞核１個の中に入っているDNAをすべてつなげて伸ばしてみると、その長さは２mほどになる。

しかし、その端から端のすべてが遺伝子ではない。細胞内ではたらく多岐にわたるタンパク質をつくる遺伝子の情報は、その長い塩基配列の中のごく一部に断片的に存在している。その情報を抜き出してくるのが転写の役割だ。

遺伝子というと、すぐDNAを思い浮かべる人が多いが、実はDNAはタンパク質をつくるための設計図が記録されたものにすぎない。実際に作業をするのは、各種RNAなのであり、そのメカニズムは非常に複雑だ。次ページから、そのメカニズムを解説しよう。

中性非極性アミノ酸

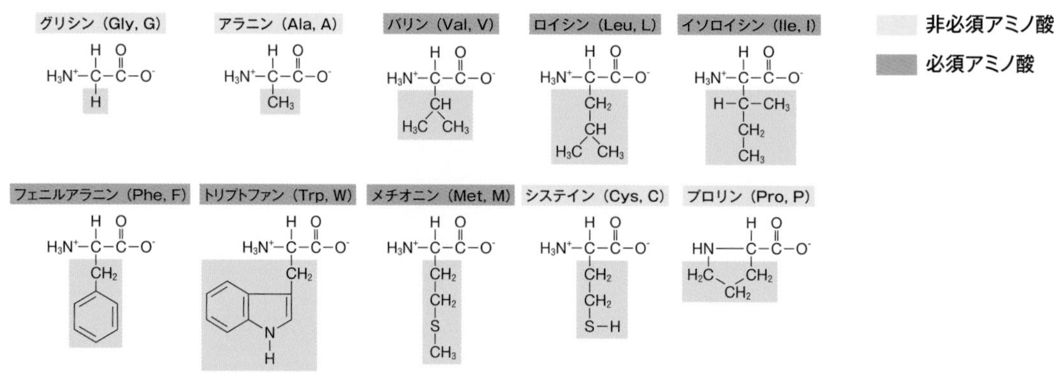

中性極性アミノ酸

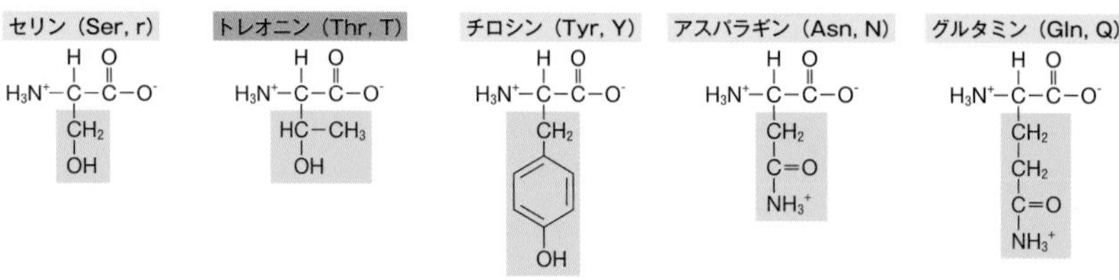

酸性アミノ酸

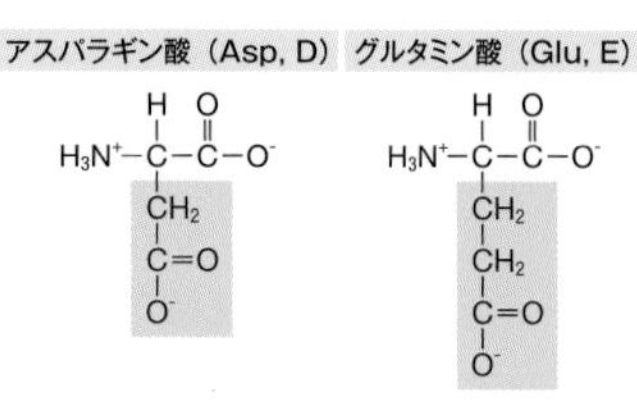

塩基性アミノ酸

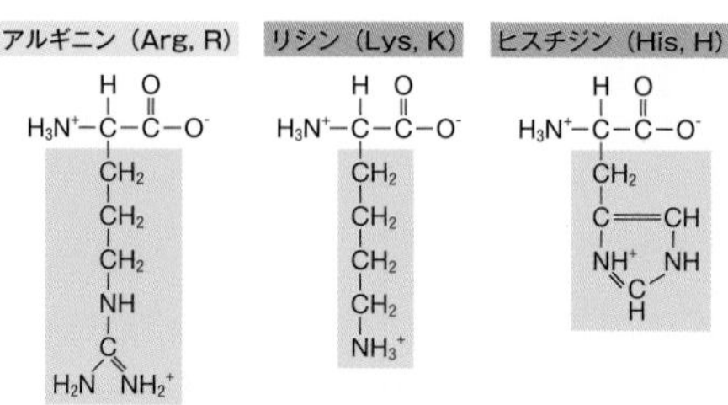

◀タンパク質をつくる20種類のアミノ酸

● リボソームにおけるタンパク質合成のメカニズム

前述したように、細胞の核の中で、DNAの遺伝情報をmRNAに写し取ることを「転写」、その情報によって指定されるアミノ酸をtRNAが運んできて、リボソームの中でタンパク質が合成されることを「翻訳」という。そのプロセスは下図の通りである。

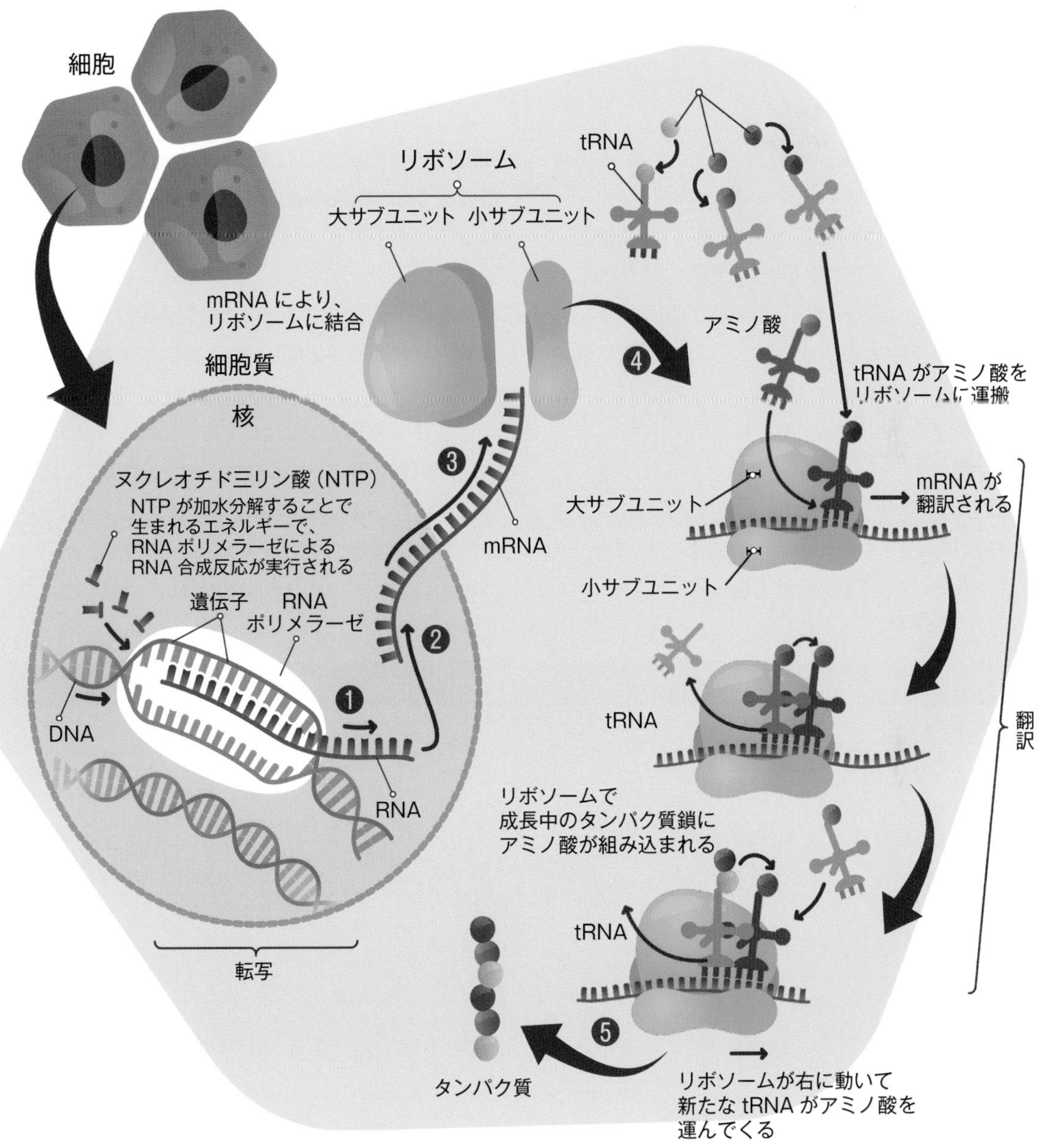

▲リボソームにおける「転写」と「翻訳」の流れ

iStock ©Vector Mineを改変

転写のプロセス

プロセス❶

核の中で、2本鎖DNAはその一部分がほどけて1本鎖となる。

このプロセスは、DNA内の遺伝情報を保存している領域、つまり遺伝子にRNA合成酵素（RNAポリメラーゼ）が結合することで始まる（31ページ図中の❶）。

プロセス❷

RNAポリメラーゼは連続的に移動しながらDNAを1本鎖状（二重らせんがほどけた状態）にしていく。

そして、その片方が鋳型（いがた）鎖（アンチセンス鎖）となり、対応する塩基（相補性のある塩基）が運ばれてきてmRNAが合成されていく（31ページ図中の❷）。

なおRNAポリメラーゼによって、DNAが1本鎖となり、さらにmRNAが合成されていくイメージは右上の図に示す通りである。

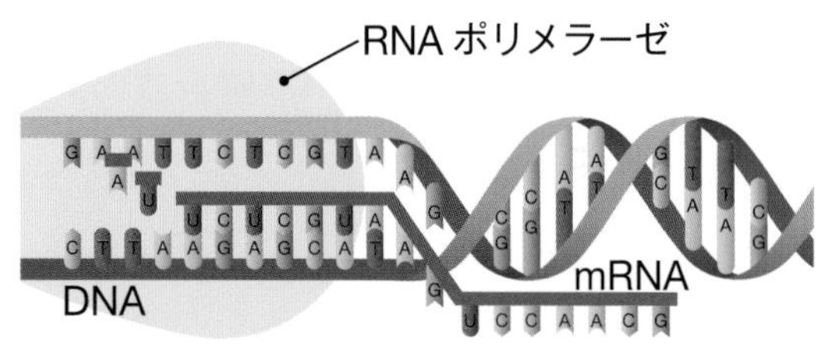

▲RNAポリメラーゼのはたらきのイメージ

ここまで説明した転写のメカニズムは前述したRNAの自己増殖のメカニズムとそっくりだが、このようにDNAの遺伝情報がmRNAに写し取られることから、ここまでのプロセスを「転写」と呼んでいる。

また、その後、タンパク質の合成に不要な部分は除去されて必要な部分だけがつなぎ合わされる（スプライシング）。

さらにmRNAの最後に100～300個のアデニン塩基が付加されると同時に、その一部が核の中で分解されないように修飾（化学反応によって分子の性質を変えること）を受ける。そして、mRNAがRNA結合タンパク質に導かれて、核の外に出ていく。

		2文字目							
		U		C		A		G	
1文字目	U	UUU UUC	フェニルアラニン	UCU UCC UCA UCG	セリン	UAU UAC	チロシン	UGU UGC	システィン
		UUA UUG	ロイシン			UAA UAG	（終止コドン）	UGA	（終止コドン）
								UGG	トリプトファン
	C	CUU CUC CUA CUG	ロイシン	CCU CCC CCA CCG	プロリン	CAU CAC	ヒスチジン	CGU CGC CGA CGG	アルギニン
						CAA CAG	グルタミン		
	A	AUU AUC	イソロイシン	ACU ACC ACA ACG	スレオニン	AAU AAC	アスパラギン	AGU AGC	セリン
		AUA AUG	メチオニン（開始コドン）			AAA AAG	リシン	AGA AGG	アルギニン
	G	GUU GUC GUA GUG	バリン	GCU GCC GCA GCG	アラニン	GAU GAC	アスパラギン酸	GGU GGC GGA GGG	グリシン
						GAA GAG	グルタミン酸		

▲コドンの一覧表

翻訳のプロセス

プロセス❸

続いてmRNAは核膜孔（核の内外を連絡する穴）を通ってリボソームに移動する（31ページ図中の❸）。

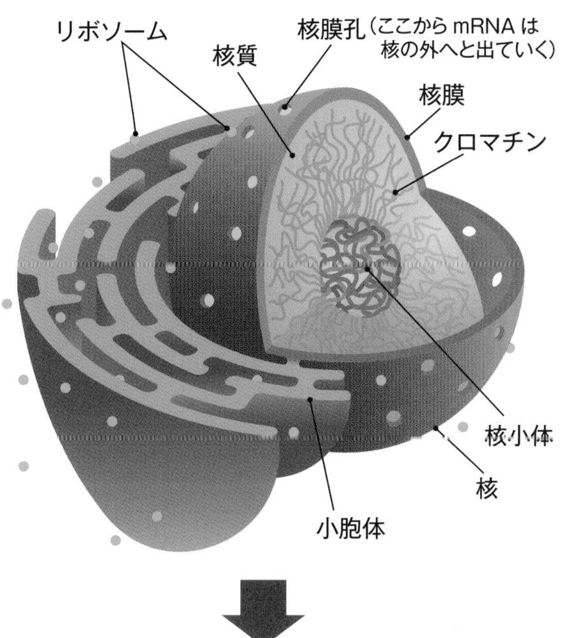

プロセス❹

ここで登場するのが「コドン」と「アンチコドン」である。

コドンとは、mRNAの中の塩基配列である。A、G、U、Cの４種類の塩基の中から連続した３つの塩基でアミノ酸１個を指定する。32ページの表に示すように、３つの塩基の組み合わせとして４種類×４種類×４種類＝64種類がある。

このコドンの並び順によってアミノ酸の結合順序が決定されることとなる。

コドンの中には開始コドンと終止コドンが存在し、開始コドン（AUG：メチオニンを指定）はアミノ酸をDNAのどこから翻訳するのかを指定し、終止コドン（UAA、UAG、UGG：これらは指定アミノ酸なし）はアミノ酸の合成を終了させる。ちなみに、１個のアミノ酸は１～６種類のコドンによって指定される。

コドン表には、コドンの１文字目の塩基を縦に、２文字目の塩基を横に取り、コドンを構成する３つの塩基のすべての組み合わせが記されている。「１文字目」「２文字目」というのは、コドンの塩基の順を意味している。

たとえばAUAは最初（１文字目）にアデニン、２番目（２文字目）にウラシル、そして３番目にアデニンが並んだ塩基である。いっぽうtRNAにはコドンと対応する形で、アンチコドンという塩基配列がつくられており、それが指定するアミノ酸を運んでくる（31ページ図中の❹）。

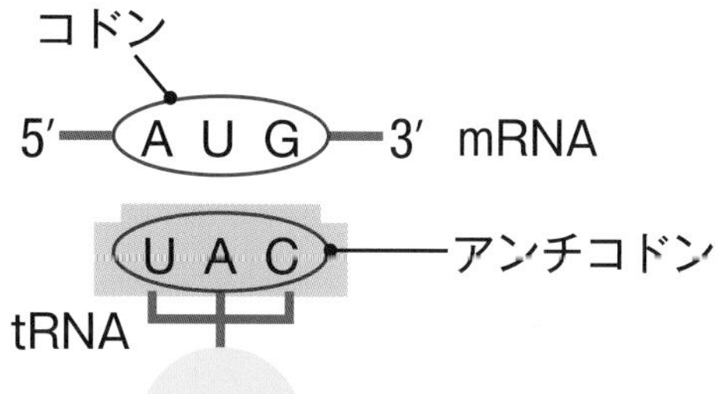

▲コドンとアンチコドンの関係例

プロセス❺

こうしてtRNAによって、コドンに対応するアミノ酸が運ばれてくることにより、アミノ酸どうしがペプチド結合して、長いポリペプチド鎖ができる。このプロセスが「翻訳」だ

そして終止コドンで合成が終了し、ポリペプチド鎖がそれぞれのアミノ酸の性質により複雑に折りたたまれてタンパク質がつくられる。またしっかりとした構造を持たないタンパク質も存在し、それらは天然変性タンパク質と呼ばれる（31ページ図中の❺）。

このように、転写と翻訳の２つのプロセスを経て、20種のアミノ酸が組み合わされた結果、生命活動な必要な様々なタンパク質が合成されていくのである。

■DNAは遺伝子の本体──紙と設計図の関係

DNAは、デオキシリボース（糖）、リン酸、塩基からなるヌクレオチドがつながってできている。そのうち塩基配列が遺伝情報としてはたらくが、すべての塩基配列が遺伝情報となるわけではない。DNAには遺伝情報を持っている部分と持っていない部分があり、遺伝情報を持っているDNAの一部（領域）のことを遺伝子という。

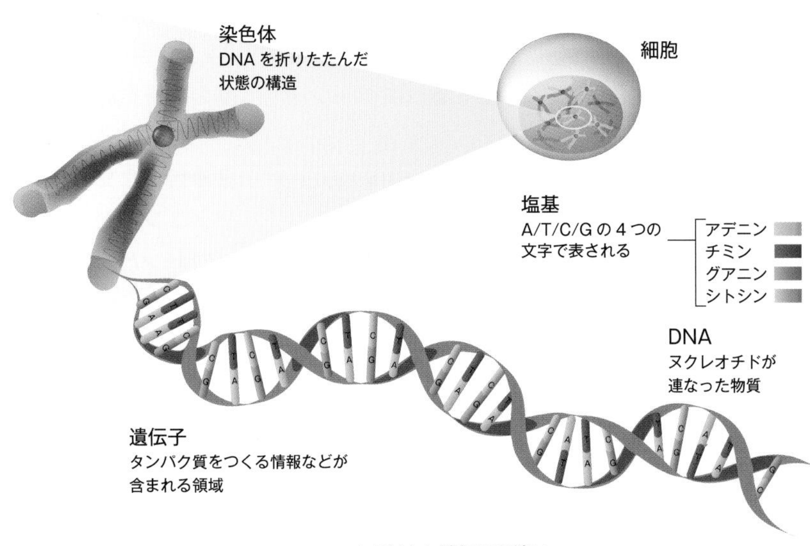

▲DNAと遺伝子の違い

●メンデルの法則

1859年にイギリスの地質学者で生物学者でもあったチャールズ・ダーウィン（1809～1882年）が『種の起源』を発表した６年後の1865年には、注目すべき論文が発表された。オーストリア帝国の司祭だったグレゴール・ヨハン・メンデル（1822～1884年）が約15年間にわたるエンドウマメを使った交配実験を行い、遺伝の法則（メンデルの法則）を発表したのだ。

その当時、遺伝は液体を混ぜ合わせるようなものだと考えられていた（融合説）。それに対してメンデルは、遺伝は粒のような因子が合わさり、その組み合わせによって起きるとした（粒子説）。しかし、メンデルが生きている間、それが正しく評価されることはなかった。

●疑問符がつけられた自然発生説

1861年には、近代細菌学の開祖として知られているフランスの細菌学者ルイ・パスツール（1822～1895年）は、「白鳥の首フラスコ」（いわゆるパスツール瓶）を使い、煮沸（しゃふつ）して放置した肉汁は腐敗しないことを示して見せた。そして、この実験の結果、それまで信じられていた生物の自然発生説は徐々に下火となっていくこととなる。また、メンデルが提唱した遺伝の法則が再び注目され、遺伝子の存在が論議されるようになっていった。

●核酸の発見と細胞説

1838年には、ドイツの植物学者マティアス・ヤーコプ・シュライデン（1804～1881年）と動物生理学者テオドール・シュワン（1810～1882年）によって、「生物はすべて細胞から成り立っている」という「細胞説」が発表された。また1869年、白血球を研究していたスイスの生物学者フリードリッヒ・ミーシャー（1844～1895年）によって血液中に正体不明の物質が発見された。ミーシャーはその物質をヌクレイン（核酸）と名づけたがそれがどんなはたらきをする物質なのかは謎のままだった。しかし、細胞組織の染色技術や観察技術が向上してその構造が徐々に明らかとなっていった。

右ページ上の図はドイツの細胞学者ヴァルター・フレミング（1843～1905年）によって、1882年に描かれた細胞組織のスケッチ図だ。

こうして細胞の構造が明らかになるにつれ、メンデルの遺伝の法則に再び光が当てられることとなる。

● メンデルの法則の再発見と遺伝子地図

メンデルの論文を1902年に英訳して英語圏に広めたのはイギリスの遺伝学者ウィリアム・ベイトソン（1861～1926年）だった。遺伝学（genetics）いう言葉を造語したのも彼だったとされる。

20世紀に入り、アメリカの遺伝学者トーマス・ハント・モーガン（1866～1945年）によって、さらにメンデルの法則の正しさが証明されることとなった。

当時、メンデルが想定した遺伝子の存在はまだまだ疑問視されていたが、モーガンは、ショウジョウバエを使った実験を行い、染色体の存在を明らかにし、「遺伝子地図」（染色体上の遺伝子の位置を示した地図。染色体地図ともいう）を作成した。これにより、抽象的だったメンデルの法則を理論的、具体的に説明できるようになったのである。

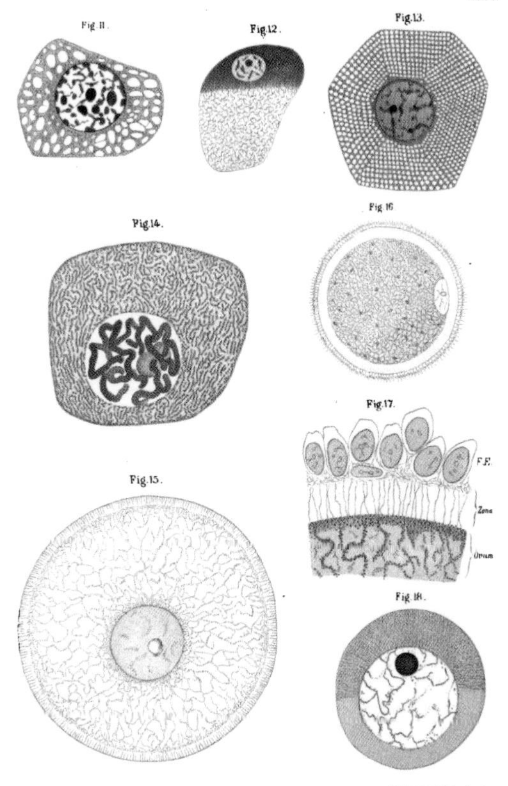

▲フレミングによる細胞組織のスケッチ
出典：『Zellsubstanz, Kern und Zelltheilung』
Digitized by Google

COLUMN モーガンは「三点交雑」で染色体上の遺伝子の位置を推定した

モーガンが行ったのは、三点交雑という方法を使った実験だった。三点交雑とは、ひとつの染色体上に存在する３つの遺伝子（A、B、C）を選び、そのうちの２つの遺伝子（AとB、BとC、AとC）の間の組み換え値を求めて染色体上の遺伝子の配列順序を推定するという方法である。組み換え値とは、同じ染色体上にある２つの遺伝子の位置（遺伝子座間）で組み換えが起きる確率を意味するが、配偶子（たとえば卵や精子）のうち、組み換えを起こした数をqとし、配偶子の全数をpとした場合、〔組み換え値(%)＝q/p×100〕という計算式で求められ、一般的に２つの遺伝子の染色体上の距離が近いほど小さくなり、逆に距離があるほど大きくなる。たとえば、ＡＢ間が12%、ＢＣ間が３%、ＡＣ間が９%だった場合、下図のように遺伝子の配列順序を決定し、遺伝子地図をつくることができる。モーガンはショウジョウバエの突然変異を集めて交配実験を行い、組み換え値を調べて遺伝子地図をつくったのである。

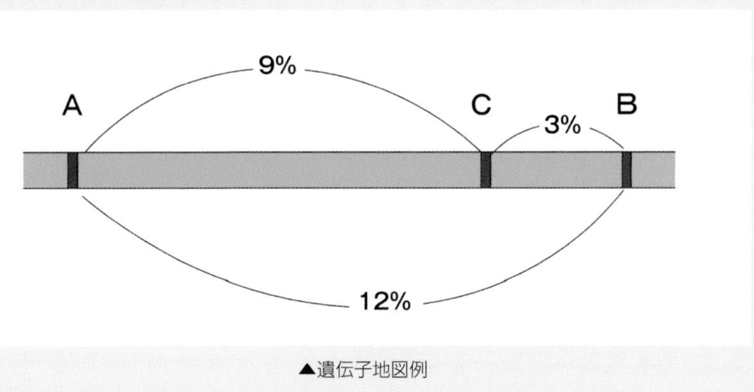

▲遺伝子地図例

■DNAの二重らせん構造の発見とヒトゲノム全解読

物理学の進歩も生命科学の進歩を大いに促した。それを象徴するのが、DNA（遺伝子）の二重らせん構造の発見である。

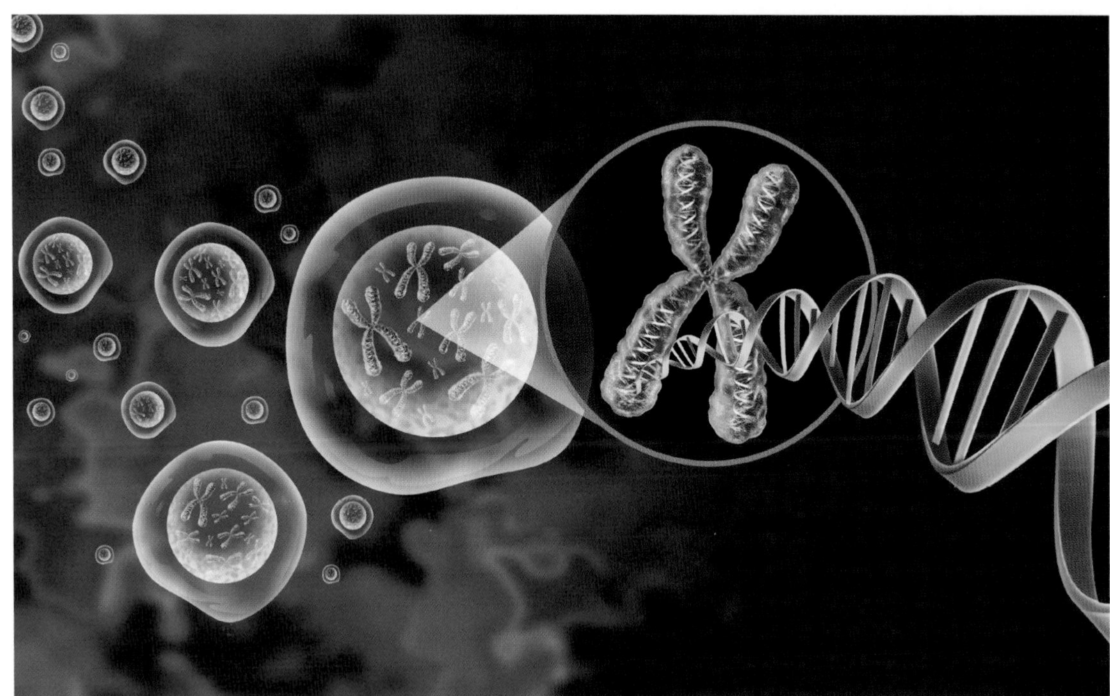

▲ヒトゲノムのイメージ
iStock ©Nobi_Prizue

●DNAのらせん構造の発見

1953年、アメリカの分子生物学者ジェームズ・デューイ・ワトソン（1928年～）とイギリスの分子生物学者フランシス・クリック（1916～2004年）が、科学誌『Nature』にDNAの二重らせん構造を発見したとする論文を発表した。

このDNAの二重らせん構造の発見が契機となって、生物を構成する分子の構造や、性質、機能などが次々と調べられるようになった。

そして、1990年には人間のすべての遺伝情報を解読する試みである「ヒトゲノム計画」がスタート。2004年には、ヒトの全遺伝子の99%の配列が99.99%の正確さで解明されることとなった。

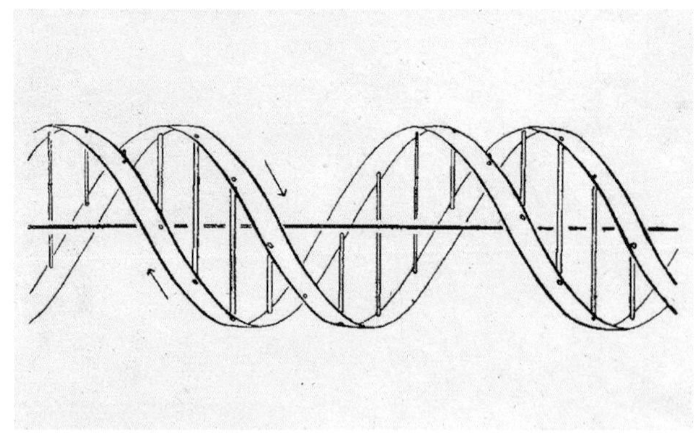

▲DNAの二重らせん構造のイメージ
ワトソンとクリックが『Nature』で提案したDNAの分子構造の図。クリックの妻オディールが描いたとされる。逆平行の2本の鎖（ポリヌクレオチド鎖）が、右巻きの二重らせん構造を取っている。
出典：ILLUST KIT

●ゲノムとは何か

ゲノム（genome）とはドイツ語由来の言葉で、遺伝子（gene）と染色体（chromosome）を合成した言葉で、その生物のすべての遺伝情報のことである。日本では「ゲノム」と呼ばれているが、海外では「ジノーム」と発音する。

たとえば鼻の形が似ている、ある病気にかかりやすいなどの、親の生物学的な特徴（形質）を子供に伝えるDNAの特定の部分が遺伝子であり、それらすべての情報がゲノムである。

ヒトゲノムは、約30億の塩基対からなる。細胞ひとつあたりには母親と父親から、それぞれのゲノムを受け継いでいるので２倍の60億となる。それらは細胞核内の46本の染色体に分かれて存在する。最も大きいものが２億5000万塩基対（１番染色体）で、最も小さいものが5500万塩基対（21番染色体）である。そしてタンパク質をつくる遺伝子の数は、最新のデータでは約２万個である。

しかし、この数は当初の予想より少ないものだった。ヒトより構造が単純なウニの遺伝子の数がヒトとほとんど同じであり、しかも70％がヒトと共通していること、イネ科の植物の遺伝子がヒトよりずっと多いこと、あるいはヒト固有の遺伝子はわずか1.5～７％にすぎないこともわかってきた。そのヒト固有の遺伝子のうち、現生人類であるホモ・サピエンス特有のものは７％以下だという研究もある。残りの遺伝子は、ネアンデルタール人やデニソワ人など、すでに絶滅してしまった人類祖先から受け継いだものだという。

▲ネアンデルタール人とホモ・サピエンス　iStock ©3guarks

ヒトは、自分たちが特別な存在だと考えがちだが、決してそうではなく、遺伝子レベルで見ると、１個の細胞から始まった地球の生物の歴史の中に存在する、一種にすぎないともいえる。また一方で、何がこれらの生物の違いをつくっているのか、興味が持たれる。

●見直される進化論

遺伝子解析が進むにつれて、生物の進化のプロセスとメカニズムについてさらなる研究が進められ、これまでの進化論も大きく見直されることとなった。たとえば、集団遺伝学（生物集団内における遺伝子の構成・頻度の変化に関する遺伝学の一分野）の研究者だった木村資生（1924～1994年）が提唱した中立進化説もそのひとつである。

遺伝子の塩基配列の変異は、遺伝子の種類や場所にかかわらず一定の頻度で生じる。生存に有利な変異が自然選択されるだけでなく、自然選択に対して中立な変異（有利でも不利でもない変異）が偶然的要因である遺伝的浮動によって集団内に蓄積し、これが進化の主要な要因となる。

つまり、分子レベルで考えるならば、生物の進化はダーウィンが主張した「サバイバル・オブ・ザ・フィッテスト（fittest）」（適者生存）だけではなく、生存に有利でも不利でもない中立的な変化、すなわち「サバイバル・オブ・ザ・ラッキエスト（luckiest）」によって決定されるというのである。

わかりやすくいえば、「たまたま幸運に恵まれたものが残っていく」という話だ。この中立進化説は、1968年に「分子進化の中立説」として科学誌『Nature』に発表されて大きな話題となった。今では広く認められるようになっている。

しかし、その一方で生命とはいったい何かという大命題については未だに明確な答えは出ていない。それどころか、これまで考えてもみなかったような環境で生きている新たな生命体も発見されており、今後、生物の定義が新しく塗り替えられる可能性もゼロではない。

■ミトコンドリアは共生体

ミトコンドリアは、真核生物の細胞中に見られる細胞小器官で、その大きさは直径0.5μm～10μmほどと様々である。このミトコンドリアは、生物の生存に欠かせないエネルギー源であるATP（アデノシン三リン酸）をつくり出している。

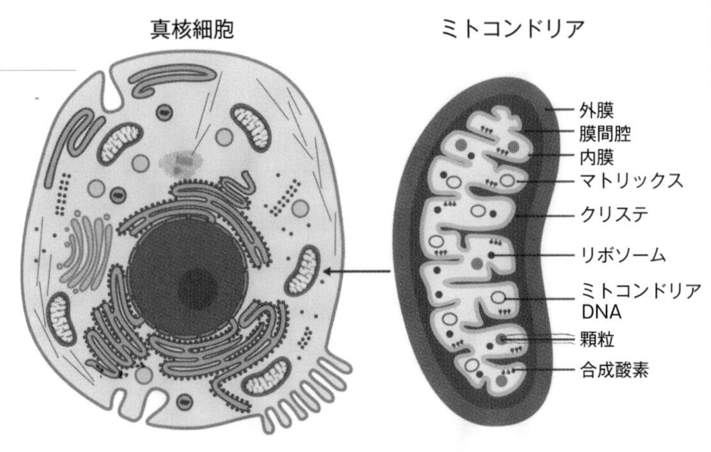

▲ミトコンドリアの構造

● ミトコンドリアはエネルギー生産工場

ミトコンドリアの構造は右上図に示す通りだが、その中で、ATP合成酵素によって、ATPがつくられている。ATPは、アデニン（塩基）、リボ―ス（糖）、リン酸から構成される物質である。アデニンとリボースが結合したアデノシンに3分子のリン酸が結合しているが、その結合がとれてADP（アデノシン二リン酸）になるとき、1mol（モル）あたり約7kcal（キロカロリー）が放出さる。このエネルギーが、脳の活動エネルギーとなったり、筋肉や心臓を動かしたり、呼吸したりするために使われる。

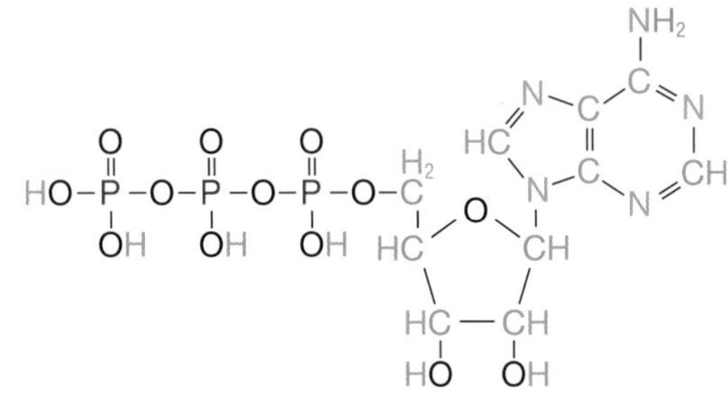

ATP（アデノシン三リン酸）

▲アデノシン三リン酸の構造

● ATP をつくる3つのプロセス

そもそも生物は、食べ物を食べることで生命活動に必要なエネルギーを得ているが、「食べ物→ATP」という変換をしなければエネルギーとして活用することはできない。そのため、生物は自らの体内で様々な化学反応を利用してATPをつくり出している。このATPのほとんどはミトコンドリア内でつくられており、①解糖系（細胞質）、②クエン酸回路系、③電子伝達系の3つのプロセスを経てつくられる。

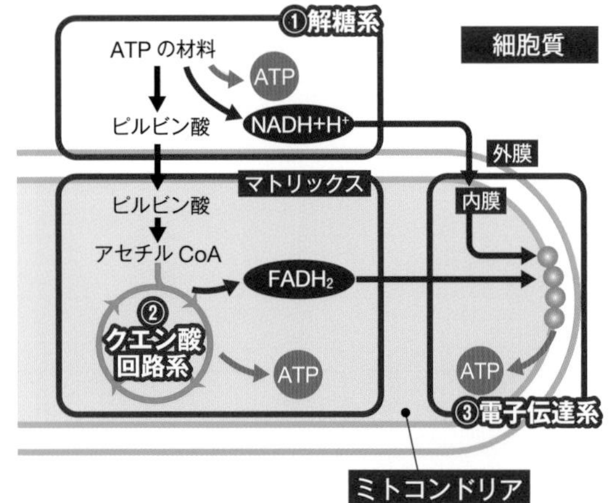

▲解糖系、クエン酸回路系、電子伝達系のプロセス

①解糖系

この反応は細胞質で起こる。主にグルコースを分解してピルビン酸、ATP、NADH+H^+（ニコチンアミドアデニンジヌクレオチド）がつくられる。この解糖系でつくられた生成物は、クエン酸回路へと運ばれて、ATP生産に利用される。

②クエン酸回路系（TCA回路）

糖質、脂質、タンパク質を酸化して最終的にクエン酸を生成するプロセスで、ミトコンドリアのマトリックス部分で行われる。ここでつくられたNADH+H^+や$FADH_2$（フラビンアデニンジヌクレオチド）が電子伝達系に運ばれる。

③電子伝達系

解等系と電子伝達系でつくられたNADH+H^+や$FADH_2$により、大量のATPがつくられる。このATPがADPになるときに、生命維持のためのエネルギーが放出される。

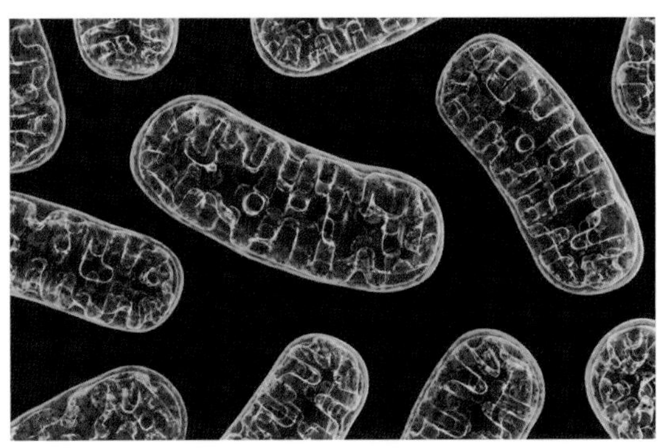

▲ミトコンドリアの3Dイラスト　iStock ©wir0man

●独立した存在だったミトコンドリア

ところでミトコンドリアは、かつては自由に生活していた細菌だったが、20億年ほど前、自分より大きな細胞の中での生活に適応し、細胞小器官（特定の仕事だけをする微小な器官）となって現在に至っていると考えられている。

具体的には、20億年前に１個の細胞（メタン生成菌という古細菌）が別の細胞（α-プロテオバクテリアという細菌）を呑み込むことで、ミトコンドリアを収めたキメラ細胞（２種以上の遺伝的に異なる組織からなる細胞）ができ、それにより真核細胞の誕生が促されたという説がある。

すなわち、ミトコンドリアは共生体として宿主の細胞に棲みついたものであり、その結果、宿主の細胞は大量のエネルギーをつくり出せるようになり、大型化・複雑化が可能となった。そして、その後の複雑な真核細胞の進化がもたらされたというのだ。

現在、下の図のように全生物を３つに分類する「３ドメイン説」も広く支持されている。

細菌（Bacterium：バクテリア）が最初に登場し、次に古細菌（Archaea：アーキア）、最後にこの２つから真核生物（Eukaryota：ユーカリア）ができたと考えられている。この考え方はミトコンドリアの共生説ともよくあっている。

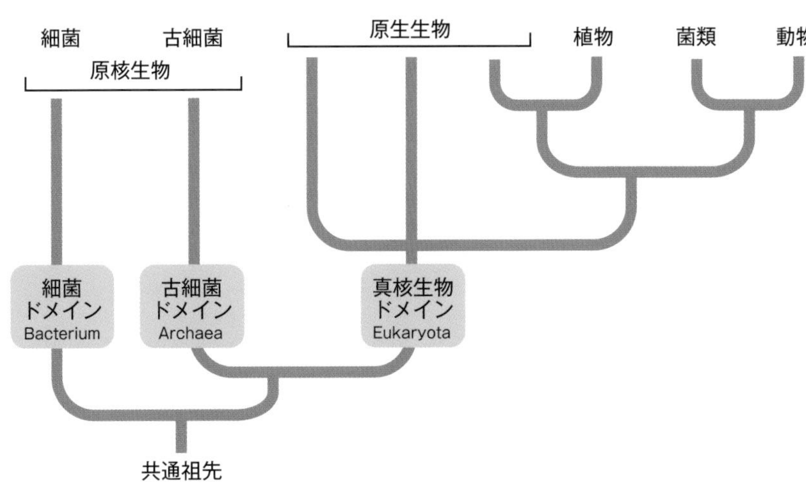

細菌ドメイン（バクテリア）
- 大腸菌
- コレラ菌
- 枯草菌
- 化学合成細菌
- 光合成細菌
- シアノバクテリア
- 窒素固定細菌（根粒菌など）

古細菌ドメイン（アーキア）
- メタン生成菌
- 超好熱菌
- 好塩菌　など

真核生物ドメイン（ユーカリア）
- 原生生物
- 菌類
- 動物
- 植物

▲生物を３つに分ける「３ドメイン説」
ドメイン（domain）とは生物分類学で最上位の分類領域を意味する。

COLUMN われわれの中の単細胞「卵と精子」

卵(卵子)や精子のもととなる細胞は「始原生殖細胞」と呼ばれるが、右図のように、卵は卵原祖細胞→卵母細胞→卵となり、精子は精原細胞→精母細胞→精子となる。

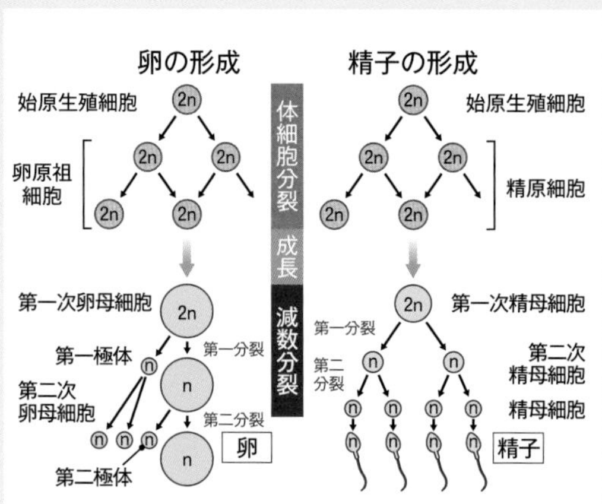

▲卵子と精子の形成プロセス

このうち卵母細胞は胎児の段階で、すでに卵巣内に生成されており、誕生後に成長するにつれて大きくなり、成熟すると破裂して一部が卵として卵巣外に排出される。これが「排卵」だ。

一方、精子は精原細胞が分裂することで、生涯つくり続けられる。

そして受精時には精子が卵に入り込むことにより、ヒトの発生は始まる。つまり、受精卵はひとつの細胞の中に２種類の遺伝情報(卵と精子の遺伝子)が入った状態だ。この受精卵が分裂して増えることによりヒトを形づくっていくのである。

驚くべきはその能力だ。ある細胞は心臓になり、ある細胞は肝臓になり、ある細胞は血液になり、あるいは脳や神経細胞にもなる。そのため、受精卵は「全能性幹細胞」とも呼ばれる。

受精した後、受精卵は細胞分裂を開始して細胞を増やしていく。これを「卵割」という。ただし、全能性が維持されるのは、受精直後から約２週間だけである。受精卵の全能性は、分裂を繰り返すうちに失われていき、それぞれの細胞ごとに専門性を持つようになっていく。これを「分化」と呼ぶ。

分化の過程で最初に形づくられるのは腸である。次に脳や脊髄のもととなる器官がつくられ、その後、体の各器官がつくられていく。こうした過程を経て、成体となる過程を「発生」と呼び、多くの動物に共通して見られるプロセスである。ちなみに、ヒトの受精卵がリンゴくらいの大きさだと仮定すると、生まれてくる赤ちゃんの身長は500mに匹敵するが、その体を構成しているのは二百数十種類の専門性を持った細胞である。

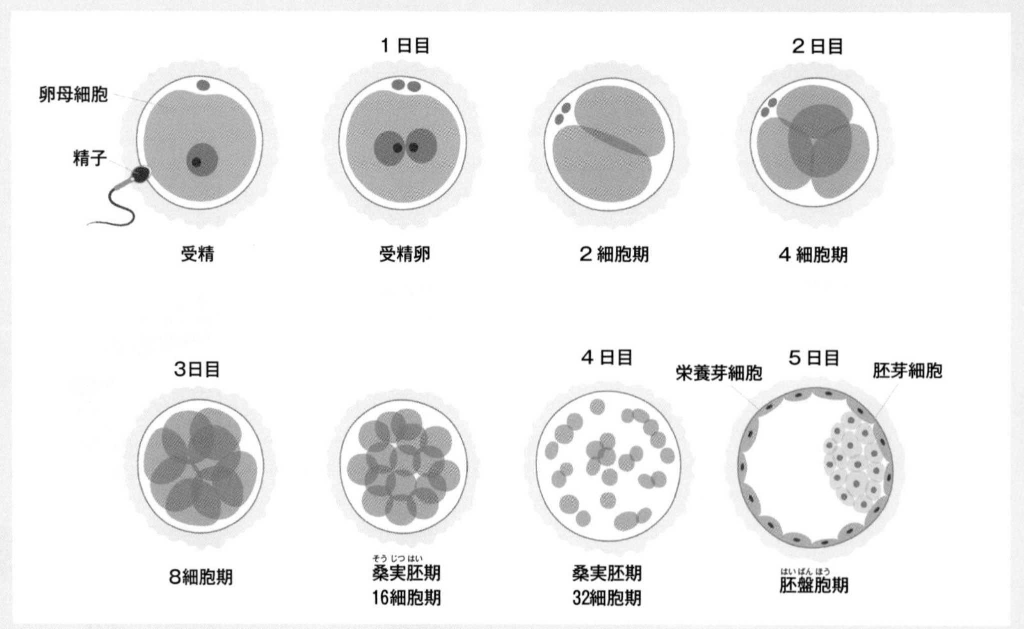

▲受精卵の細胞分裂

iStock ©Pikovit44

▲絶滅の危機に瀕するゾウのイメージ　AdobeStock ©Jonas

Chapter 3

絶滅と進化

生物にとって絶滅は、必ずしもマイナスではない。大量絶滅はそれまで生きていたものたちの多くの命を奪ってしまう代わりに、環境の回復とともに生き残った種を起点に進化・多様化する「適応放散」が起こる。この地球では過去５回の「大量絶滅」があったが、その後に現在の私たちを含めた多種多様な生物が生きる豊かな生態系をつくり出した。

■ダーウィンの進化論

ヒトを含む地球上の生物は、すべて神の創造物であるという世界観が一般的だった1859年。チャールズ・ダーウィン（1809～1882年）が出版した『種の起源』は、革命的な影響を社会にもたらした。

メンデルの法則や遺伝子の存在も知られていなかった時代に、生き物を観察して「自然淘汰（とうた）」による進化論を提唱したからだ。

ダーウィンの進化論を要約すると、それぞれの生物はいきなり出現したのではなく、長い年月をかけて、環境に適応しながら変化を遂げてきたというもの。たとえば、サルとヒトは共通の祖先から分かれて、独自に進化を遂げたことになる。

進化の原理は、もともと種の内部に存在する多様な個体の中で、生存している環境により適した個体がより多くの子孫を残し、その性質を受け継いだ個体が種の中で主流となっていくというもの。

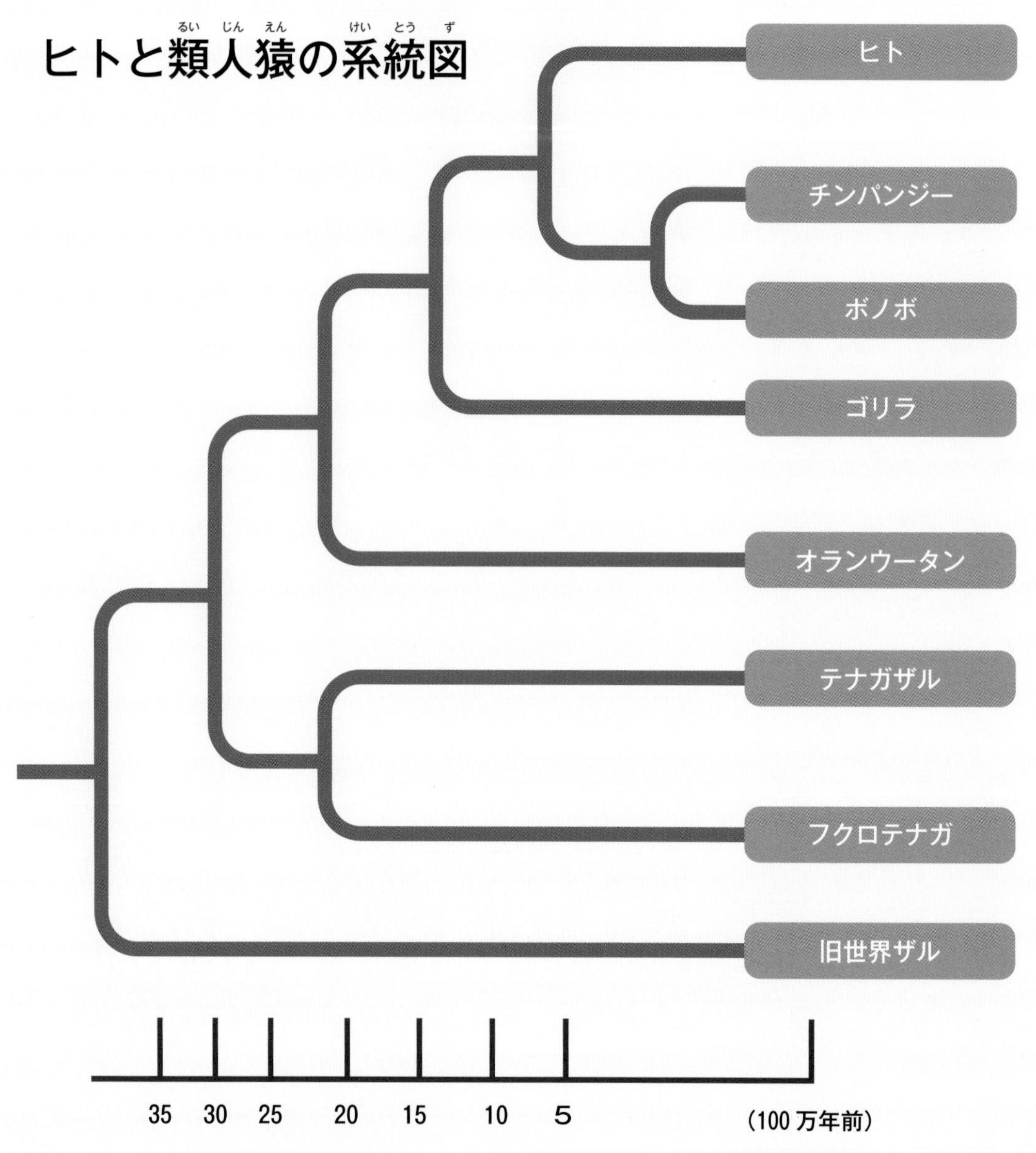

▲ヒトと類人類の系統図　出典：札幌市丸山動物園より

その典型例は、キリンだ。もともとキリンの祖先は、森に棲み木の葉を食べて暮らしていたので、近縁種オカピのように首は短かった。

草原で暮らすようになり、そこに首が長いものが出現した。当然、首の短いキリンも存在したが、草原では首の長いキリンが生きていくうえで有利だったので生存競争で生き残り、やがて首の長いキリンが主流派となり子孫を増やしたと考えられている。

このキリンの進化を専門用語でいうと「変異」による個体間の「多様性」が、「適者生存の原理」により「自然選択」されたということになる。

つまり、進化とは、激しく変化する環境の中で、「変化（変異）と選択（適応）」によって生き残ってきた生き物たちの仕組みである。

▲ヒトに最も近いといわれるチンパンジー。
Shutterstock

▲チンパンジー属に分類されるボノボ。ピグミーチンパンジーとも呼ばれる。
Shutterstock

◀私たちヒトは、「霊長類」と呼ばれるサルの仲間。その霊長類には、ヒト、チンパンジー、ボノボ（ピグミーチンパンジー）、ゴリラ、オランウータンを含むヒト科と呼ばれる区分がある。もともとヒトとチンパンジーは同じ一つの生き物だったが、500万～700万年前に枝分かれしたと考えられている。最新のDNA解析によってヒトとチンパンジーの塩基配列は98.8%同じであることがわかり、そのことからチンパンジーは「進化の隣人」とも呼ばれている。類人猿の中では最も人間に近いのが、ボノボも含めたチンパンジーの仲間で、次に近いのがゴリラ、その次がオランウータンである。類人猿の中で最もヒトと離れているのがテナガザルということになる。

▲類人猿の中で最も大きいゴリラは、「ニシゴリラ」と「ヒガシゴリラ」の2つに分かれる。Shutterstock

◀マレー語で「森の住人」という意味のオランウータン。スマトラ島とボルネオ島（カリマンタン島）の豊かな熱帯林のみに生息している。
Shutterstock

▲ヒト科の中では最も小型のテナガザル。名前の通り前足が長いのが特徴だ。
Shutterstock

▲草原では首の長いキリンが生存に有利なため、自然淘汰で主流となった。
Shutterstock

■フィンチの遺伝子

ダーウィンの『種の起源』を著す発端となったのが、1831年から５年間にわたるイギリス海軍の軍艦「ビーグル号」による南アメリカや太平洋地域の探索だった。

当時弱冠22歳、ケンブリッジ大学で神学を学んだアマチュア博物学者のダーウィンは、ビーグル号で各地を巡り、地質や生物などの調査を行った。その結果、生物の姿とその生息環境に深い関係があることに気づいた。

特にガラパゴス諸島での体験は、「自然選択による種の進化」というアイデアを育むことになる。たとえば、島々によってゾウガメの甲羅の形状が異なっていたり、サボテンを食べるリクガメやイグアナがいる一方、海辺で海藻を食べるウミイグアナの姿もあった。さらに、生息する場所と食べる餌によって嘴（くちばし）の形状が異なる「フィンチ」と呼ばれる小鳥が観察された。

20世紀に入ってから鳥類学者がDNAの解析などを行うようになってから、ダーウィンフィンチ、あるいはガラパゴスフィンチと呼ばれるようになり、ダーウィンの「自然淘汰による進化論」が正しかったことが証明されている。

▲ダーウィンの肖像画　AdobeStock

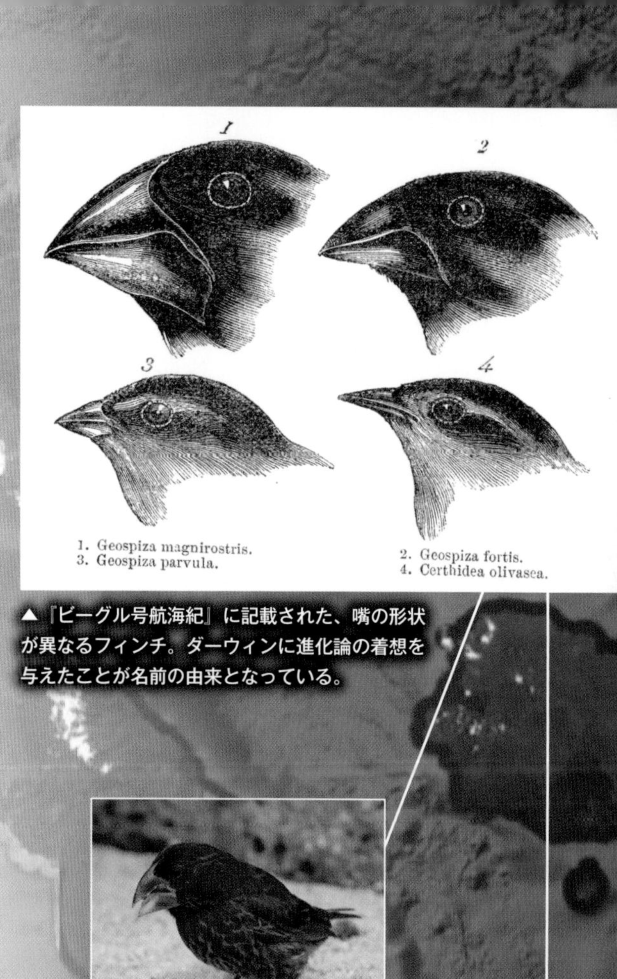

▲『ビーグル号航海紀』に記載された、嘴の形状が異なるフィンチ。ダーウィンに進化論の着想を与えたことが名前の由来となっている。

1. オオガラパゴスフィンチ

2. ガラパゴスフィンチ

略歴

- 1809年、イギリスのシュルーズベリに生まれる
- 1831年、ケンブリッジ大学卒業後（22歳の時）、約５年間のビーグル号での航海に出発
- 1839年、『ビーグル号航海記』（初版）出版
- 1859年、『種の起源』出版
- 1882年、死没

3. コダーウィンフィンチ

4. ムシクイフィンチ

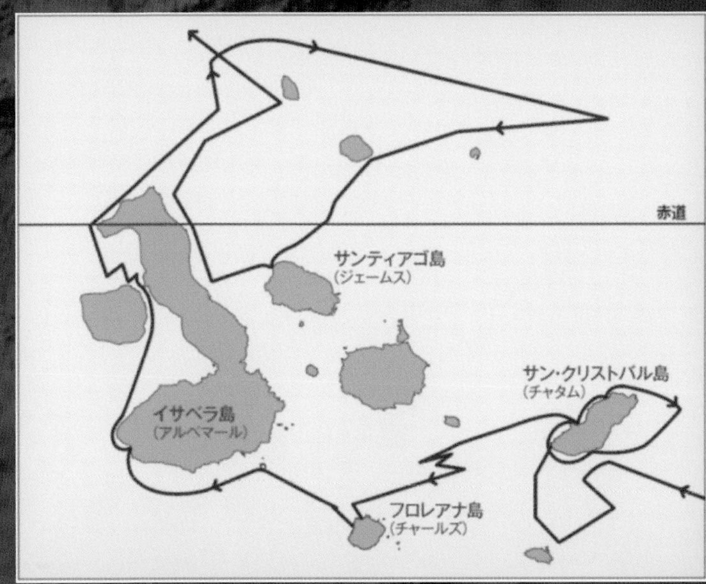

▲1831年～1836年のビーグル号航海ルート

▲ガラパゴス諸島 Shutterstock

▲生息数が激減しているガラパゴスリクイグアナ Shutterstock

▲ガラパゴスゾウガメの甲羅は、生息する島によって鞍型、ドーム型、中間型の３つに分けられる。 Shutterstock

▲種の多様性のイメージ

Shutterstock

■種とは何か

「種（しゅ）」とは、簡単にいうと生物の種類のことで、分類上の基本単位である。もともと「種」という言葉は、分類学の父といわれるスウェーデンの博物学者カール・リンネ（1707年～1778年）によって提唱された。

彼は1735年に『自然の体系』を著し、生物を形質によってグループに分ける分類体系を考案し、属名と種名の二名法を提唱するなど、近代的な生物分類法の基礎を築いた。そしてリンネの種の概念は、古典的な分類の基準となっている。ヒトは「ホモ・サピエンス」と名づけ、霊長目（れいちょうもく）に分類している。

リンネが提唱した分類法は、色や形などの形態の違いによって種を分けることから「形態的種概念」といわれている。

しかしこの分類法の場合、外見で分けることから主観的になってしまうというデメリットがあり、今日では「生物学的種概念」という考え方が一般的になっている。それは、「自然条件の下で、個体同士が交配・繁殖でき、さらにその子孫も繁殖可能であれば同種と見なす」というもの。

ただし、この方法にもいくつかのデメリットがある。絶滅した古生物や無性生殖の生物などにはこの原理は当てはまらないからだ。

そこで、生物同士の生息域・行動などの生態的地位に注目して分類する「生態学的種概念」、生物の系統的関係に注目して分類する「系統学的種概念」なども登場してきた。それにも一長一短があり、「種」を明確に定義できる方法は、残念ながら現時点では存在しないことになる。

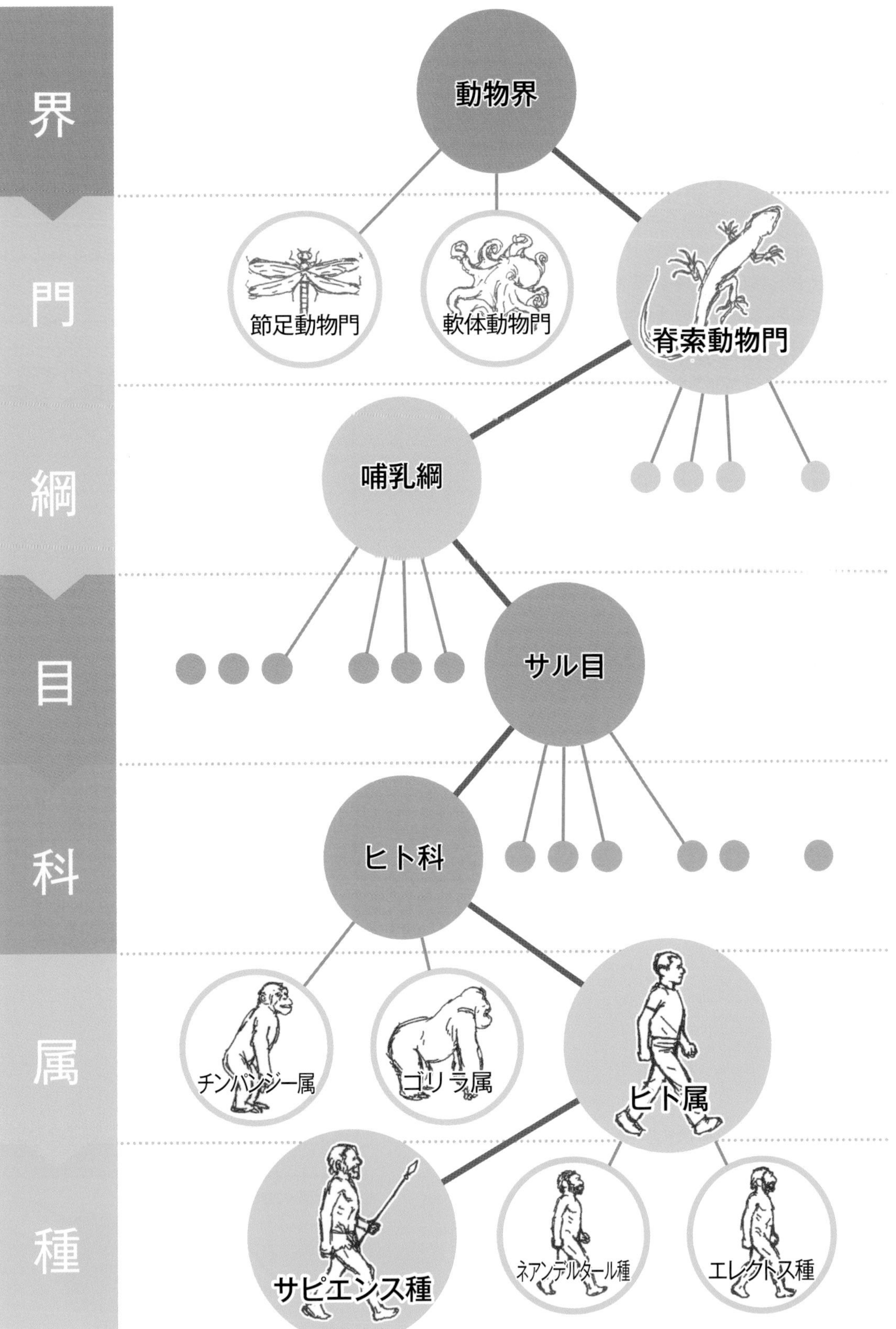

▲ヒトの分類。リンネによって提唱された分類は、今日、“界門綱目科属種”の階層として確立している。

出典：Mykinsoラボより一部改変

■大量絶滅が教える生物の「絶滅＝死」の意味

約38億年前に誕生した生命は、今日まで連綿と命をつないできたわけではない。ときに地球上にいた生物のほとんどが姿を消すような、大量絶滅を経験している。主な大量絶滅はこれまで5回繰り返されたことがわかっており、「ビッグファイブ」と呼ばれている。

古生代から古い順に挙げると、1回目が約４億4400万年前の「オルドビス紀末」で、生物種の約85%が絶滅したといわれている。

2回目は約３億7400万年前の「デボン紀後期」で、海洋生物を中心に生物種の約80%が絶滅した。３回目は約２億5100万年前の「ペルム紀末」で、生物種の約95%を喪失する史上最大の絶滅だった。

中生代でも絶滅は2回起こっている。約1億9960万年前の「三畳紀末（さんじょうき）」には生物種の75%が、さらに約6650万年前の「白亜紀末（はくあき）」には恐竜を含めた生物種の約70%が絶滅した。

これらはいずれも大規模な火山噴火や巨大隕石（いんせき）の落下といった天変地異が原因と考えられている。なぜ、火山噴火や隕石の落下が大量の生物を死に至らしめるのか、そのメカニズムは次のように考えられている。

噴火や隕石の衝突により大量の塵（ちり）やガスが大気上空の成層圏に達し、そこに長期間とどまるため太陽光を遮（さえぎ）り、地表は暗黒化し急激に冷えていく。さらに、塵やガスの雲に含まれていた硫黄（いおう）酸化物や窒素（ちっそ）酸化物が酸素と結びつき、硫酸（りゅうさん）や硝酸（しょうさん）などの強い酸に変化。それらが大気中の水分に溶け込み、酸性雨となって地上に降り注ぐ。この寒さと酸性雨に耐えられなくなった生物が、次々と姿を消すことになる。

その後、大気中に蓄積された二酸化炭素による温室効果で温暖化が始まり、環境は回復する。こうして、地球は寒冷化と温暖化を繰り返しているが、その周期は約10万年といわれている。

寒冷化から温暖化へと気候が変わり環境が安定してくると、細々と生き残った生物は、生活場所（ニッチ）に空きができたことで、長い時間をかけて進化・多様化していく。

たとえば、三畳紀には爬虫類（はちゅうるい）が地上の覇者として君臨し、初期の恐竜を餌にしていた。その爬虫類が絶滅し天敵がいなくなったことで、ニッチを獲得した恐竜は大型化するとともに多様化が急速に進んだ。その結果、ジュラ紀から白亜紀にかけての約１億6000万年にわたって大繁栄することに

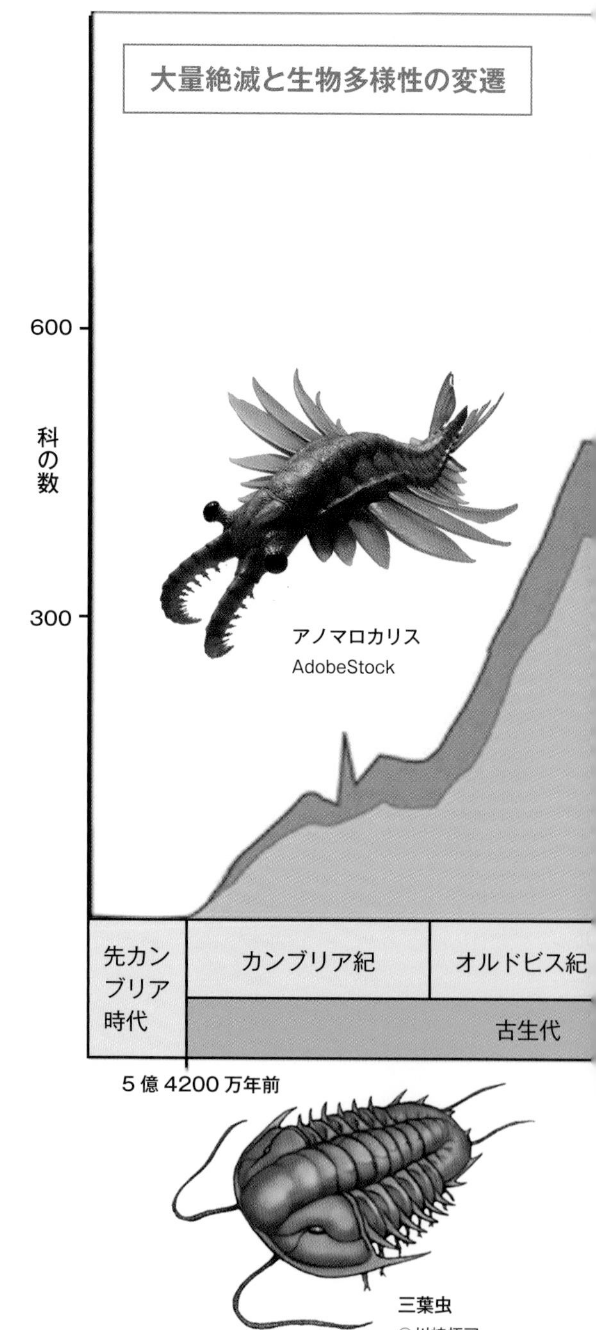

なる。

　これを専門用語で「適応放散」というが、絶滅を境に生物相が変化し、新たな主役が登場する。このように大量絶滅は、生物にターンオーバー（新旧交代）を促し、進化・多様性をもたらす起爆装置となる。

▼シカゴ大学の古生物学者デヴィッド・ラウプ博士とジャック・セプコスキー博士らが海洋の動物化石データをもとに、逆算推定法によって算出した種の絶滅率をグラフ化したもの。縦軸は「種」の上位階層の「科」の数、横軸は年代を表している。ラウプ博士は「大量絶滅」の名付け親であり、このグラフによってどれくらいの数の生物が絶滅し、その後の適応放散による生物の多様化が一目瞭然となっている。

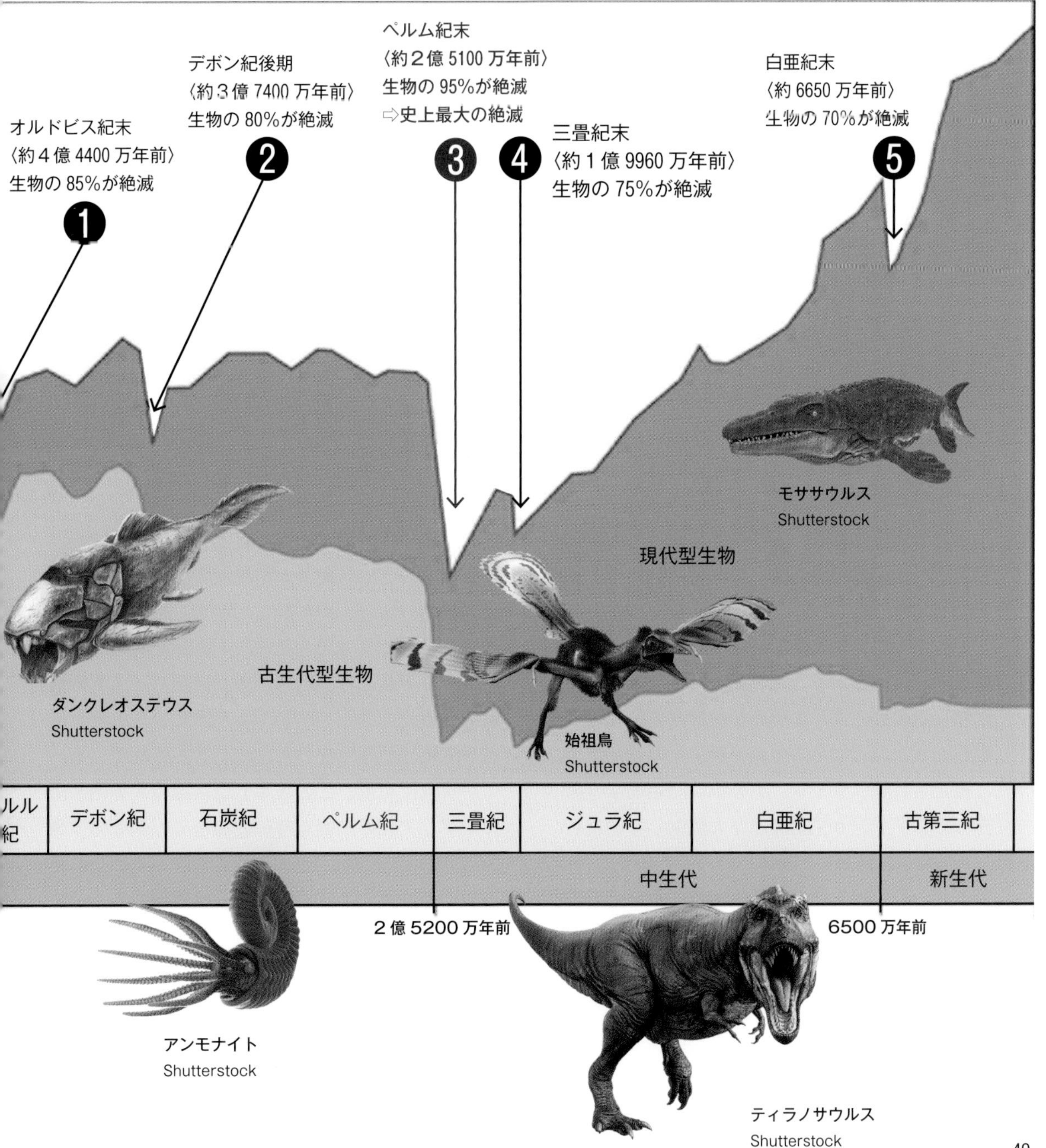

■第１回目　オルドビス紀末の大量絶滅

▲オルドビス紀の生物たち　AdobeStock ©anibl

最初の大量絶滅は、オルドビス紀（約４億8540万年前～約４億4380年前）の末期にあたる約４億4400万年前に起こったとされている。

それまで世界中の海で、オウムガイなどの軟体動物、三葉虫（さんようちゅう）のような硬い殻（から）を持つ原始的な節足（せっそく）動物、二枚貝のような形をした無脊椎（むせきつい）動物の腕足（わんそく）動物、サンゴに似たコケムシ類、半索（はんさく）動物だったと推定されるフデイシ、あるいは原始的な脊索（せきさく）を持ったコノドント生物などが大繁栄していた。

彼らは「カンブリア爆発」（次ページコラム参照）で出現した生物たちだった。だが、それらの約85％がオルドビス紀末に絶滅してしまったのだ。

中国、アメリカ、オーストラリアの研究チームは、2020年に「オルドビス紀末の大量絶滅は、４億4310万年前から４億4290万年前までの20万年の間に発生した」という説を発表している。

さらなる検証が必要だが、オルドビス紀の大絶滅が極めて短い間に起きたことは間違いない。

このオルドビス紀の大量絶滅の原因は、諸説あり、「世界的な海水準変化（陸地に対する海面の高さの変化）による」とも、「超新星爆発が太陽系の近くで起こり、地球がガンマ線バーストの直撃を受けたため」、あるいは「巨大な火山噴火によって地球が寒冷化したため」ともされている。

いずれにせよ、このオルドビス紀の大量絶滅後、カンブリア紀の生物たちに代わって、顎（あご）を持つ魚（顎口類（がくこうるい））が登場、さらに現生魚類のほとんどを占める硬骨魚類（こうこつぎょるい）が登場して、ニッチを埋めるように急激に繁栄していった。

そして大絶滅からわずか数百万年後には、新しく登場した生物たちによって生物種の数も回復し、今日の脊椎動物たちの多様性に満ちた進化の礎（いしずえ）になっていったと考えられている。

COLUMN カンブリア紀の奇妙な生き物たち

オルドビス紀に先立つカンブリア紀(約5億4200万年前～約４億8830万年前)の初期には、多細胞生物の爆発的な多様化によって現生物の祖先のほとんどが出現した。その現象を「カンブリア爆発」と呼んでいる。

この時期に「スノーボールアース(全球凍結)」と呼ばれる、地球表面がすべて凍ってしまった厳しい氷河期が終わり、地球が暖かくなってきたことが、様々な形をした生き物を生んだと考えられている。

特に、「奇妙なエビ」という名前のアノマロカリスや、ゾウの鼻のような長く伸びた管の先に、ギザギザのハサミのような口がある「オパビニア」、原始的な脊索動物のナメクジウオによく似た「ピカイア」、背中には身を守るためのトゲがある「ハルキゲニア」など、不思議な形をした生き物たちで海洋は賑(にぎ)わいを見せていた。

▲脊椎動物の進化のうえで貴重な存在の原索動物のナメクジウオ
カンブリア紀に誕生したと考えられている。名前から魚類の仲間と思いがちだが、目も頭も背骨もない原始的な脊索を持つ原索動物で、ゲノム解析で脊椎動物の先祖であることが判明している。「生きた化石」といわれ、現在でも日本各地の浅い海底に生息している。
写真提供:アクアマリンふくしま

▲カンブリア紀の生物たちの想像図
中央を泳いでいるのがアノマロカリス、その右を泳いでいるのがオパビニア、右下の岩の上にはハルキゲニアが描かれている。
shutterstock ©Dotted Yeti

■第２回目　デボン紀後期の大量絶滅

デボン紀（約4億1920万年前～約３億5890億年前）は、別名「魚類の時代」と呼ばれるように、海に生息していた魚類が河川や湖沼といった陸上のあらゆる水域に生息地域を拡大させた時代だ。

カンブリア紀に登場した原始的な魚類には、顎がなかった（無顎類）が、デボン紀に入って「顎を最初に持った脊椎動物」といわれる板皮類が登場している。板皮類の特徴は、頭部と胴体の前部が鎧のような硬い板状の骨に覆われていたことだ。

当時、海の覇者として君臨していた三葉虫やオウムガイの仲間、ウミサソリなどの無脊椎動物から身を守るためだった。この板皮類を代表するのが強靭な顎を持ったダンクルオステウスだ。

全長６～10mで、デボン紀最大にして最強の捕食生物だ。歯はないものの噛む力は強く、捉えた獲物を一撃で噛み切ることができたと考えられている。しかし、その繁栄は長続きせず、デボン紀末の大絶滅でほとんどが姿を消し、石炭紀前期には絶滅した。

絶滅の理由は、頭部を覆っていた硬い骨板が重いため遊泳能力が劣っており動きが鈍重で、より速く泳げるサメなどの軟骨魚類や硬骨魚類の登場で、淘汰されたと考えられている。

魚類の他に、最初の両生類の祖先のイクチオステガ、爬虫類・鳥類・哺乳類の祖先といわれる初期の四肢動物が地上を支配し始めるのは、このデボン紀後期の大量絶滅が終わってからのことである。

▲デボン紀の水中を描いた想像図　Shutterstock
強靭な顎を持つ魚が登場し、生態系のトップに君臨した。

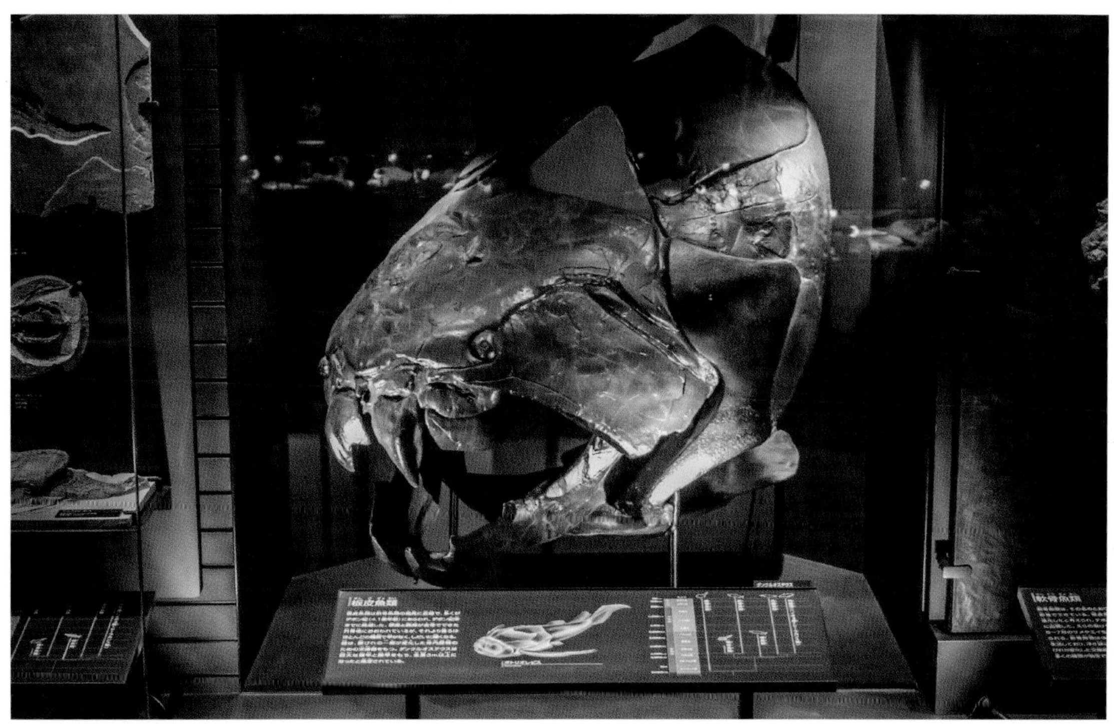

▲鋭い牙のような顎を持つダンクルオステウスの化石　Shutterstock

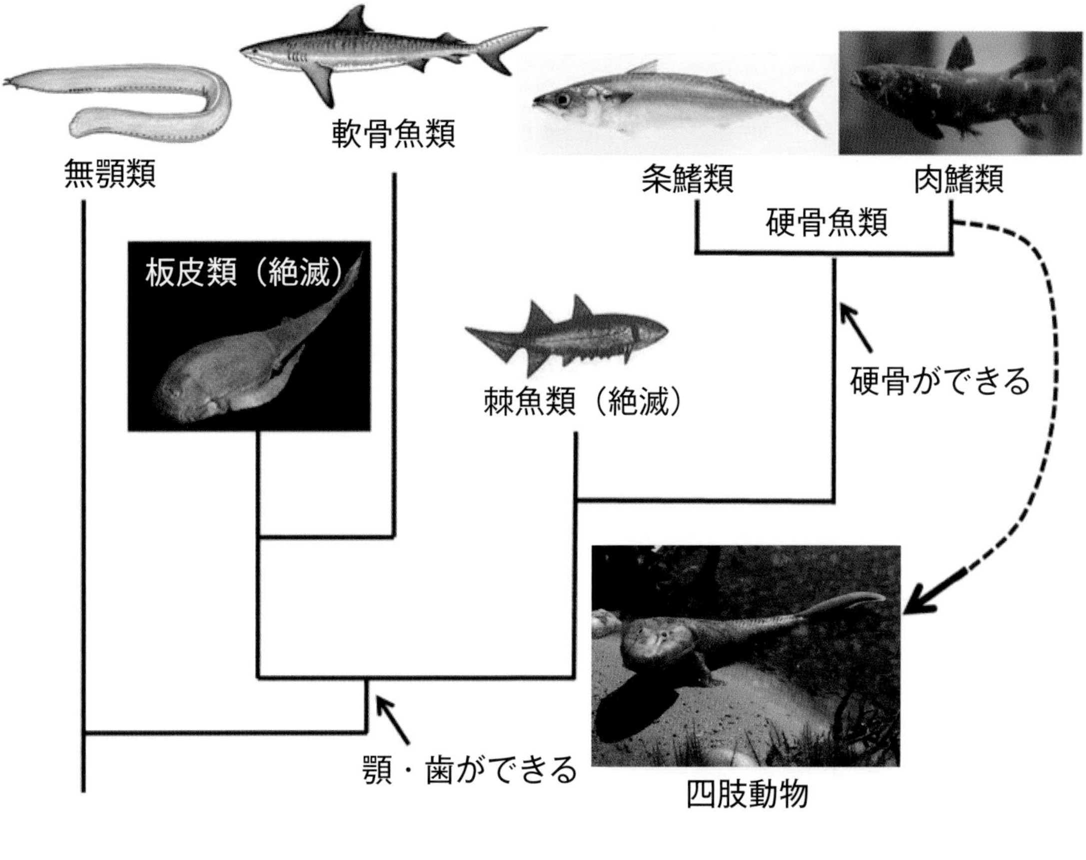

無顎類

軟骨魚類

条鰭類

肉鰭類

硬骨魚類

板皮類（絶滅）

棘魚類（絶滅）

硬骨ができる

顎・歯ができる

四肢動物

▲デボン紀の魚類進化系統図

■第3回目　ペルム紀末の大量絶滅

ペルム紀（約2億9900万年前〜約2億5100万年前）は、古生代の最後にあたる時代である。すべての大陸がひとつにまとまり地続きとなった「超大陸パンゲア」の時代であり、初期と後期では大きく気候が異なっている。

ペルム紀初期のパンゲア大陸は、南極から南半球にかけて広がっており、大規模な氷河に覆われて寒冷だったことがわかっている。水際では両生類がわが世の春を謳歌（おうか）していたが、陸上で生態系の頂点に立ったのが肉食のディメトロドンだった。

ディメトロドンは全長約3mでトカゲのような形をしており、背骨から縦に帆（ほ）をかけたような姿が特徴的だったが、「爬虫類」ではなく、「単弓類（たんきゅうるい）」に分類されている。単弓類の頭骨には「側頭窓（そくとうそう）」という、眼窩（がんか）後方の頭骨に開いた孔（あな）がひとつだけあることから、そう呼ばれているが、現在の地球上でこの特徴を持っているのは哺乳類だけである。

かつて、哺乳類は爬虫類から進化したといわれていた。だが、近年の研究によって哺乳類と爬虫類は進化の過程が異なっていることがわかってきた。

まず両生類の中から羊膜類（ようまくるい）（羊膜と卵殻を持つ四肢動物）が登場し、そのときに双弓類（そうきゅうるい）（頭部に2つの側頭窓を持つ動物）と単弓類へと分かれて進化。そのうち単弓類から哺乳類が、双弓類から爬虫類や恐竜に進化していったと考えられている。

ちなみに、ディメトロドンという名前は、「2種類の歯」という意味で、哺乳類に共通の「異歯性（いしせい）」という特徴を持っていた。異歯性とは、前歯や犬歯、臼歯（きゅうし）というように、歯の形状や役割が異なっていることをいう。ディメトロドンの歯は、口の前方が長く、後方が短い2タイプであった。これに対して、歯が同大同形のものを同歯性（どうしせい）というが、哺乳類を除く脊椎動物や爬虫類（毒ヘビを除く）は同歯性である。

時代が進むにつれて、地球の温暖化が進むと、寒さが緩み氷河が溶けて、ペルム紀の後期には地

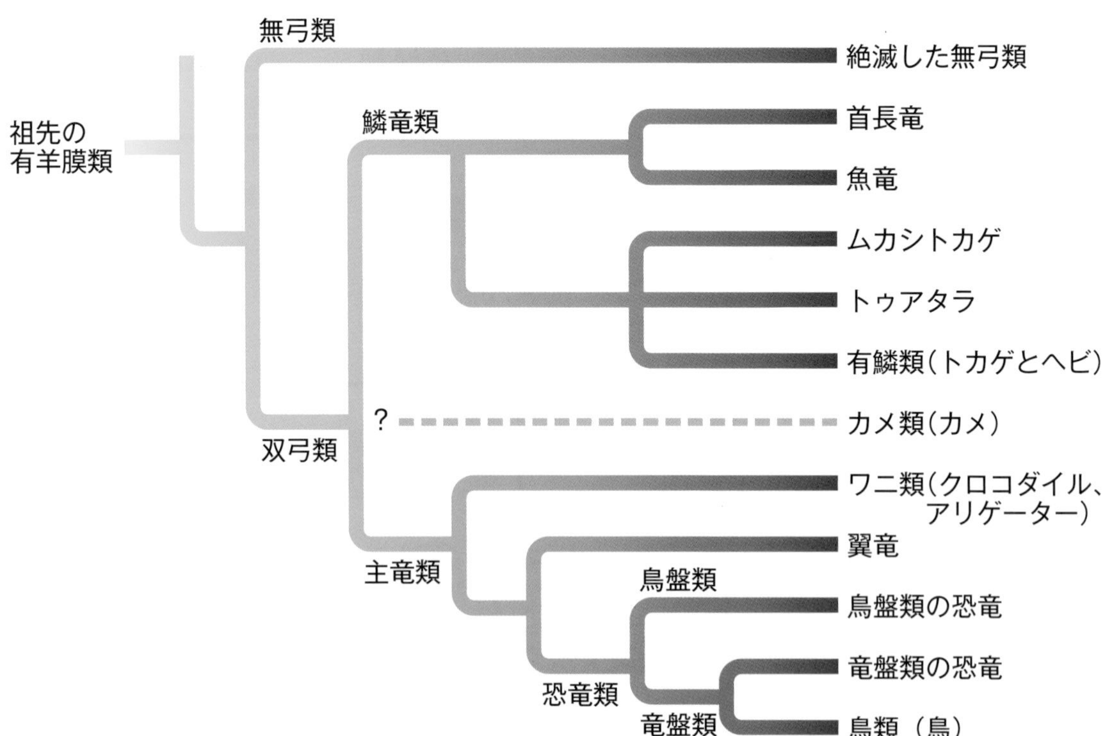

▲羊膜類の系統樹

球の平均気温は20℃を超えていたといわれている。気象庁によると東京の年間（2021年）平均気温は16.6℃であるから、現在より温暖化が進んでいたことは確実である。

この時代には、陸上にはシダ植物が繁茂し、水辺では両生類、陸上では初期の爬虫類、そして空では巨大な昆虫が主役となっていた。昆虫を脅かす鳥類や空飛ぶ爬虫類はまだ出現していなかったからである。それに加え、昆虫巨大化の理由として挙げられているのが、大気中の酸素濃度だ。現在は21％程度だが、当時の酸素濃度は30～35％と高かった。

だが、古生代の終わりを告げる史上最大規模の絶滅が起きることとなった。約２億5100万年前、海洋生物の90～96％、陸上の脊椎動物の70％以上が絶滅してしまったのだ。

この大量絶滅の大きな原因として考えられているのが、「スーパープルーム」と呼ばれる地球規模のマントル上昇流だ。

スーパープルームとは地表から2900kmの深さにある核とマントルの境界で、断続的に発生する高温の上昇流のことである。このスーパープルームによる地殻変動で、すさまじい噴火が断続的に続き、超大陸パンゲアは分裂を開始した。

それとともに、世界規模で海岸線が後退。食物連鎖のバランスが崩れていった。さらに大規模な火山活動により温室効果ガスが大量に排出され、温暖化が加速されると同時に、大気の酸素濃度も急激に低下していった。それに、高い酸素濃度に適応していたペルム紀末期の生物種の多くは耐えられず、絶滅していったと考えられている。

この大量絶滅で生命はまたしても激減した。そして地上の生き物が新たな姿で復活するまで、数百万年の歳月を要することとなったのである。

▲ディメトロドン
哺乳類の先祖の「単弓類」に分類される。背中の帆は、伸長した脊椎の神経棘の間には膜が張られたものと考えられているが、体温調節に使われたとも求愛行動のデモンストレーション用だったともいわれている。
Adobe Stock ©Daniel Eskridge

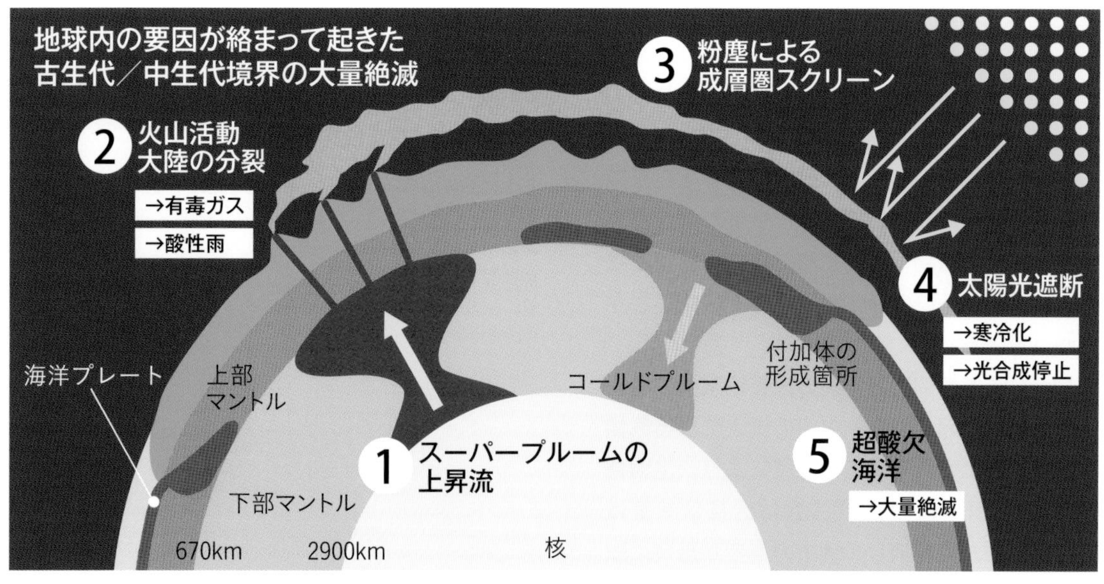

▲史上最大の絶滅を引き起こした「スーパープルーム」

■第４回目　三畳紀末の大量絶滅

中生代は「三畳紀」「ジュラ紀」「白亜紀」の３つに分かれる。

幕開けの三畳紀（約２億5220万年前～約２億130万年前）は、温暖化と乾燥化が進み、ヨーロッパの浅い海では海水温度が上昇。海水が蒸発して厚い岩塩の層ができ、これが三畳紀の名前の由来となっている。植物界では気候の乾燥化とともに針葉樹林が勢力を増していった。

この時代の地上では、ペルム紀末の史上最大の大絶滅から生き残った生き物が様々な進化を遂げ、それまでとは異なった生物相ができあがった。それは、爬虫類と恐竜や哺乳類の先祖たちが、生存競争を繰り広げた時代だった。

三畳紀前期は哺乳類の先祖である単弓類が、中期には双弓類から進化した主竜類、鱗竜類などに多様化した爬虫類のグループが繁栄した。

中でも主竜類の一部が、後に恐竜、初めて空を飛んだ脊椎動物といわれる翼竜、ワニへと進化する。

そして、初期の恐竜と哺乳類が登場したのは三畳紀後期のことだった。初期の獣脚類といわれるエオドロマエウスやコエロフィシスなどは小型の動物を餌としていた肉食恐竜だった。

一方、最古の哺乳類といわれるのが、メガゾストロドンだ。体長は10～14cm程度と小さく、現代のトガリネズミと似た姿をし、指の構造から樹上で暮らし、夜行性だったと考えられている。

夜に活動していたのは、日中に狩りをしていた爬虫類や恐竜などの捕食者から逃れるためだった。また、暗闇で活動するために、聴覚と嗅覚をつかさどる脳の部分が発達していたことがわかっている。

しかし約１億9960万年前の三畳紀末に、４回目の大絶滅が起こった。火山の噴火による気候変動が原因とされる。この絶滅により、生物種の75％が失われ、大型爬虫類は大打撃を受けてほとんどが姿を消し、地上の覇者が恐竜に取って代わられることになる。

三畳紀を代表する生物たち

▲リストロサウルス
ペルム紀末の大量絶滅を乗り切った先祖から進化したディキノドン類の単弓類の一種で、三畳紀にはパンゲア大陸に広く生息していた。植物食性で体長は約90～120㎝。つがいで暮らし、育児を行っていたと考えられている。ディキノドン類は様々な種に分かれ、体長数㎝の小型のものから、頭骨だけで70㎝に達するほど大型のものまで30を超える属が存在したとされる。
AdobeStock ©aniba

▲プレシオサウルス
三畳紀後期に鱗竜類から進化した首長竜の一種。首長竜としては、もっとも早い時代に出現した種と考えられている。卵胎生で、ジュラ紀、白亜紀を通じて栄えた。体長は3.5ｍほどで、スピードは速くなかったが、機動性に富んでおり、イカなどの軟体動物を捕食していたと考えられている。
AdobeStock ©Daniel Eskridge

▲ノトサウルス

三畳紀に出現した海棲の爬虫類。双弓類の中でも鱗竜類に分類される。体長は１～４m程度で、主に沿岸部の浅瀬で魚類を主食にしていた。陸性爬虫類から進化したと考えられ、ジュラ紀から白亜紀に繁栄した首長竜（鰭竜類）の先祖とされる。

Adobe Stock ©Mineo

▲イクチオサウルス

イルカにそっくりだが魚竜の一種であり、首長竜同様に鱗竜類から進化して、三畳紀に登場した爬虫類の仲間である。首長竜同様、やはり卵胎生だった。イクチオサウルスは全長3.3mほどだが、より巨大化した種もあった。

©Nobu Tamura

▲エオドロマエウス

２億3000万年前のアルゼンチンの地層から化石が発見された恐竜で、全長は1.2～1.3m、体重は５kgほどで、肉食だった。時速30kmの速さで走れ、かなり凶暴だったと考えられている。発見されている恐竜の中では最初期の種のひとつとされている。

©Nobu Tamura

◀メガゾストロドンの復元模型

体長10～14cm、尾長約４cm。夜行性で昆虫やミミズなどの小動物を食べていたと考えられている。三畳紀後期からジュラ紀前期にかけて生息していた哺乳類の先祖であり、外観は現生のツパイやトガリネズミに似ていたと推定されている。

AdobeStock ©nicolasprimola

■第５回目　白亜紀末の大量絶滅

三畳紀に続くジュラ紀（約２億年前～１億4500万年前）から白亜紀（約１億4500万年前～6650万年前）にかけては、恐竜が最も繁栄した時代だ。恐竜の競争相手だった大型爬虫類の多くが絶滅したことで、急速に大型化し、「適応放散」により種の数も爆発的に増えた。

もともと、恐竜は共通の祖先から進化したため、外見は多彩でも、先祖から受け継いだ共通の形質を持つ。恥骨（ちこつ）が前向きか後ろ向きかという骨盤の構造から、「竜盤類（りゅうばんるい）」と「鳥盤類（ちょうばんるい）」に大別される。ただし、鳥盤類は現生の鳥類の恥骨の構造と似ていたために名づけられたが、鳥類の先祖ではない。

さらに、恐竜は主に「獣脚類（じゅうきゃくるい）」「竜脚形類（りゅうきゃくけいるい）」「装盾類（そうじゅんるい）」「鳥脚類（ちょうきゃくるい）」「周飾頭類（しゅうしょくとうるい）」の５つに分かれて進化していったが、その種類は1500～2000種にものぼるといわれている。

このように地上の覇者となった恐竜に対し、哺乳類は恐竜を避けて樹上に暮らし、ひっそりと夜間に活動しながら、ゆっくりではあるが進化を続けていた。

ところが、6650万年前、大繁栄していた恐竜のほとんどを滅ぼすような大災害が起こった。

直径約10～15kmの巨大隕石（いんせき）が地球に衝突したのだ。現在のメキシコのユカタン半島沖に落下した衝撃はすさまじく、広範囲にわたって高熱の炎に包まれ、その灼熱（しゃくねつ）の炎は広大な森林と多くの生き物を焼き尽くした。この灼熱地獄の後に、100m超の大津波が次々と陸地を襲い、多くの恐竜の命を奪った。

さらに隕石の衝突によって巻き上げられた粉塵（ふんじん）が地球全体を覆ってしまった。そのために、太陽光が遮られて、地球の気候は寒冷化していった。太陽が当たらない大地では、植物が枯れ果て、わずかに残った恐竜も飢えて死んでいったと考えられている。そして、この後の生命の舵取り（かじとり）は、私たちヒトを含む哺乳類の繁栄へと向かうことになる。

COLUMN　空にも進出した主竜類の子孫

地上を恐竜たちが席巻する中、ジュラ紀の空を支配したのは主竜類から進化した空飛ぶ爬虫類、翼竜たちだった。大きさは小鳥ぐらいの大きさから翼開長（左右の翼の端から端までの長さ）12mを超えるものまでさまざまだったが、代表的なものとしては、ランフォリンクス、プテラノドン、ケツァルコアトルスなどが知られている。

▲プテラノドン
白亜紀後期に生息していた翼竜の一種。皮膚と同じ組織でできている翼を全開したときの翼開長は7～８mほどだった。多少は羽ばたいたと推測されるが、基本的には上昇気流に乗ってグライダーのように滑空、それでも陸地から数百kmも離れた海上へ飛んでいって魚を捕っていたと考えられている。

◀ケツァルコアトルス
翼竜の一種で、翼開長が12mにも及ぶものもいたとされ、知られている翼竜の中では、最大級の翼竜とされている。
画像はいずれも©Nobu Tamura

▲巨大な隕石の衝突によって地上は灼熱の地獄と化し、多くの恐竜が息絶えていった。

shutterstock

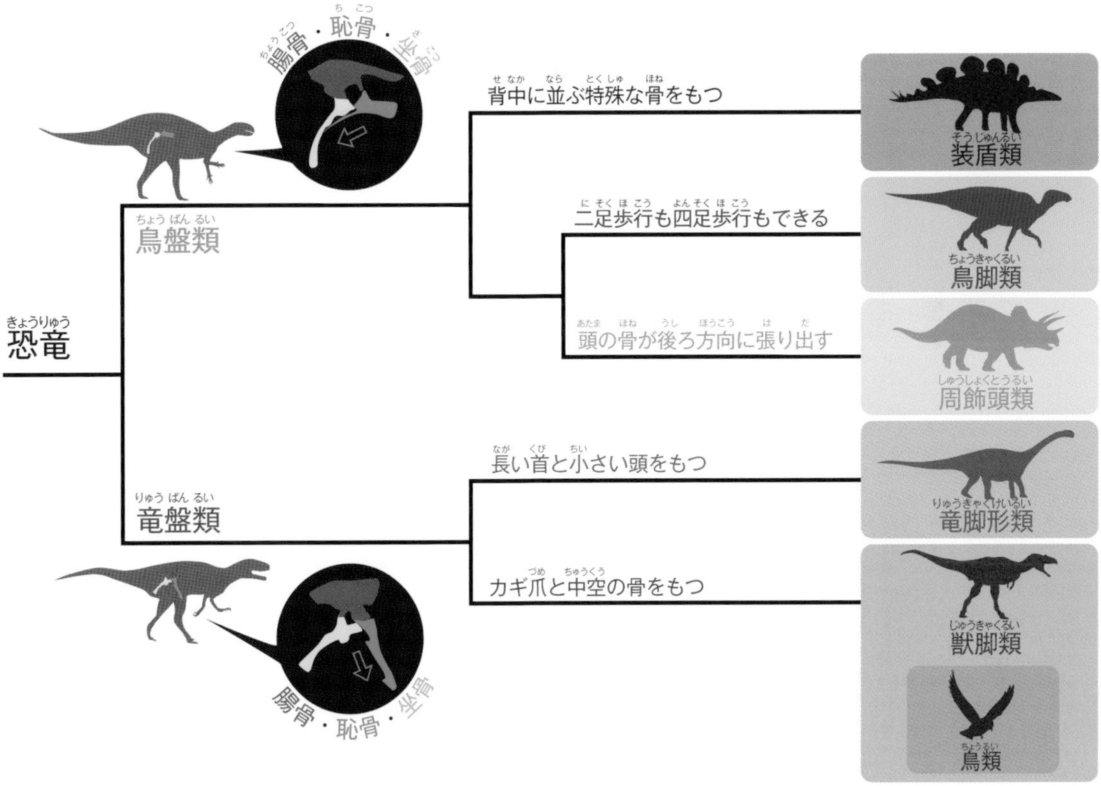

腸骨・恥骨・坐骨

背中に並ぶ特殊な骨をもつ

装盾類

鳥盤類

二足歩行も四足歩行もできる

鳥脚類

恐竜

頭の骨が後ろ方向に張り出す

周飾頭類

長い首と小さい頭をもつ

竜脚形類

竜盤類

カギ爪と中空の骨をもつ

獣脚類

鳥類

腸骨・恥骨・坐骨

▲恐竜の分類

画像提供:福井県立恐竜博物館

■なぜ恐竜は絶滅し、哺乳類は生き残ったのか

今から２億2000万年前の三畳紀後期、ほぼ同じ時期に恐竜と哺乳類のそれぞれの先祖が出現している。しかし、恐竜が繁栄したのは、ジュラ紀から白亜紀にかけての１億6000万年という時間にすぎず、前述のように白亜紀末でほとんどが絶滅してしまった。

一方、私たち哺乳類の祖先は、隕石落下に端を発した過酷な環境の中でも生き残り、現在まで生き延びることができた。恐竜との違いはどこにあったのだろうか。

●大きかった体の大きさの違い

最も大きな違いは、体の大きさである。大型の恐竜は、体力を維持するだけでもかなりのエネルギーを要し、大量の食料を確保できなければ、飢えて死ぬしかない。

その点、小さな体なら必要とする食料も少なくて済むから、過酷な環境下では生存に有利になる。また、夜行性だったことも生き延びるのに有利にはたらいた。

この時代の哺乳類は、日中活動する多くの恐竜から逃れるために、闇に紛れて行動していたが、暗闇で餌を探すには、聴覚や嗅覚などの優れた能力が必要だった。そして、哺乳類の中に、それらの感覚器官をつかさどる脳を急激に発達させたものが出現した。

こうして恐竜が繁栄した約１億6000万年の間、小さな体ながら脳を発達させた種が、灼熱地獄から寒冷化へと変化する過酷な地球環境に適応していったのだ。

中生代から新生代へと時代が移り、捕食者の恐竜から解放された哺乳類は、食料と生きる空間を急拡大していった。もはや、夜行性である必要はなく、彼らの中からヒトを含めた霊長類のように昼行性(ちゅうこうせい)へと変化するものも現れた。

▲樹上で生活していたサルがやがて地上に降り、ヒトへと進化していく。　Shutterstock

●昼行性が生んだメリット

昼行性のほうが、色鮮やかな果実を見つけやすく、さらに行動範囲を広げることもできる。そのほうが生存には有利なため、昼行性で活発に動き回る性質をたまたま持ったものが、選択されて子孫を多く残せた。

また、昼行性となり、果実を豊富に摂ることができるようになった霊長類の先祖は、体内でビタミンCをつくる遺伝子を偶然失っている。果物から多量に摂取できるので、体内でビタミンCをつくる必要がなくなったからだ。

一方、目の色覚に関する遺伝子がひとつ増えている。夜行性だった頃は、赤と青の２色性色覚の遺伝子だったが、遺伝子がひとつ増えることで緑も認識することができ色覚が向上。その結果、果実をより見つけやすくなったと想像できる。

このように体の変化は、まずDNAに突然変異が起こり、環境に適応して多様化していく。こうした「変化と選択」による進化が、今日の哺乳類の繁栄をつくり上げたといえる。

このような変化と選択による進化に要する時間は、非常に長い。小型哺乳類の世代交代にかかる時間を５年と仮定すると、数万～数十万年の時間をかけて、その間に多くの個体が生まれて死んで、やっと成し遂げることができるのだ。

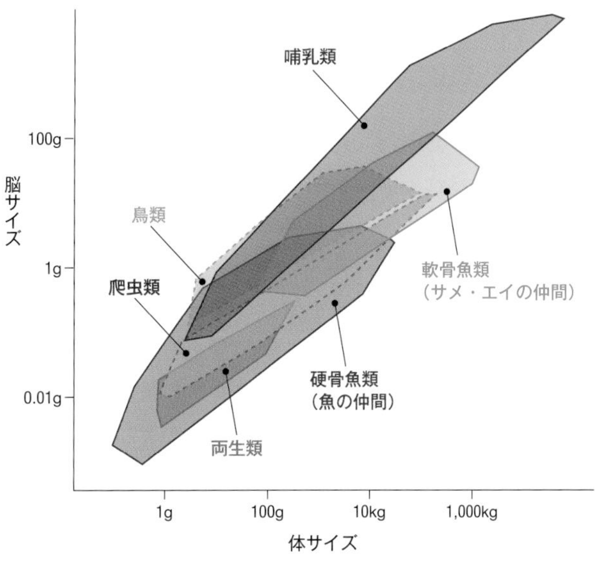

▲生物の脳の大きさ比較

出典：論文「哺乳類と鳥類の脳サイズ進化に関する新しい法則」（進化生物学者，坪井助仁）より

脳の進化と哺乳類繁栄の関係

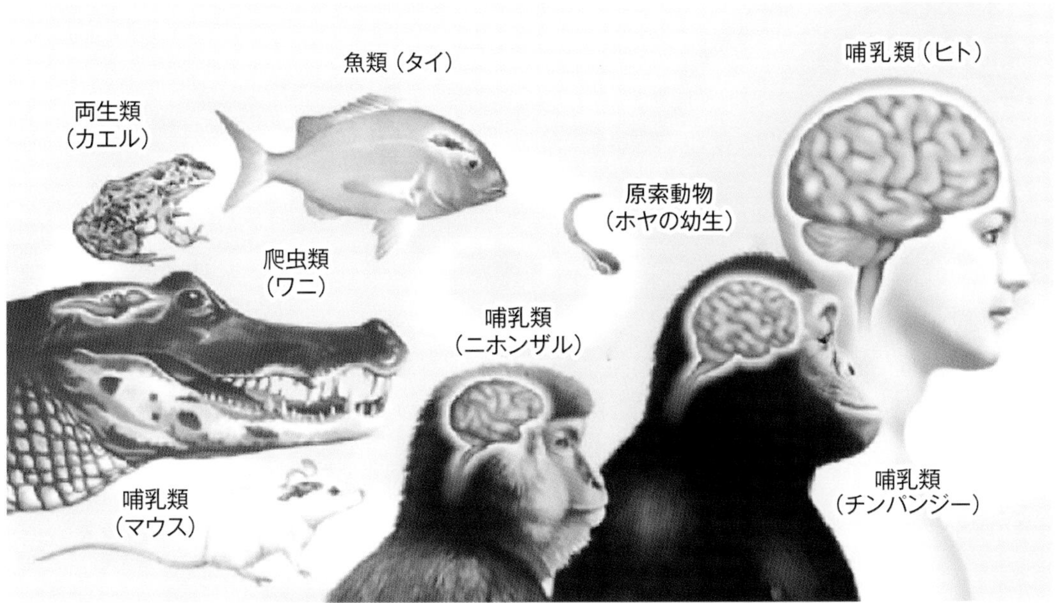

▲脊椎動物の脳は、どの生物種でも基本構造は同じで、「脳幹」「小脳」「大脳」から成る。霊長類のサルやチンパンジー、ヒトでは、大きく発達した大脳が間脳と中脳を覆っており、高度な情報処理を可能にした。 出典：理化学研究所「脳の進化」

■恐竜は鳥類として生き残った！

恐竜は２億2000万年前に、爬虫類から進化したと考えられている。白亜紀末期の５回目の大量絶滅が起きる6650万年前までの、約１億6000万年間が恐竜の時代だ。その恐竜は骨盤の形で「鳥盤類」と「竜盤類」に大きく分けられる。生態系の頂点に君臨したティラノサウルスなどの肉食恐竜はすべて竜盤類のグループの「獣脚類」に含まれ、二足歩行で素早く走り、鋭い牙（きば）で獲物を捉えることができた。

この獣脚類から進化したのが鳥類だ。今日では鳥類は、恐竜の中でも地上の覇者として君臨していた獣脚類から進化したことが、化石などの分析で明らかになっている。

●「恐竜→鳥類」を裏づける羽毛恐竜

始祖鳥（しそちょう）の化石が発見されて以来、「鳥類の祖先は恐竜ではないか」と一部の研究者が主張するようになっていた。その説を有力なものとしたのが、1990年代に入ってからの「羽毛恐竜」の化石の発見だった。

かつて恐竜はトカゲのような皮膚だったと考えられていたが、化石に羽毛の痕跡（こんせき）が残されていたことから、「羽毛恐竜」と呼ばれるようになり、現在では20種以上の恐竜に羽毛の痕跡が見つかっている。そのほとんどが獣脚類であることから、鳥類はこの獣脚類の生き残りと推察されている。

羽毛はウロコが特殊化したものと考えられている。なぜ、恐竜が羽毛を持つようになったのかについては解明されていないが、保温のためではないかと考えられている。

その理由のひとつは、気温の変化を受けやすい小型の恐竜に羽毛があったからだ。ただし、恐竜が栄えた中生代は温暖な気候であったことから、羽毛は保温以外にも多くの役割があったと推測されている。

かつては、「化石から色はわからない」といわれていたが、2010年、中国の獣脚類の化石からメ

◀羽毛を持つ恐竜のデイノニクス
アメリカ北西部のモンタナ州の前期白亜紀の地層から発見された、体長数ｍの肉食恐竜。

shutterstock

ラノソームと呼ばれるメラニン色素を含む細胞内小器官が見つかり、色の解析が可能となった。その結果、羽毛恐竜の羽毛は多彩な色だったことがわかってきた。恐竜の羽毛には現存している鳥類と同じように、異性へのアピールや威嚇、同種を見分けるための目印などの様々な役割を持っていたことが類推される。

羽毛を持った小型の恐竜の中に、大型の肉食恐竜から身を守るために、生活圏を樹上に広げ、鋭い爪で木に登り、飛び降りることで羽毛に浮力を得ることに気づいた集団が出現した可能性が高い。最初は羽ばたく力はなく、羽毛の生えた手足を広げ、グライダーのように空中を滑空したり降下したりした程度にすぎなかった。だが、そこから長い時間をかけて手足が翼へと変わり、大空を自由に飛翔する鳥類へと進化したと考えられている。

実際に獣脚類の仲間は抱卵した状態の化石や、眠る姿が鳥のような恐竜なども発見され、恐竜が鳥類へと進化したことを物語る化石が次々と発見されている。

▲抱卵するトロオドン

画像提供:福井県立恐竜博物館

▲小型の肉食恐竜メイ・ロン　眠る姿はまるで鳥

©川崎悟司

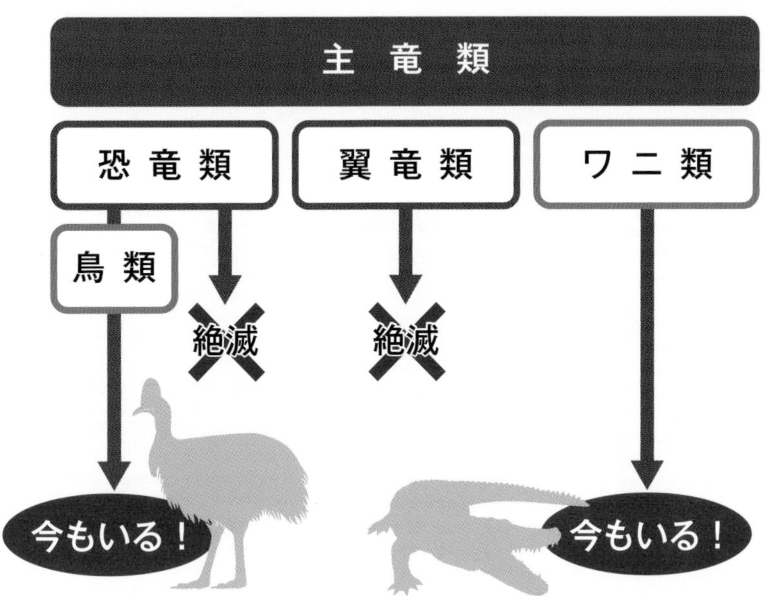

▲主竜類で生き残ったのは鳥類とワニ類

■進化は「運のいいもの」が生き残った結果

地上の覇者ティラノサウルスの子孫は、鳥に姿を変えて現在も私たちの身近に存在し続けている。恐竜から鳥への変化は劇的ではあるが、進化に目的があるわけではなく、たまたまその環境で生き残れた結果である。生物の進化はこの「変化と選択」の結果である。

●巨大隕石が人類を誕生させた!?

大量絶滅後に起こったことをもう一度、振り返ってみよう。種の95%が絶滅した2億5100万年前の古生代末期の「ペルム紀」の大絶滅の後には、翼竜や首長竜といった大型の爬虫類が絶滅した。一時、これらの爬虫類は初期の恐竜を捕食していたが、古生代に地上の覇者だった大型爬虫類の滅亡によって、中生代は大型恐竜が取って代わり大繁栄することになった。

その恐竜が巨大な隕石の衝突によって絶滅したのが、6650万年前の白亜紀の大絶滅だった。生態系のトップに君臨した恐竜が絶滅し、哺乳類が進化・多様化したことで、やがて人類が誕生し今日の繁栄につながる。

しかし、繰り返しになるが進化に目的があったわけではなく、変化した環境に適応できた、いってみれば「運のいいものが生き残った」とも考えられる。

たとえば、サルからヒトへの進化の道筋をたどってみよう。

●賢いサルの出現

昼行性となって果物をたくさん食べるようになったヒトを含めたサルの仲間である霊長類は、樹上生活を続けるか、森を出るかの選択に迫られる。その選択には地理的な条件が大きく影響した。

アフリカに誕生した霊長類は2つのグループに分かれて、それぞれ別々の進化をたどることになる。

ひとつのグループは、現在のアマゾン流域に移り住んだ霊長類だ。このグループは、果物をはじめとする食料が豊富なために、まるで「進化の袋小路」に入ったかのように、樹上という隔離された空間では大きな変化は起こらなかった。

一方、アフリカに残った霊長類のグループは、

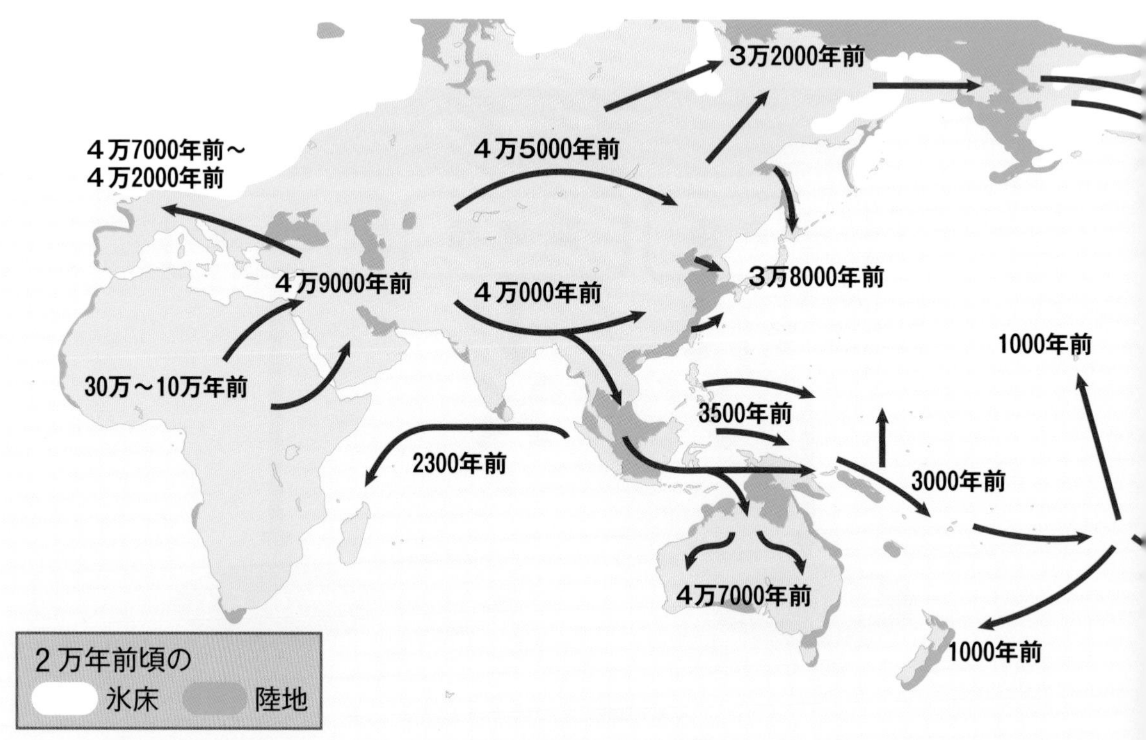

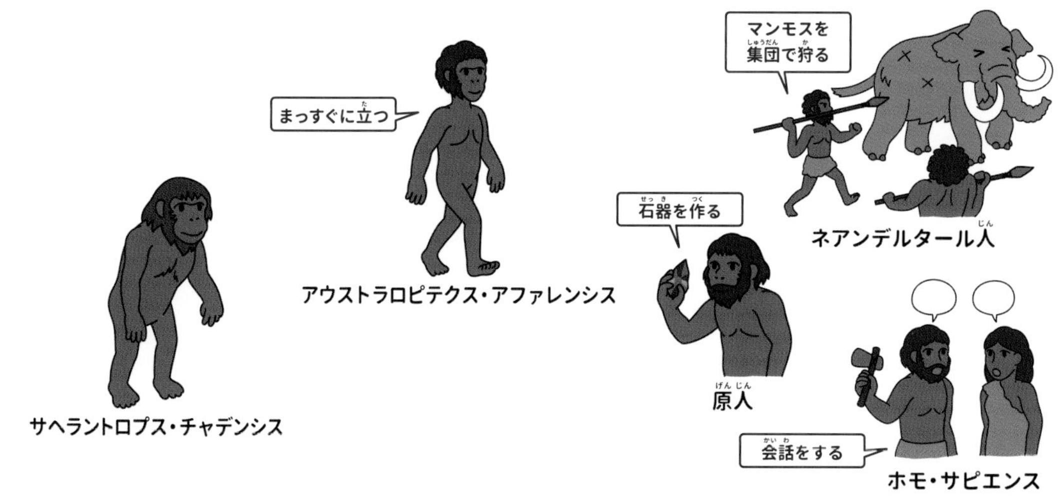

▲ヒトはチンパンジーなどの類人猿と共通の祖先から、600万年前に分岐・進化したといわれている。共通祖先（人類）は「サヘラントロプス・チャデンシス」で、アフリカで生活していたと考えられている。

出典：学研キッズネット「人間はどのように進化したの？」より転載

進行する超大陸パンゲアの分裂に伴う地球規模の気候変動と、森林が失われ砂漠化が進む環境の中で、樹上生活を捨てざるを得ない状況に追いやられた。しかし、鋭い牙も硬い外皮も持たない霊長類が地上で生活するのは、いつ、外敵に襲われるかわからない危険なものだった。

数百万年という長い時間の中で多様な種が登場し、その中で逃げ足が速く危機回避能力に優れた「賢いサル」が、生き残ることができた。そのひとつの種が、約600万年前の私たちヒトと考えられる。

このように私たちも含めた現存の生物は、「多様化と絶滅」を繰り返しながら、たまたまその時々の環境にあった「運がいい」ものが生き残って、新たな生命をつむいできた結果である。それが、生物の進化といえる。

▲同じヒト科に属するテナガザルがヒト科から分岐したのは、2000万年前から1600万年前といわれている。 AdobeStock

◀現在のヒト（ホモ・サピエンス）は、30万年前〜10万年前にアフリカに誕生して、世界中に広がったといわれている。

COLUMN 日本発の恐竜たち

▲兵庫県で発見されたヤマトサウルス（左）と同時代の北海道に生息していたカムイサウルス（右）の復元図　©服部雅人

日本人が最初に恐竜を発見したのは、1936年のこと。当時日本領だった樺太（現サハリン）で化石が発見され、「ニッポノサウルス」と名づけられたが、恐竜が生息した中生代には日本列島は形成されておらず、海だったことから日本では恐竜の化石を発見するのは難しいと考えられていた。

ところが、1968年に当時高校生の鈴木直さんが海棲爬虫類の「フタバスズキリュウ（首長竜類）」の化石を福島県いわき市双葉層群で発見したことがきっかけとなり、専門家やアマチュア研究者による化石発掘がさかんになった。ちなみに、フタバスズキリュウの和名は「双葉鈴木竜」で、日本で初めて発見された首長竜として有名。発見から38年後の2006年に新属新種として正式に「国際動物命名規約」に記載されている。

その後、1978年に「モシリュウ（竜脚形類）」の愛称で知られる日本で最初の恐竜の化石が岩手県で発見されて以来、1道18県で恐竜の化石が見つかっている。

中でも福井県の手取層群からは、肉食恐竜の「フクイラプトル」や福井の巨人を意味する「フクイティタン」、初めて学名がついた「フクイサウルス」、ティラノサウルスの祖先ともいわれる「アウブリソドン類」など、多くの種類の恐竜の化石が発見されている。

また、熊本県の御船層群では、1979年、小学1年生によって、巨大肉食恐竜の「ミフネリュウ」や巨大爪にズングリした胴体の「テリジノサウルス類」などの化石が発掘されている。

2006年には、兵庫県丹波市で同市在住の男性2人が化石の一部を発見し、専門家に調査を依頼したところ、恐竜の化石と判明し、「タンバリュウ（和名丹波竜）と名づけされている。この丹波竜が発見された篠山層群では、肉食恐竜のカルノサウルス類や角竜類、鎧竜類などの恐竜化石が発見されている。

日本の恐竜化石の発見には、専門家はもちろん、フタバスズキリュウの化石発見に触発されたアマチュアの化石ハンターたちの功績も大きい。そして、様々な発見や研究の結果、日本周辺から世界に広がったと考えられる恐竜たちがいたこともわかってきた。日本はまさに「恐竜王国」だったのだ。

▲フクイラプトルの骨格標本（福井県立恐竜博物館に展示）

名称	発掘場所	記載年	分類
ニッポノサウルス	サハリン（旧日本・現ロシア）	1936	鳥脚類
ワキノウルス	福岡県（千国層）	1992	獣脚類
フクイラプトル	福井県（手取層群）	2000	獣脚類
フクイサウルス	福井県（手取層群）	2003	鳥脚類
フクイティタン	福井県（手取層群）	2010	竜脚形類
タンバティタニス	兵庫県（篠山層群）	2014	竜脚形類
コシサウルス	福井県（手取層群）	2015	鳥脚類
フクイベナートル	福井県（手取層群）	2016	獣脚類
カムイサウルス	北海道（蝦夷層群函淵層）	2019	鳥脚類
ヤマトサウルス	兵庫県（北阿万層）	2021	鳥脚類
パラリテリジノサウルス	北海道（蝦夷層群オソウシナイ層）	2022	獣脚類

◀日本で見つかった恐竜一覧（学名がついているもの）

▲AIで生成したカメレオンのイメージ　AdobeStock ©eyetronic

Chapter 4

なぜ、生物は生き残れたのか？

過去５回の大量絶滅から、生物たちはどうやって生き残ってきたのだろう。変化し続ける環境にどう適応してきたのか？繰り広げられる生存競争に、どう打ち勝ってきたのだろうか？この章では、食うか食われるかの自然界で、なぜ、生物たちは“命”をつなぐことができたのか。その理由を探っていこう。

■「食うか食われるか」の世界

生物は３つに分類され、重要な役割を果たしている。植物は光合成により無機物から有機物をつくる「生産者」、動物はそれを直接、あるいは間接的に摂取する「消費者」、菌類は動植物の死骸（しがい）や排泄物（はいせつぶつ）を再び無機物に分解する「分解者」である。

これら三者のバランスが保たれているからこそ、地球の生態系は守られている。特に私たち消費者である動物と、生産者である植物には深い関係がある。

基本的に植物は大地に根を下ろし動かないのに対し、動物は文字通り、自由に動ける存在。なぜ、動物は動く必要があるのだろうか。

●植物は生産者、動物は消費者

すべての生物は、生命を維持するためにエネルギーを必要とする。その原料は、植物も動物も同じで「糖を燃やすこと」だ。

一般にモノが燃えるときに、酸素と化合して光や熱が発生する。これと似た現象が体内でも起こり、糖と酸素の化学反応によってエネルギーを得ることができる。それを「呼吸」という。

植物も同様に体の中で糖を燃やし、それをエネルギー源として体を維持・成長している。そのエネルギー源となる「糖」を手に入れる方法が、植物と動物では異なっている。

動物は、他の生物を食べて糖を獲得するのに対し、植物は、糖（正確には糖が固まったデンプン）を自分の体の中でつくっている。その糖をつくっている場所が、葉にある緑色の粒々、つまり「葉緑体（ようりょくたい）」だ。

植物はこの葉緑体で、空気中の二酸化炭素と土中の水を材料に、太陽光の力を借りて糖をつくり出している。これが「光合成（こうごうせい）」だ。

光合成によって、エネルギーを得ることができる植物に対し、動物は他の生物の命をもらって、体内で糖分に変えてエネルギーを生産することで自分の命を維持している。ここで、動物と植物の違いをまとめると次のようになる。

・植物も動物も、糖を燃やすことでエネルギーを生産している
・植物は、自分の体の中で糖をつくっている生産者である
・動物は、食べることで糖を手に入れる消費者である

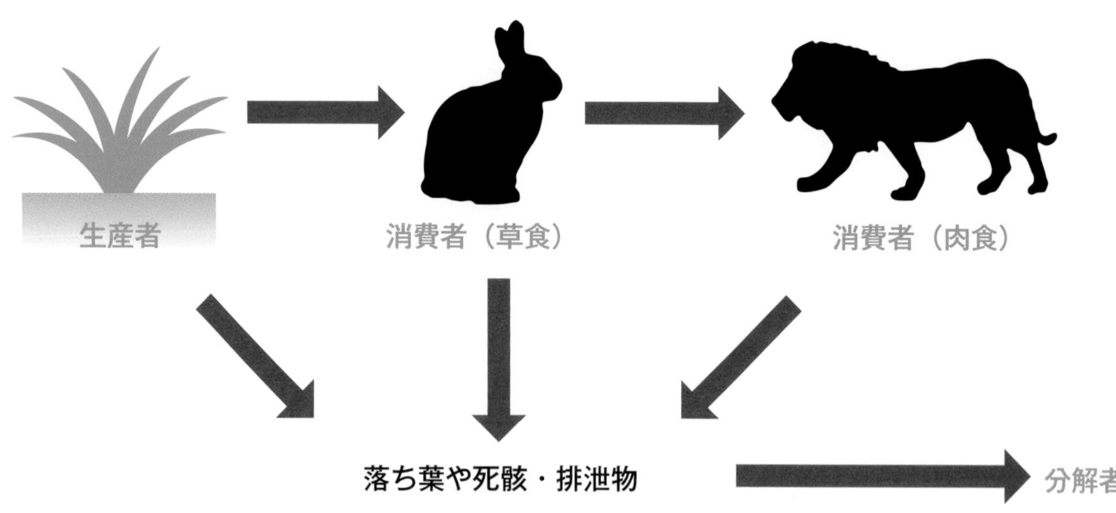

▲自然界での生物の役割
植物は「生産者」、動物は「消費者」、菌類は「分解者」である。

●生き物の死はムダにはならない

このように動物は、生きていくために他の生き物を食べる消費者、つまり「捕食者」である。草食動物は草や木など植物を食べて生きている。その草食動物を捕獲して食べるのが肉食動物だ。肉食動物の中でも、体の小さな者はより大きな動物に食べられる「弱肉強食」の世界だ。

自然界は「食うか食われるか」の世界であり、他の生き物の命を奪いながら自分の命をつないできた存在といえる。逆にいうと捕食者である動物は、餌を取ることができなくなったら、飢えて死ぬしかない。それが自然の営みである。

個々の生物は、捕食者に食べられて死んでも、その死がムダになることはない。自分が食べられることで、捕食者の命を長らえさせることになるからだ。ただ生物たちは、一方的に食われているわけでなく、捕食者から逃れるために様々な方法で生き残ってきた。この章では、そんな生物たちの、選択と新たなニッチ（生態的地位）を目指した挑戦を紹介したい。

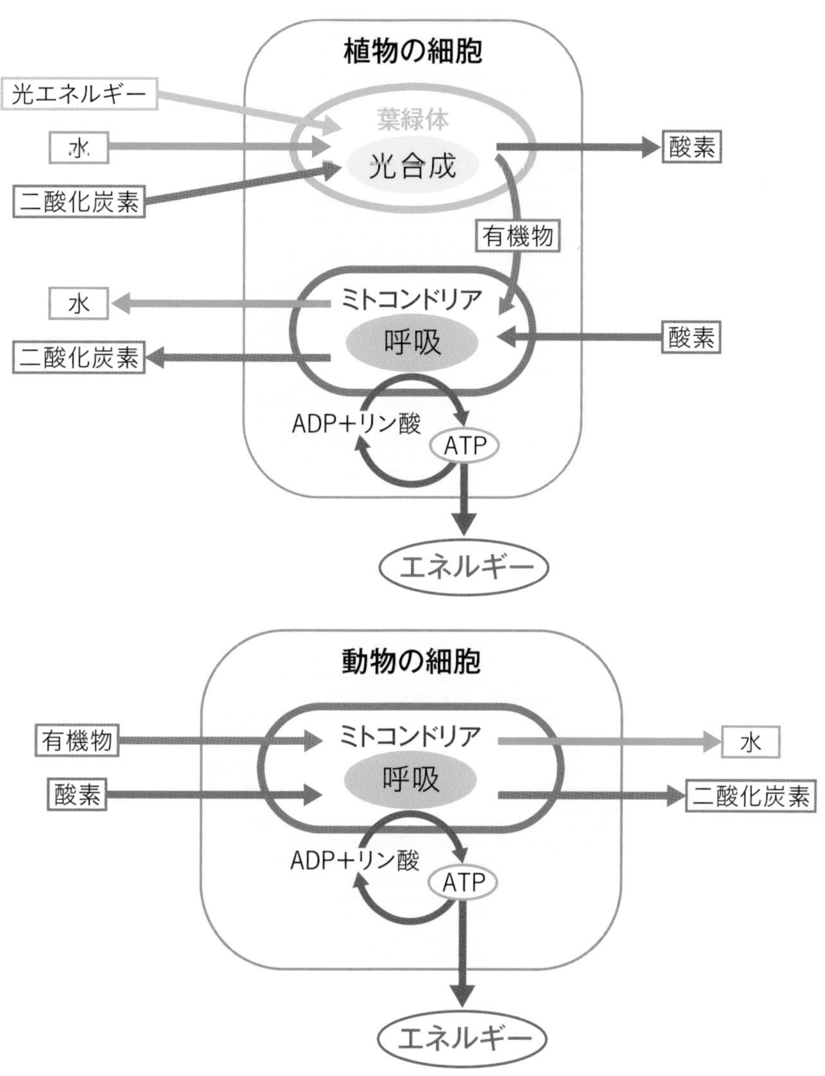

▲エネルギーから見た植物と動物の違い

植物は無機物から有機物を合成しているため、外から有機物を取り入れる必要がない。
一方、動物は外から有機物を取り入れる（食べる）必要がある。

■宿主との「運命共同体」を選択した細菌（バクテリア）

酸素がなくオゾン層というバリアが形成されていなかった原始の地球は、宇宙からの有害な放射線や紫外線が地表に降り注ぎ、生物が生きられる環境ではなかった。そのような中で、海底の熱水噴出孔に、細菌（バクテリア）のような単細胞生物（原核生物）が誕生したと考えられている。細菌は細胞核を持たないシンプルな構造だが、ウイルスとは異なり、栄養があれば、自ら成長・増殖することができた。

細菌の中には、食中毒や病気などを引き起こし、ヒトの健康に害を及ぼすものもあるが、むしろそれらは例外で、ほとんどの細菌は有用なものが多い。

根粒菌のように植物の成長を促したり、乳酸菌のように発酵によって糖から乳酸をつくったり、大豆から納豆をつくる納豆菌、さらには鉄を食べたり、水素やメタンガスなどをつくったり、排水処理をするなど、細菌は地球の至るところに存在し適応している。私たち人類が把握している種の数はほんのわずかといわれ、膨大な数からいっても地球上で最も繁栄している生物は、細菌かもしれない。

そんな細菌の中で、生物の進化に革命的な変化をもたらしたのが、「ミトコンドリア」と「シアノバクテリア」だ。

●単細胞が劇的な進化を遂げた理由

ミトコンドリアについては、38ページで紹介してある通り、共生体として宿主の細胞に取り込まれて細胞小器官として、エネルギーの生産を担っている。

一方のシアノバクテリア（藍色細菌）は、もともとは藍藻と呼ばれる光合成を行う細菌の一種だったが、約10億年前に真核生物に取り込まれて葉緑体に変化。光合成によって地球に酸素を供給す

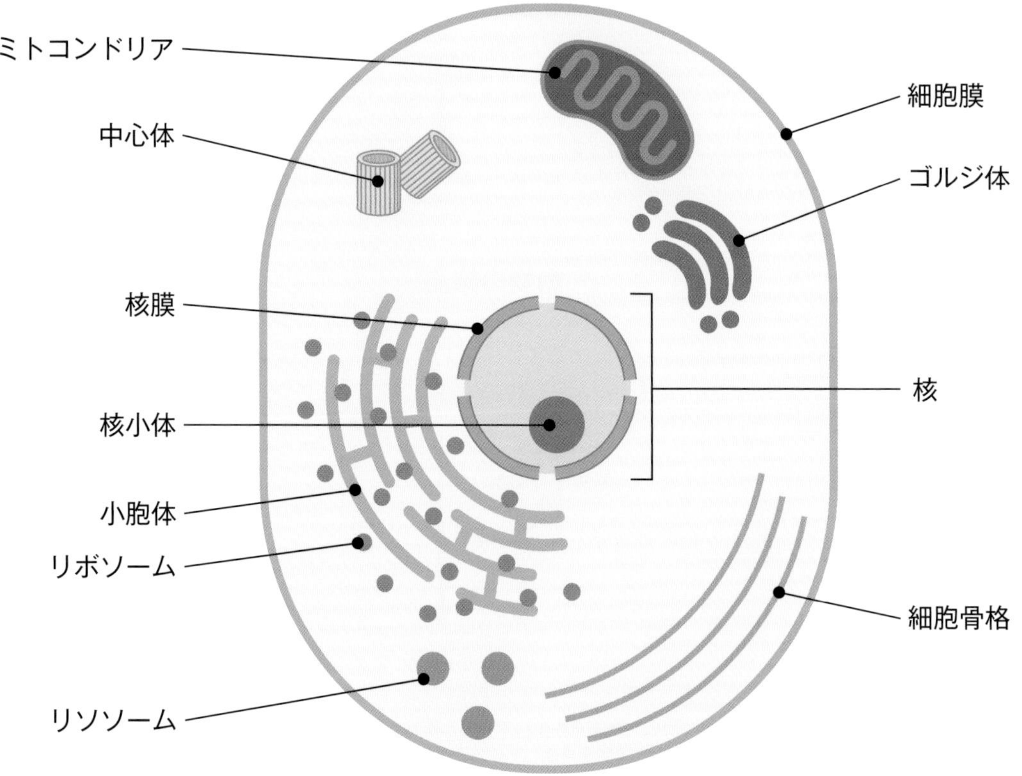

る植物へと進化の針を進めることになった。

最初に単細胞生物がミトコンドリアを取り込み真核生物へと進化し、さらにその中からシアノバクテリアを取り込んだ真核生物が植物へ進化の道をたどることになる。そのため、動物も植物も細胞レベルでは、よく似た構造をしている。

単細胞生物が他の生物に取り込まれ、ミトコンドリアや葉緑体などの細胞小器官になったとする考えを「細胞内共生説」、または単に「共生説」という。1970年にアメリカの生物学者リン・マーギュリス（1938〜2011年）が提唱したもので、その根拠として次の３つを挙げている。

- 細胞小器官は二重の膜で囲まれている
- ミトコンドリアや葉緑体は、内部に独自のDNAを持つ
- ミトコンドリアや葉緑体は、分裂によって増殖する

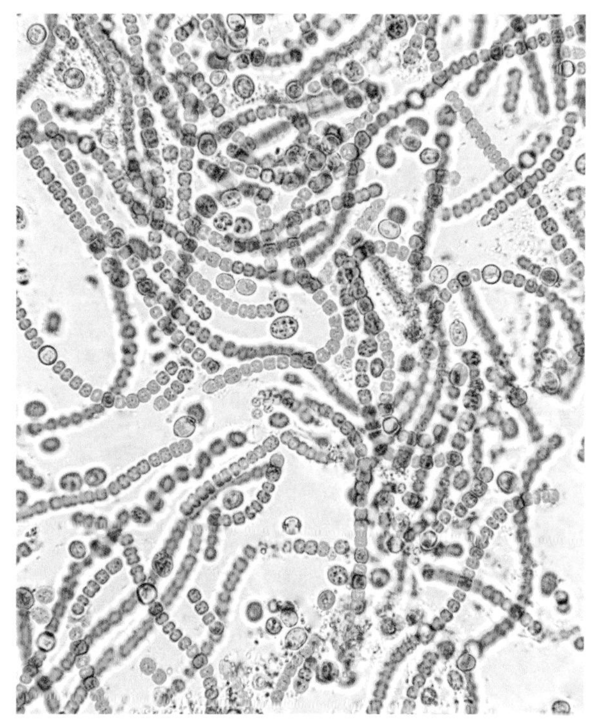

▲シアノバクテリア　AdobeStock

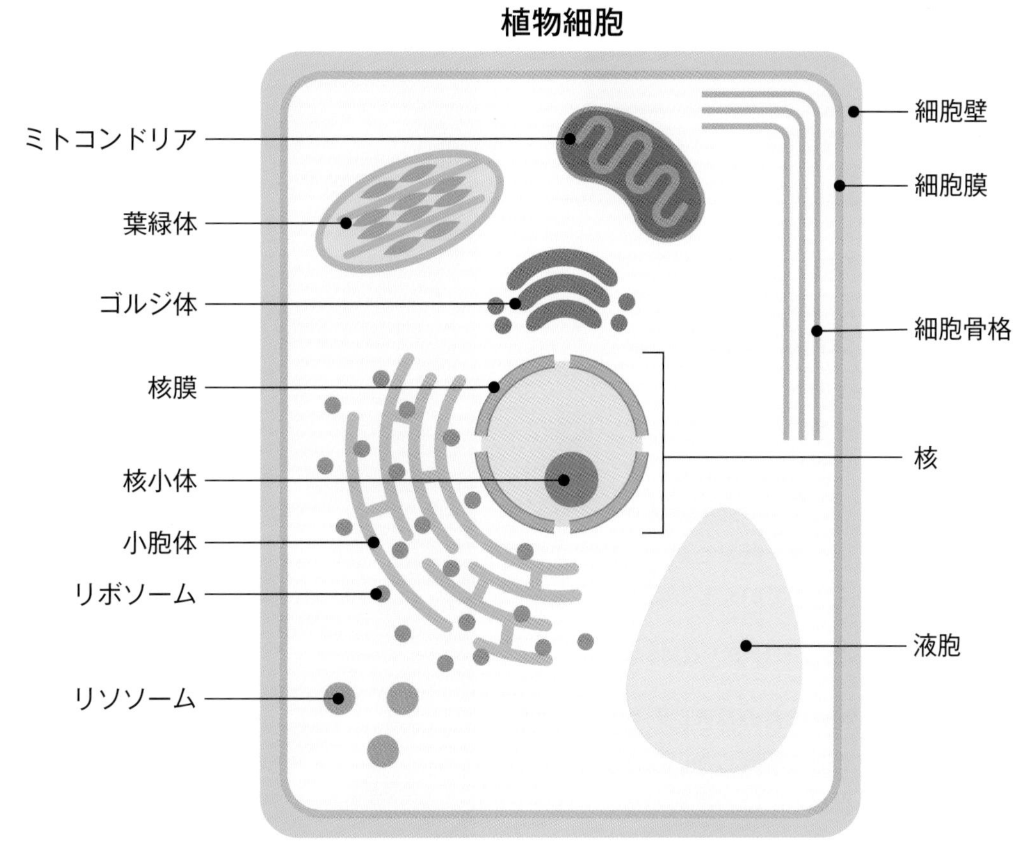

■酸素は生物には有害な物質だった！

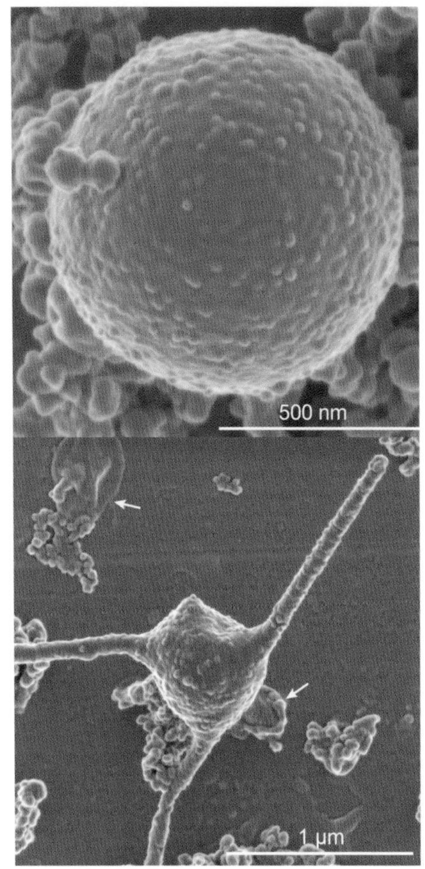

▲真核生物の祖先の「アーキア」
球状細胞から突起が伸び、他の生き物を巻き込んでいく様子が電子顕微鏡によって観察された。　出典：JAMSTEC

なぜ、単細胞生物はミトコンドリアやシアノバクテリアと共生する必要があったのだろうか。その謎を解く鍵は、シアノバクテリアが大量につくり出した酸素にある。

本来、酸素は細胞を酸化させるために、生物には有害な物質だ。そのため、シアノバクテリアの繁栄によって海水や大気中の酸素濃度が高まり、単細胞生物は死滅するか、酸素を避けて地中や深海などに身を潜めて生きていくしかなくなった。

●必要だったミトコンドリアとの共生

生命誕生以来、20億年もの長きにわたって地球の生命は、単細胞である細菌しかいなかった。そんな細菌が生き残るためには、酸素からエネルギーを効率的に生み出すミトコンドリアと共生し、酸素に満ちた新たな環境に適応する必要があった。

一方、共生体のミトコンドリアやシアノバクテリアにとっては、自ら餌を求めて動き回る必要もなく、また、敵に襲われることのない安全な場所を提供してくれる宿主とは、お互いに利益を与え合う関係になった。このように宿主との運命共同体として生きる道を選択したことが、今日の多様性に満ちた生命を生み出す基礎となったといえる。

特にシアノバクテリアを取り込んだ真核細胞が植物に進化・繁栄したことで、光合成の副産物である酸素を絶え間なく生産し続け、地球を緑豊かな環境へと変えたことが、やがて魚類から両生類、爬虫類（はちゅうるい）、鳥類、そして哺乳類（ほにゅうるい）へと進化の道筋をたどり、人類の今日の繁栄につながることになる。

●真核生物の誕生

太古の昔、バクテリアはどのようにしてミトコンドリアやシアノバクテリアを取り込んだのか。その様子を示唆する研究成果を日本人の研究者グ

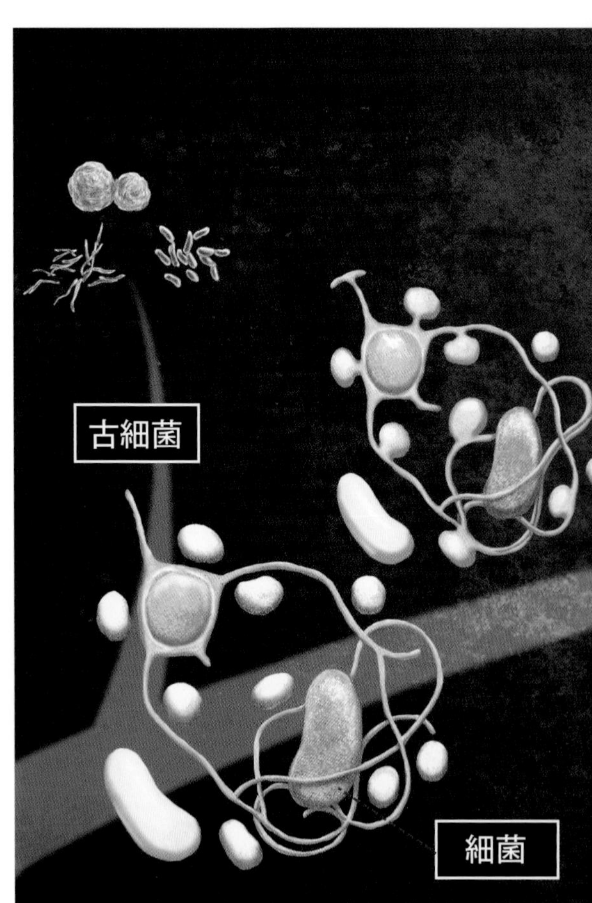

ループが、2020年に発表している。

国立研究開発法人海洋研究開発機構・超先鋭研究開発部門の井町寛之主任研究員や同産業技術総合研究所・生物プロセス研究部門のMasaru K. Nubu（延優）研究員らが、水深2500mの深海堆積物から真核生物の祖先に近縁な古細菌（アーキア39ページ参照）の困難な培養に世界で初めて成功。その過程で、触手を伸ばし他の生物を取り込む様子を顕微鏡で観察することができたのだ。

その細菌はMK-D1と名づけられた直径550nm（1mmの約2000分の１）の球状の細胞で、ゲノム解析の結果、真核生物特有の遺伝子を数多く持っているものの、細胞構造は核や小器官を持たない単純な構造だったという。つまり、古細菌と真核生物の中間のような細胞だ。

この細胞の特徴は、細胞外部に触手のような長い突起構造を形成することや多くの小胞を放出することにあった。そして、自身の細胞をつくるために必要なアミノ酸やビタミンをはじめ、塩基を合成できないために、他の微生物からそれらの物資を供給してもらわないと生きていけないことがわかった。つまり、他の微生物に依存しないと生きていけないことを意味していた。

そうした結果から、井町研究員らは真核生物の誕生に次のような仮説を提唱している。

「約27億年前、シアノバクテリアの登場によって地球に酸素が増えてきた。細胞にとって酸素は毒であり、それを解毒してもらうためにMK-D1のように長い突起や小胞を使って、酸素を利用する細菌を取り入れた。試行錯誤の末、取り込まれた細菌はミトコンドリアとなり、最初の真核細胞が生まれた」

井町研究員らが提唱する新たな進化モデルは、真核生物の祖先となる古細菌がミトコンドリアの祖先である細菌を取り込み、その共生関係が成熟して、私たち真核生物の祖先が生まれ、やがて、動物、植物、菌類へと分かれて進化していく道筋を示している。

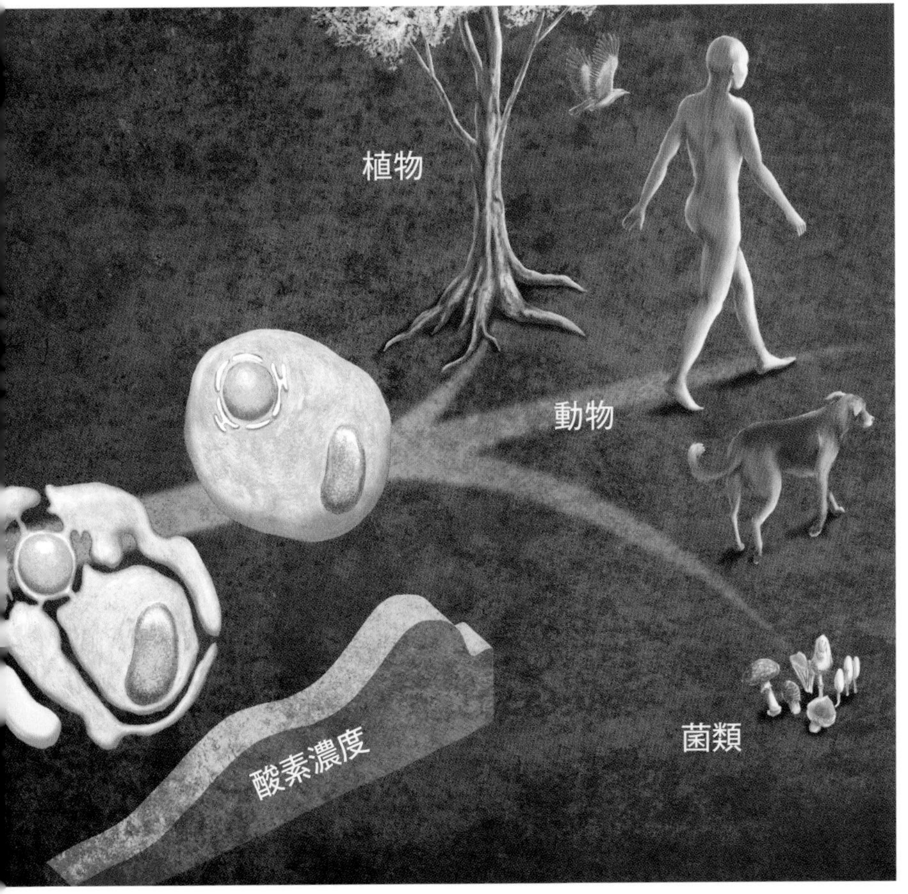

◀古細菌が触手のような突起を伸ばして他の細菌を巻き込み、細胞内に取り込んだ後に真核生物へ進化。その後、動物、植物、菌類へと進化の道筋をたどっていく進化のモデル。

出典：JAMSTEC
画像©大内田美沙紀

■共生する「腸内細菌」たち

酸素のない場所を求めて、細菌たちの中には、動物の体内に逃れたグループがいる。その典型例が、最近、私たちの健康ばかりではなく、体質や性格形成にも深く影響を及ぼしていると注目されている「腸内細菌」だ。

私たちの体には、病原体から健康を守るための仕組みである「免疫」が備わっている。その免疫と深い関係にあるのが腸内細菌だ。腸内は食べ物とともに侵入してくる病原体なども多いため、外敵から体を守る最前線でもある。

腸に住む細菌を顕微鏡で観察すると、まるでお花畑や叢(くさむら)のように見えることから、腸内細菌叢(そう)と呼ばれている。腸内細菌はヒトが体内で合成できないビタミンKや葉酸(ようさん)をつくることで、私たちの生命活動の一部を担っている。

腸内細菌の種類数と量のバランスは個人差が大きいが、そのバランスの維持には、パネト細胞という小腸の細胞がつくる抗菌ペプチドであるα(アルファ)ディフェンシンの存在が関わっていることが知られている。

● 生存に欠かせない腸内細菌叢

私たちの体には、約1000種、約100兆個、重さにして1～2kgの細菌が常在している。細菌は皮膚をはじめ、口腔(こうくう)、呼吸器系、消化管など「体の内側」を含めたあらゆる部位に存在し、それぞれの場所に固有のバランスを保って定着している(13ページ参照)。

これらの細菌は、お互い同士あるいは宿主と特殊な物質を分泌してコミュニケーションを図り、複雑な生態を安定的に維持している。中でもその数、種類ともに最も豊富なのが消化管である。ヒトに定着している細菌の90％は消化管に生息している。私たちの体を構成する細胞の数は約37兆個なので、それをはるかに上回る「自己ではない細胞」が腸内に生息していることになる。

腸内細菌叢は「腸内フローラ」とも呼ばれているが、「フローラ」はもともと植物を指す言葉のため、最近では微生物叢を意味する「マイクロバイオータ」や「マイクロバイオーム」と呼ばれるようになっている。

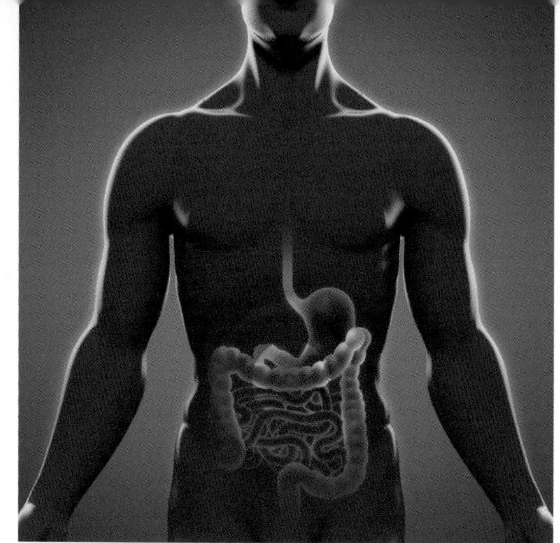

▲腸は細菌との共生の場　AdobeStock

体内に定着している細菌は均等に存在しているわけではなく、体のそれぞれの部位に応じて特有の構成になっている。

口腔には意外と多くの細菌が定着している。ただし、細菌の中には酸素があると生存できない偏性嫌気性菌も多く、口腔に定着する細菌は限られる。

胃の内部ではその強力な酸性環境のために菌の数は減少するが、小腸では菌数がやや増えて大腸に達すると大幅に増加する。

● 細菌は征服すべき敵ではなかった!

かつて、ヒトと細菌の関係はコレラや結核など命に関わる重篤(じゅうとく)な感染症を引き起こす病原菌と捉えられていたため、細菌は征服すべき「敵」と見なされていた。

その潮流が変わったのが、20世紀初頭に「免疫食細胞説」でノーベル賞を受賞したイリヤ・メチニコフ(1845～1916年)が提唱した「ヨーグルト不老長寿説」だ。それ以降、腸内細菌を積極的に摂ることがむしろ健康を増進すると認識されるようになった。現在では腸内細菌叢と宿主の関係はこれまで考えられていたよりもはるかに複雑で、しかも広範囲にわたっていることが広く認められるようになっている。

さらに、腸内細菌叢が私たちの健康や正常な生理機能にも重要な役割を果たしていることが次々と明らかになっている。腸内細菌叢は、その数や種類が膨大なだけでなく、活発な代謝機能も有している。ヒトの遺伝子は約２万個といわれているが、腸内細菌の持つ遺伝子の合計は私たち自前の遺伝子の100倍以上の330万ともいわれ、様々な物質を生産している。それらの物質は腸管内だけに止まらず、吸収されて宿主の体内にも取り込まれ、私たちに大きな影響を与えている。

ただし、腸内細菌叢が宿主に与える影響は、有益ばかりとは限らない。腸内に常在している細菌であっても、抗生物質投与や宿主の免疫系その他の生理学的な異常などのためにそのバランスが大きく乱れることによって過剰に増殖したり、体内に移行してしまったりすれば様々な病気の原因となることがある。

正常な常在菌叢は、定着の場や栄養素の競合、抗菌性物質の産生などの仕組みによって、外来の病原体に対するバリアとしてはたらくことが知られている。腸内細菌叢は、ビタミンや短鎖（たんさ）脂肪酸など宿主にとって必要な物質をつくり出す一方で、

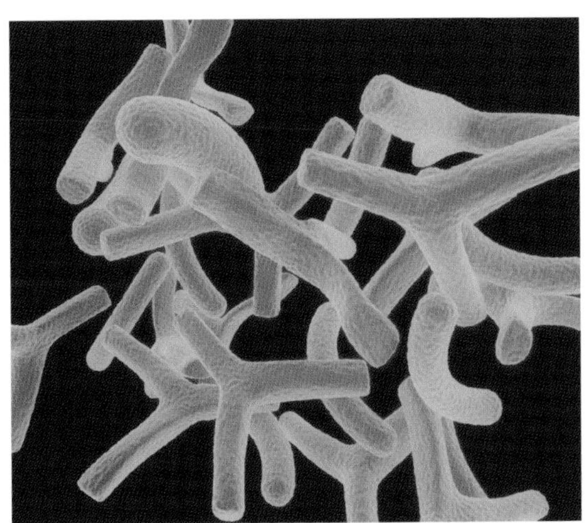
▲善玉菌を代表するビフィズス菌　AdobeStock

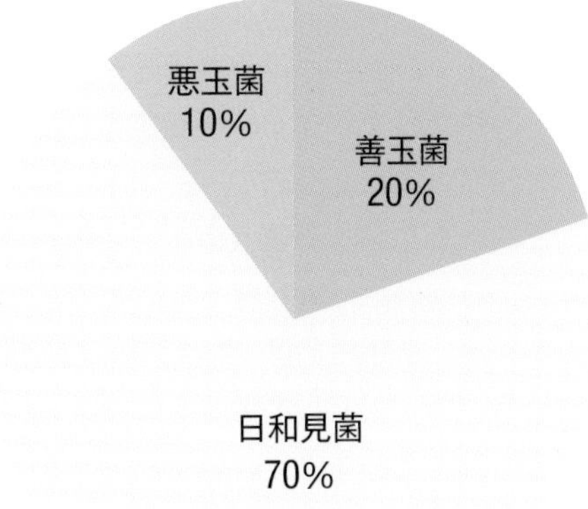

▲バランスとともに腸内細菌の多様性も大事

腸内腐敗産物や二次胆汁酸（たんじゅうさん）など有害な物質をつくり出し、発がん物質を生成したり活性化したりすることによって発がんを促進することも知られるようになった。その一方で、そうした物質の分解や不活化、吸着などで除去するはたらきもあり、がんの予防にも役立っている。

このように腸内細菌叢は免疫系の正常な発達や活動に不可欠である。しかも、体の免疫システムの70％近くは腸管に存在するといわれているので、腸内細菌叢が私たちの免疫系の調節や発達に重要な役割を果たしているのは明らかである。最新の研究によれば腸内細菌叢が肥満やメタボリックシンドロームに深く関わっていることを示す研究も次々に発表されている。私たちの健康を守ってくれているのは、そうした腸内細菌のはたらきによるものである。

	善玉菌	悪玉菌	日和見菌（ひよりみ）
主なはたらき	乳酸や酢酸などをつくり出し、腸内を弱酸性に保つ	毒性物質をつくり出し、腸内をアルカリ性にする	善玉菌、悪玉菌のうち、優勢な菌と同じはたらきをする
主な菌類	・乳酸菌 ・ビフィズス菌など	・大腸菌（有毒株） ・ウェルシュ菌 ・ブドウ球菌など	・バクテロイデス ・大腸菌（無毒株） ・連鎖球菌など

▲腸内細菌叢を形成している主な善玉菌・悪玉菌・日和見菌

■寄生するという選択

2つの生物が共存し、お互いに影響を及ぼし合う関係が共生である。ところがその共生には互いに得する関係だけではなく、損をする、どちらでもないという3通りある。

このうち、寄生される側（宿主）が損をする、つまり、何らかの悪影響を与えることが多いのが寄生虫である。寄生虫とは、宿主の体の表面や体内にとりついて、主として栄養面で宿主に依存して生きる生物のことをいう。特にヒトへの寄生に関しては、その感染症を「寄生虫症」という。

●他の生き物へ寄生する「寄生虫」

ひと口に寄生といっても、その形態はバラエティに富んでいる。たとえば、様々な病気を引き起こすウイルスや細菌は、他の生物に寄生することで増殖するが、それ以外にも寄生することで生存し、子孫を残している生物は数多い。

酵母やカビなどの真菌類もそうだ。その大きさは顕微鏡でようやく見えるものから肉眼で見えるものまで様々だが、大部分は、他の生物に寄生して、外部に分解酵素を分泌することで有機物を消化し、細胞表面から摂取する従属栄養生物だ。つまり、他の生物に寄生しなければ生きていけないわけだが、中にはヒトや脊椎動物の組織内に侵入し、寄生することにより、人に害を与えるものも存在している。

たとえば、皮膚糸状菌の一種である白癬菌は、水虫・たむし・しらくもなどの病気を引き起こすし、酵母の形を取るカンジダ菌はカンジダ症を引き起こすことで知られている。

また、こうした寄生生物のうち動物に分類されるものを寄生虫と呼んでいる。たとえば、原虫と呼ばれる真核単細胞の原生動物の中には、マラリア原虫、赤痢アメーバ、トリコモナス、トキソプラズマなどのように、ヒトに寄生することで感染症を引き起こすものが多い。

あるいは、蠕虫と呼ばれる多細胞の寄生虫のグループもある。蠕虫とは、体が細長く、蠕動することで移動する小動物の総称だが、その多くは、

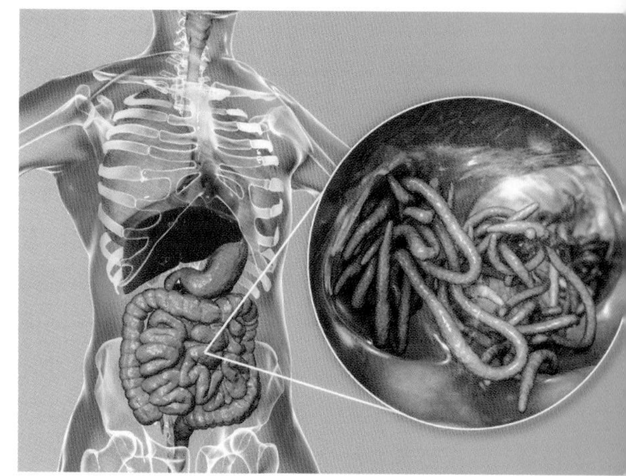

▲ヒトの体内に寄生するカイチュウのイメージ

Adobe Stock ©Dr_Microbe

生存し、子孫を残すために複数の中間宿主を必要としている。サナダムシやジストマに代表される扁形動物や、コウチュウ、カイチュウ、ギョウチュウ、アニサキスなどの線虫などが、このグループに含まれ、人に寄生して害を及ぼすことで恐れられてきた。

第二次世界大戦後の日本では多くの人（60％前後）がカイチュウ、5％前後がコウチュウに感染していたほどである。

●奥深い寄生の形態

寄生の形態は様々だ。幼生期の一時期だけ宿主に取りついて成長すると宿主を離れてしまうものもいれば、幼生と成体とで宿主を変えるために中間宿主を必要とするもの、あるいはいったん取りついた宿主から一歩も外に出ないものもいる。

また、宿主の体内へと侵入する形で暮らす内部寄生と、宿主の体表部に取りついて暮らす外部寄生という形態の違いもある。

内部寄生するものの中には、たとえばマラリア原虫のように、赤血球の内部にまで寄生して増殖を繰り返すものもおり、しばしば宿主を死に至らしめることもある。こうした例は細胞内寄生とも呼ばれる。

一方、外部寄生の代表格は、ダニ、シラミ、ノミなどだが、チョウチンアンコウなどの深海魚の中には、小型のオスが大型のメスの腹部に付着して、皮膚や血管を癒着させて栄養分の供給を受けていくうちに、次第に生殖器官以外の部位が退化していってやがて雌の体と同化していってしまうケースもある。これも子孫を残すための選択だ。

さらには、宿主をコントロールしてしまう寄生虫もいる。

たとえば、ハリガネムシ（類線形動物の一種）はカマドウマ、コオロギ、カマキリなどを宿主としているが、宿主の体内で成長したハリガネムシは宿主の脳に特殊なタンパク質を注入して、宿主をコントロールして水に飛び込ませる。その結果、宿主は魚やカエルなどの捕食者に食べられるが、ハネガネムシは食べられる寸前に宿主から脱出。その後、水中で暮らしながら、交尾・産卵する。

▲カマキリの尻から出てきたハリガネムシ
AdobeStock©Masanaru Shirosuna

▲ロイコクロリディウムに寄生されたカタツムリ
触覚部分はロイコクロリディウムの幼虫の一部だ。
Adobe Stock ©Henri Koskinen

そうして誕生した幼生は羽化する前の羽虫に食べられるが、羽化して水から飛び出した羽虫を、今度はカマドウマ、コウロギ、カマキリなどが捕食し、その体内で、宿主を生かしながら成長していくのだ。

あるいは、カタツムリに寄生するロイコクロリディウム（扁形動物の一種）は、カタツムリの触角に寄生してイモムシのように擬態して派手な色で動く。そうすることで、わざと鳥に見つけられて食べられるのだ。そして、食べられたロイコクロリディウムは鳥の腸内で成虫となり産卵。その卵を含んだ糞をカタツムリが食べ、その卵がロイコクロリディウムの体内で孵化して幼虫となるという一生を過ごす。

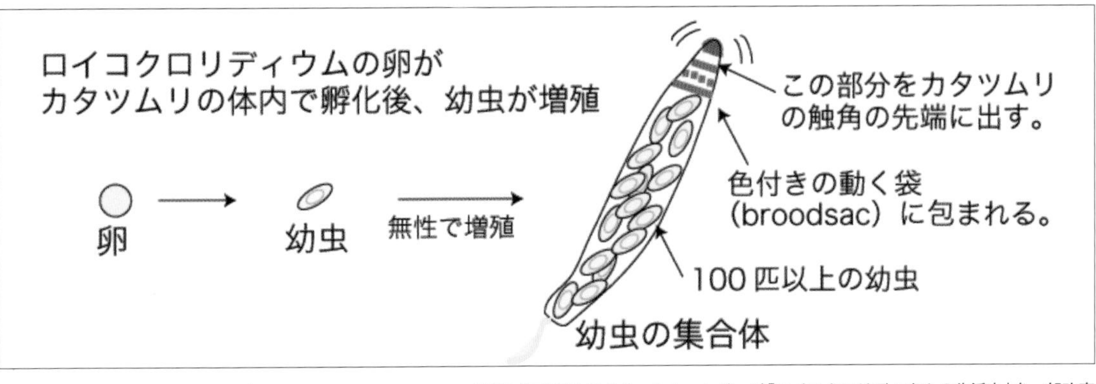

▲ロイコクロリディウムの一生

出典：株式会社バイオームホームページ「ロイコクロリディウムの生活史」を一部改変

■新たな生存環境を求めて①

私たち哺乳類を含む脊椎動物の先祖である魚類が誕生したのは、約５億3000万年前のカンブリア紀まで遡ることが、最近の研究で判明している。それが、中国で化石が発見された「ミロクンミンギア」や「ハイコウイクチス」だ。全長わずか２～３㎝ほどで、背びれや眼、口はあるが顎がない原始的な魚で、海底に堆積している有機物を吸い込んで食べていた。背中には脊索と呼ばれる棒状の組織があるものの、筋肉などは発達していなかったことから、あまり泳ぐのは得意ではなかったと見られている。

▲最古の魚類ミロクンミンギア　Shutterstock

●腎臓と骨を生み出し、川に適応した魚たち

カンブリア紀最大の捕食者アノマロカリスの体長はおよそ60㎝あったことからも、速く泳げない魚は格好の餌食であった。弱いものが生き残るためには、捕食者より速く移動するか、捕食者から見つからないようにするかである。この原始的な魚が生き残れた理由は、捕食者のいない川へ逃れることができたからだ。

温暖だったカンブリア紀からオルドビス紀に入ると、地殻変動による造山活動が活発化し、大陸にヒマラヤ級の巨大山脈が出現した。そこに海水の蒸発によって発生した雲がぶつかり、陸地に大量の雨を降らせ河川ができた。魚は捕食者から逃れるための新天地として、その川へ進出を試みたのだ。しかし、海の水と川の水では塩分濃度やカルシウムなどのミネラルの含有量が異なっており、新たな環境に適応するためには体の仕組みを変える必要があった。

まず直面したのは、塩分濃度の違いだ。一般に生物の体の塩分濃度は0.9％、海水の濃度は３％程度で、淡水はほぼゼロ。つまり、魚の体内塩分は淡水より濃く、海水より薄いということになる。この海水魚を淡水に入れると、体内の塩分を薄めようとして水が侵入し、体は水ぶくれの状態とな

▲最初に腎臓を持ったといわれるプテラスピス　Shutterstock

り、やがて細胞が壊れて死んでしまう。

そこで、魚は水の侵入を防ぐために体の外側を硬いウロコで覆い、余分な水分を排出するために腎臓を獲得した。最初に腎臓を持った魚といわれるのが「プテラスピス」だ。

さらに海水に含まれるミネラルの中でも特にカルシウムは、代謝機能や筋肉の収縮、情報伝達など生命を維持するために重要なはたらきをしている。そのカルシウムは、海に比べて川の水には10分の１から100分の１程度しか含まれていない。カルシウムが不足すると命に直結するために、貯蔵庫として骨をつくり出した。その結果、体内のカルシウム濃度を一定に保てるようになり、淡水の中でも生きていけるようになった。同時に、骨によって体を支えることができるようになり運動能力が高まり、より速く泳げるという副次的な効果も得ることができた。こうして、最初に背骨を持った魚「ケイロレピス」は誕生した。川や湖に棲み、他の動物を捕食していたと考えられている。

あまり泳ぐことができず、海底にへばりつくように生きていた原始的な魚たち。彼らが捕食者から逃れるために「川」という未知の環境で適応するための「変化と選択」があった。塩分を調節するための臓器としての腎臓とカルシウムを貯蔵するための骨で、それらを獲得した魚が生きのびることができた。

さらに、前章で述べた生物種の85％が絶滅したオルドビス紀末の大量絶滅が、魚たちには有利にはたらいた。カンブリア紀からオルドビス紀にかけて繁栄を極め、生態系のトップに君臨していたアロマロカリスやウミサソリ、オウムガイといった捕食者たちが海洋から姿を消したのだ。

それらに取って代わったのが、空白化した生態系を埋めるように海へ戻った魚たちだ。海水と淡水とに分かれて彼らは劇的な進化を遂げ、デボン紀には最初に顎を持ったといわれる「棘魚類」をはじめ、鎧をまとったような硬くて厚い外骨格が特徴の「甲冑魚」、サメやエイなどの「軟骨魚」、現生魚類の主流派の「硬骨魚」などが繁栄した「魚の時代」が到来する。

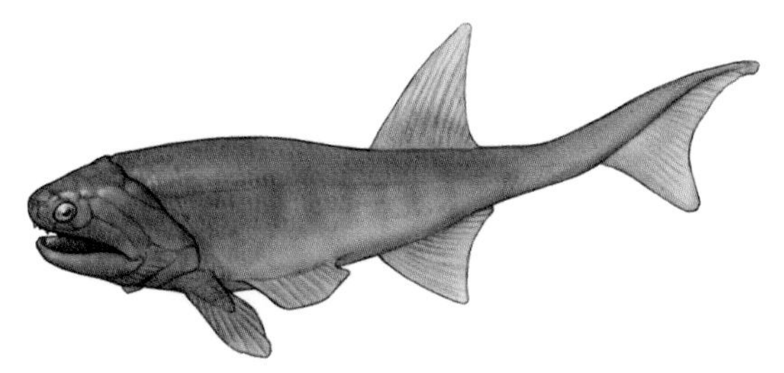

▲デボン紀にいた最初の硬骨魚ケイロレピス

©川崎悟司

▲ケイロレピスの化石

写真提供：福井県立恐竜博物館

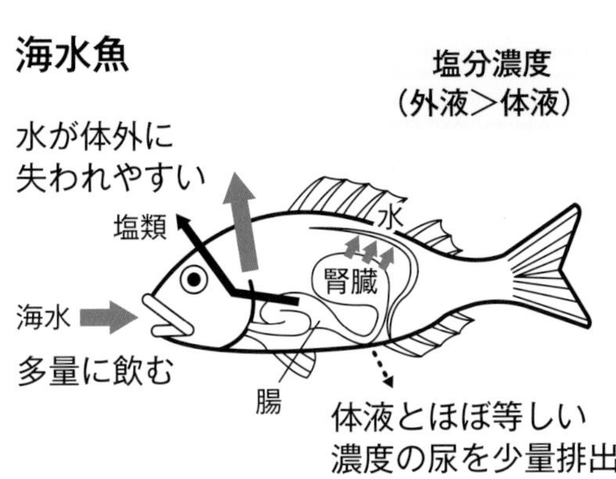

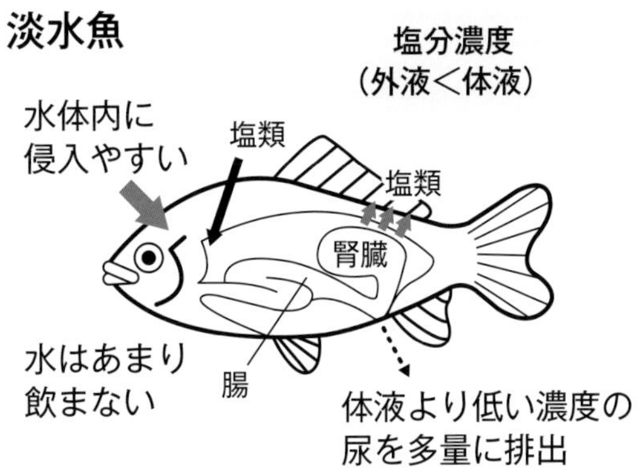

▲塩分調整するために魚類が生み出した腎臓は、海水と淡水で異なるはたらきをしている。

■新たな生存環境を求めて②

魚の時代といわれたデボン紀は、顎を持った魚が出現したことで、彼ら同士による「食うか食われるか」の生存競争が始まった時代でもあった。中でも甲冑魚のダンクレオステウスのような古生代最強の覇者も現れた。全長６～８ｍと巨大な体躯に加え、強力な顎と鋭い牙のような顎骨（歯のようなもの）があり、獲物にかぶりつき丸呑みにしていた。噛む力は非常に強いといわれていたが、顎骨は歯ではなかったことから、細かく砕くことはできなかったようだ。その証拠に棘魚類のトゲが上顎に刺さり、喉に詰まって死んだ化石がたくさん見つかっている。

●劣勢の魚による偉大な一歩

このダンクレオステウスに代表される甲冑魚は、主として頭胸部が硬い骨の板で覆われていたことから「板皮類」とも呼ばれている。頭胸部を覆う外骨格が重すぎるうえに、体の半分は軟骨だったことで、速く泳ぐことができないという弱点があった。その結果、俊敏に動けるサメとの生存競争に敗れて、約３億5500万年前の石炭紀前期には絶滅している。

板皮類は不思議な魚で、頭胸部は硬い骨、胴体などの下半身は軟骨という硬骨魚と軟骨魚の両方の性質を持っているだけではなく、サメと同じように卵ではなく、直接子どもを生む「卵胎生」だったことがわかっている。このことからかつては軟骨魚類の近縁種ではないかといわれていたが、最新の研究では頭部の化石から「硬骨魚類」の特徴を持っていたことも判明した。

この板皮類と同様に絶滅した棘魚類は、魚類の中で初めて顎を持ったといわれるグループで、シルル紀の淡水域に生息した。背中と腹のヒレに、名前の由来となった硬いトゲがあり、捕食者たちが呑み込もうとしても、喉にトゲが引っ掛かり容易に呑み込むことができなかった。この棘魚類から分岐・進化したのが硬骨魚である。

繰り返しになるが、魚類が捕食者から逃れる方法はより速く泳ぐか、捕食者から見つからないように隠れるかである。硬骨魚はより速く泳げるように体を変えたことが、生き残ることができた最大の理由だ。そして、速く泳ぐことができない魚

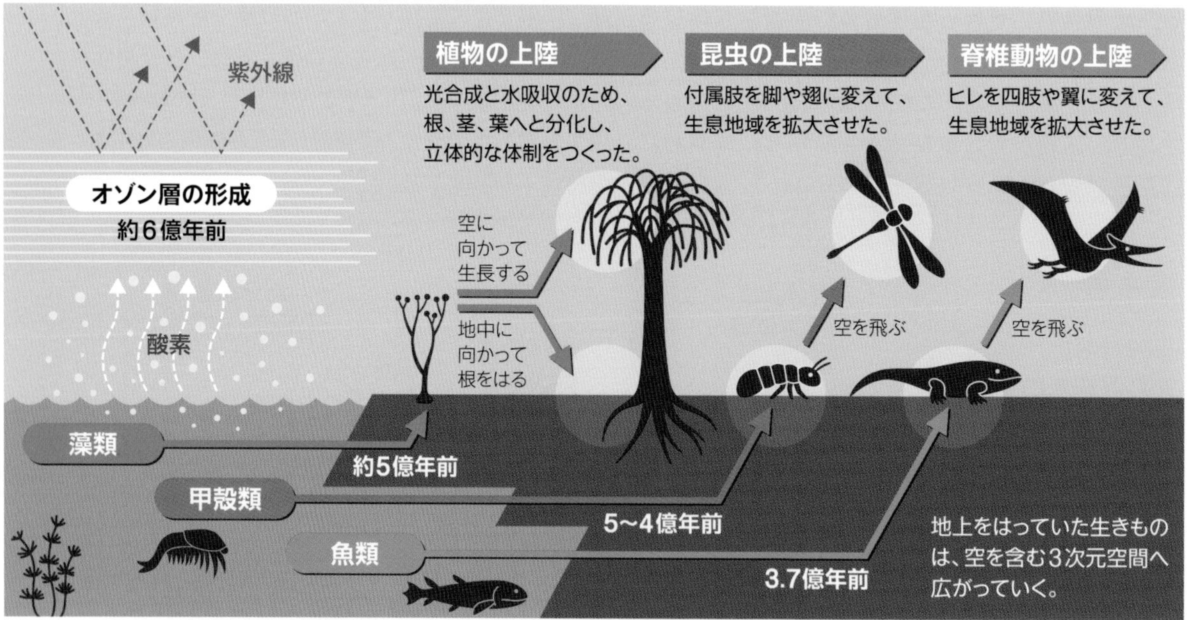

▲シアノバクテリアが生産した酸素が地球環境を変えたことで、最初に植物、次に昆虫、そして、魚類が上陸し、今日では様々な生物たちが暮らしている。　出典：季刊『生命誌』60号

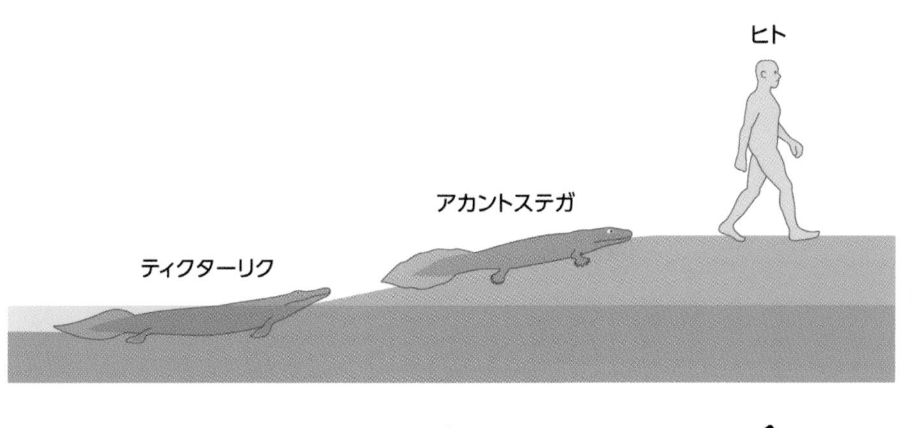

◀速く泳げない、いわば魚類の落ちこぼれだった肉鰭類の中から、原始的な四肢動物として上陸し、多様な生物へと進化していくことになる。
出典：季刊『生命誌』103号「ヒレから指へ、上陸の歴史を探る」中村哲也

のグループから、史上最大の逆転劇が生じる。

硬骨魚は、「条鰭類」と「肉鰭類」の２つに分かれる。鰭とはヒレのことで、現生のマグロやイワシ、サケといった大多数は条鰭類に属している。速く泳ぐことに特化するため、エラ呼吸を進化させると同時に、エラ周辺の余分な肉もなくして軽量化し、水の抵抗が小さい流線形の体へと変化させた。

一方の肉鰭類は、名前の由来となった肉厚なヒレを持ち、体もボテッとしており動きの遅い魚のグループで、代表格は「生きた化石」と称されるシーラカンスだ。約4億年前のデボン紀に出現し、約6650万年前の恐竜絶滅と同時に大半が姿を消したとされていたが、1938年にアフリカ沖で生きた個体が発見されて、現生していることが確認されている。

泳力に優れた条鰭類によって、動きが鈍い肉鰭類の魚たちは、水草が生茂る川の浅瀬へとどんどん追いやられたと考えられている。肉厚のヒレで水草をかき分けるように泳いでいるうちに、ヒレを手足のように使い始めた。ハイギョやシーラカンスの近縁種で、「パンデクリティス」「ユーステノプロン」「ティクターリク」などが知られている。彼らはまだ陸の上を歩くのは得意ではなく、ほとんどを水中で過ごしていたようだが、原始的な四肢動物ともいわれている。

やがて、４つのヒレが大地を踏みしめる手足の形に近づいたのが、「イクチオステガ」や「アカントステガ」だ。私たち脊椎動物の手と足は、この肉鰭類の胸ビレと腹ビレがそれぞれ進化したものといわれている。

原始的な魚が海から川へ進出するために体の仕組みを変えたように、水中に生息していた肉鰭類が陸へ上がるためには、様々な形態的な変化が必要だった。たとえば、エラ呼吸から肺呼吸への転換や重力に耐える骨格の発達など。特に生命活動に不可欠な水をいかに体内に保持するか。水中に比べれば陸上は乾燥した砂漠のようなもので、体内に水分を保持するための仕組みが必要だった。そこで、塩分調整役の腎臓に、尿から水分を再吸収するという仕組みを獲得したものが現れた。

こうして、水辺の浅瀬に追いやられた肉鰭類が「陸上生物の先駆者」となり、両生類や爬虫類、そして恐竜や鳥類、哺乳類へと進化していくことになる。進化の表舞台へ登場したのが、種の本流ではなく泳力も敏捷性もない、いわば魚類の落ちこぼれによる生き残るための「変化と選択」だった。

本流の生き物たちは、強者として生態系のトップに君臨し何も変える必要がない。一方、生態系の下のほうで捕食者に追い詰められる弱い生き物は、生存の可能性をかけて新たな環境への適応を迫られる。海から上陸した生物は、さらに生息域を空中へも拡散した。追い詰められた崖っぷちの魚たちの起死回生策が、偉大な一歩を刻むことになった。新天地を目指し生き残った魚たちの子孫が、私たち人類へとつながるのだ。

■新たな生存環境を求めて③

魚が生き残りをかけて陸上に進出したのに対し、海洋生物の中には捕食者やライバルのいない場所に活路を求めてより深い海、つまり深海へと逃れたグループもいる。

●資源の乏しい深海に生息する

深海とは、水深200m以上の深い海のことで、海洋全体の実に95%を占め、「暗い」「冷たい」「高圧」の3つの悪条件が揃(そろ)っている。

太陽光は水深200mになると、海面のわずか0.1%しか届かず、1000m超では完全に暗黒となる。海水温は300mまでは10～20℃ぐらいだが、それ以上の深さになると急激に低下し、1000mでは2～4℃、3000mでは1.5℃ぐらいといわれている。

また、水圧は10mごとに1気圧ずつ増加するので、200mの深海では20気圧、1000mでは100気圧に達する超高水圧の世界である。ちなみに水深6500mでは、1㎠の面積に約650kgの重さの圧力がかかる。これは、指先に力士4人が乗っているようなもの（力士の平均体重約162kgで算出）。

普通の生き物なら一瞬のうちに水圧で押しつぶされてしまう過酷な環境であることから、長い間、「深海には生き物はほとんど存在しない」と考えられていた。ところが、近年の深海探査機での調査によって、少なくとも2500種以上の数多くの生物が確認されている。

なぜ、過酷な環境にもかかわらず、深海に生物は棲(す)んでいるのだろうか。実は浅い海は餌が豊富にある分、その餌をめぐっての生存競争が激しい世界だ。一方の深海は、餌となる植物やプランクトンなどの資源が乏しく、生存できる生物の数が限られるため競争は穏やかだ。なるべく動かず、じっと獲物を待つような省エネモードで生きる世界だ。つまり、競争の激しい世界で争って生きるか、穏やかな世界で辛抱強く生きるかの選択だったわけだ。そんな深海の生物たちは過酷な環境下で生き残るために、ユニークな進化を遂げている。サバイバルのために獲得した深海生物特有の形態や特殊な能力など、具体的に見ていこう。

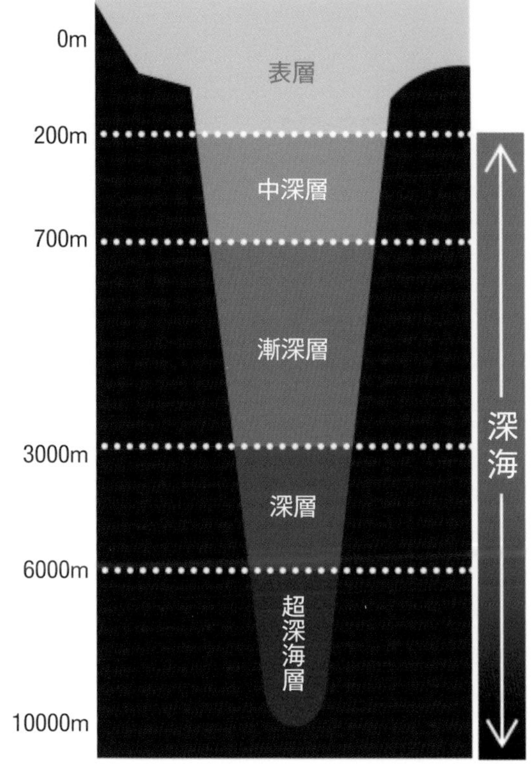

▲深海は「暗い」「冷たい」「高圧」の世界

出典：農林水産省aff(あふ)2020年8月号

❶ 発光する

深海生物の90%以上は、体のどこかしらが「光る」能力を持っているといわれている。水深200～1000mでは微(かす)かに太陽光が届くために、光ることで、「身を隠す」「捕食のため」「敵を驚かせる」などの効果がある。

発光の仕組みはこれまでの研究により、発光基質（ルシフェリン）と発光酵素（ルシフェラーゼ）の化学反応によって起こることがわかっている。

さらに、発光物質を自分でつくり出す「自力発光」と、他の生き物を利用して発光する「共生発光」の2つがある。後者の場合、体内の発光器の中に発光バクテリアが共生していて、バクテリアが発光することで光を発する。また、ウミホタルのような発光生物を食べることでその成分を体内に蓄積して、発光の際に利用する生物もいる。たとえば、キンメモドキやツマグロイシモチは、ウミホタルの発光素を利用して光っている。

❷ 体の色が赤い生物が多い

水深200～1000mに棲んでいる生物は、赤い色をした生き物が多い。というのも、水中では赤い波長の光から吸収されるために、水深が深くなるほど、赤い色が目立たなくなるからだ。また、3000m超の暗黒の世界では色の情報は必要がなく、白い色の生き物が多くなっている。

❸ 目が大きいか退化

水深200～1000mでは、微かな光を捉えて獲物を見つけられるように目を大きくした生物がいる。その一方で、逆に目を小さくしたり、退化させてしまったものも多く、センサーなど特殊な方法で獲物を探している。

❹ 口が大きい

餌が少ない深海では、見つけた獲物を確実に仕留めることが大事になる。そこで、捕獲器としての口を大きく変化させた。さらに、オニボウズギスのように、自分より大きな獲物を呑み込むために大きな口と胃袋を持つ魚もいる。

❺ 体を巨大化

ダイオウイカやダイオウグソクムシなど、深海生物には体の大きい生物も多い。その理由のひとつに、餌の少ない深海では食べたものを効率よく消化する必要があり、消化器を発達させたことで、体が大きくなったという説がある。また、冷たい海で暮らすには、栄養を体内に備蓄でき、長距離の移動や獲物の捕獲にも体が大きいほうが有利ということもある。深海生物は体を大きくすることで体内でより多くの熱を発生させ、寒さに適応したといわれている。

❻ 高圧の中でも生きられる仕組み

深海生物が圧力に耐えられるのは、海水と体内の圧力が同じだからだ。圧力の影響を受けるのは空気で、体内に空気があると押し潰される。地上の生物が深海で生きていけないのは、肺が空気で満たされているため。空気を含んだ浮袋を持つ魚も水圧に押しつぶされる。そこで、深海では浮袋そのものを退化させるか、空気の代わりに脂肪で満たし、浮力の調節を行っている。

また、ダイオウグソクムシのように硬い甲羅で体を覆って水圧から体を守っているものもいる。

主な深海の生き物たち

▲ギンザメの仲間で、体にきれいな斑点模様のあるスポッテッドラットフィッシュ
写真提供:アクアマリンふくしま

◀見た目がかわいいミドリフサアンコウ
水深75～500mの海底に生息する。❶

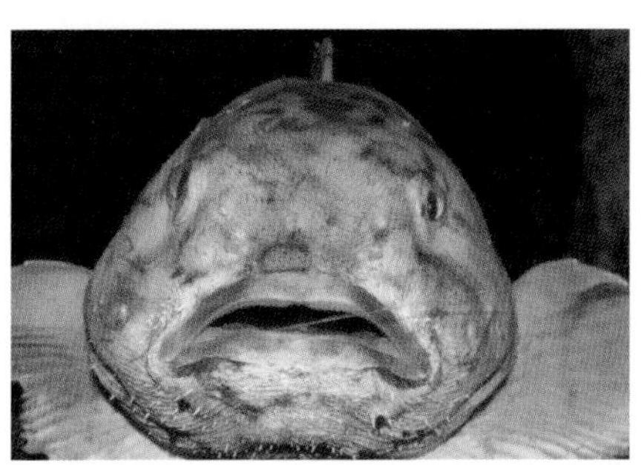

◀世界一醜いといわれるアカドンコ
ブヨブヨした皮膚に覆われ体中がコラーゲン100%のゼラチン状で、食すると美味。❸

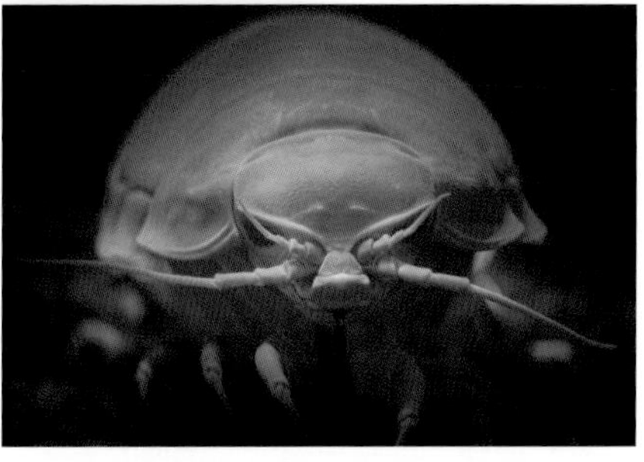

▲「深海の掃除屋」と呼ばれるダイオウグソクムシ
海生甲殻類の仲間でその生態は謎が多い。❷

写真提供:❶❷❸沼津港深海水族館

■新たな生存環境を求めて④

約4億年前、私たち人類を含む陸上の脊椎動物は捕食者から逃れるために海を捨て、酸素に満ちた緑豊かな陸上での生活に適応し、様々な環境に拡散してきた。しかし、この流れに逆行して、一度は陸上生活に適応したにもかかわらず、再び海に戻った哺乳類がいた。イルカやクジラなどの鯨類、アザラシやアシカなどの鰭脚類、そしてジュゴンやマナティの海牛類やラッコなどで、これらを総称して「海獣類」と呼んでいる。

前章で6650万年前、隕石の衝突により恐竜が絶滅したと述べた。恐竜と同じ運命をたどったのが、魚竜や首長竜、モササウルス類など大型の海棲爬虫類だ。

● クジラの先祖はカバだった！

恐竜が消えた陸上では、ニッチを埋めるように、哺乳類の進化・拡散が始まっていた。さらに海棲爬虫類が絶滅したことで、海の生態系には空白ができていた。そうした中で陸上生活を捨てて、再び海へと還っていった哺乳類のグループのひとつがクジラとカバの共通先祖だ。かつては、イルカやクジラの「クジラ目」と、カバやラクダなどのウシ目（偶蹄目）は別のグループと考えられていたが、近年の遺伝子解析により同じ仲間であることがわかり、今日では「クジラ偶蹄目」という新しい名称が誕生している。

このクジラ偶蹄目の先祖が、なぜ海へ戻ったのか。定説では、海に豊富な餌を求めたためだと考えられている。恐竜のいなくなった陸上には肉食の哺乳類が登場し、餌を争う動物たちによる生存競争が激化。その生存競争に敗れた結果、競合する生物の少ない海へ戻ったと考えられる。

捕食者やライバルのいない新天地を求めて海に還ってみると、そこにはもう大型の海棲爬虫類の姿はなく、餌となるプランクトンや魚も豊富なことから、そのまま水中生活へと先祖返りしたことになる。

もし偶然、地球に隕石が衝突しなかったなら、鯨類の祖先は海には戻らなかったかもしれない。あるいは、海棲爬虫類が絶滅していなかったら、海のハンターと呼ばれたモササウルスの餌食になったか、彼らから逃れるように海藻の陰でひっそりと生きることを強いられたかもしれない。

● マッコウクジラは最長で 90 分潜水できる！

進化は「偶然」に大きく左右される。たまたま運のいいものが生き残ってきた結果とはいえ、隕石の衝突、恐竜や海棲爬虫類の絶滅という環境の変化の中で、イルカやクジラをはじめ、海獣類の先祖たちは海へ還り生き延びることができた。

しかし、それらの海獣類は哺乳類から魚類へと進化の針を逆に戻すことはなかった。例えばイルカやクジラは手足を退化させ、外見上は魚に近い流線形の体に変化したが、肺呼吸はそのままだった。水中では魚のようにエラ呼吸のほうが生きやすいように思えるが、実は水中の酸素量が少ないために、魚に比べて体温の維持や体の移動などに多くの酸素を必要とする哺乳類は、肺呼吸のほうが酸素を得るために効率がよかった。

ただし、長時間、呼吸をせずに水中に潜っていられるように体を変化させた。それが、筋肉に含まれているミオグロビンと呼ばれるタンパク質を増やすことだった。ミオグロビンには血液中のヘモグロビンから酸素を受け取り、蓄えておくはたらきがある。つまり、筋肉中にこのタンパク質がたくさんあれば、大量の酸素を貯蔵することができ、呼吸の回数を減らすことができる。潜水の得意なマッコウクジラの筋肉にはこのミオグロビンが多く含まれており、潜水時間は最長で90分といわれている。

鯨類は形態や呼吸以外にも水中生活に適応するために、「水」という特性を最大限に活用している。音は空気中に比べて水中のほうが４倍以上の速さで伝わる。そこで視覚より聴覚を発達させ、音を利用して地形や獲物の位置を探索するエコーロケーション（反響定位）と呼ばれる能力を発達させるとともに、仲間とのコミュニケーションを図ることにも利用している。

たとえば、ハクジラ類のシロナガスクジラは、何千㎞も遠く離れた仲間とコミュニケーションが可能だといわれている。深さ1000mを超える深海には「サウンドチャンネル」と呼ばれる、音を遠くまで伝える層が存在している。そのチャンネルを利用して、低周波の音波を用いて、はるか遠く離れた仲間とコミュニケーションをしているのだ。

このようにイルカやクジラは音を活用して「群れ」を維持し、複雑な行動やコミュニケーションを図ることができるようになった。この群れを形成して、仲間と助け合って生きる道を選んだことが大海原の中で生き残ることができた最大の理由といえる。

また、地球上で最も大きな脳を持っているといわれるのがマッコウクジラで、ヒトの5倍の容積がある。ただし、体積あたりの脳の容積を調べた「脳化指数」によると、ヒトに次いで大きいのはイルカだ。必ずしも、脳が大きいからといって知能が優れているわけではないが、イルカやクジラなどは高い知能を持っているといわれている。「群れ」という集団を維持し、音を介して複雑な行動やコミュニケーションを行っているうちに知能が発達した。水の特性を生かすために聴覚を磨き、そして、「知能」という武器で生き残ってきたのが、海へ還ったイルカやクジラたちといえる。

主な海獣類

▲岩の上で休む鰭脚類のアシカの群れ　Shutterstock

▲ジュゴンと同じ海牛類の仲間のマナティー　Shutterstock

動物名	脳化指数
ヒト	0.89
イルカ	0.64
チンパンジー	0.30
アカゲザル	0.25
ゾウ	0.22
イヌ	0.14
ネコ	0.12
ウマ	0.10
ハツカネズミ	0.06

▲主な動物の脳化指数

▲かわいらしい仕草のラッコも海獣類の仲間　Shutterstock

＊脳化指数とは、「脳の重量÷体重の2/3乗」で表され、数値が高いほどその動物は賢いとされている。

▲豪快なブリーチングのザトウクジラ　AdobeStock

●イルカとクジラの違いとは？

海棲哺乳類の代表といえばイルカやクジラなどの鯨類だが、両者の違いはどこにあるのだろうか。実は明確な定義があるわけではなく、体の大きさで決めている。体長が４ｍ未満のものをイルカ、それ以上の大きさのものをクジラに分類している。例外もあるが、クジラの小型のものがイルカというわけだ。また、鯨類は口の構造によって大きく「ヒゲクジラ類」と「ハクジラ類」の２つに分かれる。

ヒゲクジラ類は、名前の由来となったヒゲが口の中に生えている。ただし動物のヒゲとは異なり、上顎の歯ぐきが変化してできたもので「ヒゲ板」と呼ばれ、体長数cmの小さなプランクトンや小魚を濾(こ)し取って食べている。もともとヒゲクジラ類の先祖はあまり体が大きくはなかったが、大量のプランクトンを食べているうちに巨大化し、体長約30m、体重約200tにも達する現生動物の中では最大のシロナガスクジラに代表されるように体が大きいのが特徴だ。他にザトウクジラなどヒゲクジラ類には14種が属している。

一方のハクジラ類は名前の通り歯があるものの、私たちと同じ哺乳類でありながら、歯の形が全て同じ同歯性(どうしせい)である。尖(とが)った犬歯状の歯は獲物を捕らえたり噛み切るだけで、細かくすりつぶすことはなくほとんど丸呑みしていると考えられている。このハクジラ類にはシャチやマッコウクジラ、イルカなど70種が属している。

現在、世界には84種のクジラがいるといわれており、このうち日本近海には約半数の40種が生息している。シロナガスクジラをはじめ、ザトウクジラやマッコウクジラ、スナメリやバンドウイルカなど大きさから生態まで様々。北は北海道から南は沖縄まで日本の海の周辺でホエールウォッチングに出かければ、群れで泳ぐ自然な姿のイルカやクジラを観ることができる。また、スナメリやバンドウイルカなどは、泳ぐだけではなく、バブルリングと呼ばれる輪を口から吐き出したり、ジャンプしたりと多彩な芸で、水族館の人気者になっている。

◀現生動物の中で最大の大きさのシロナガスクジラ
AdobeStock

COLUMN 歌うクジラと海のカナリア

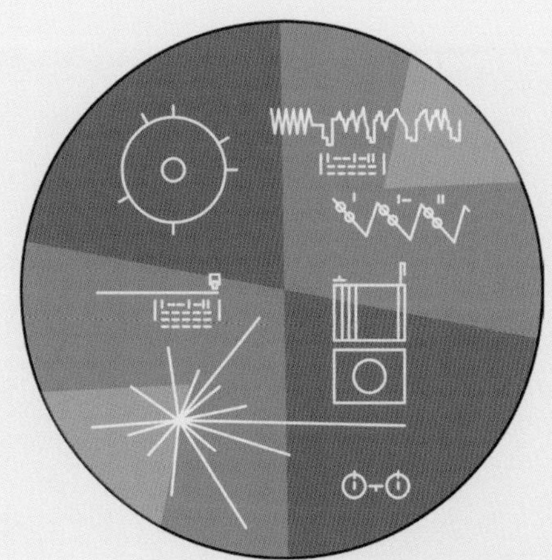

▲ボイジャーに積み込まれた「ゴールデン・レコード」
Shutterstock

大海原で体を高くジャンプさせて水面に打ち付ける豪快な「ブリーチング」で有名なザトウクジラは、歌を奏でるクジラとしても知られている。歌は「ソング」と呼ばれ、1970年代初頭、アメリカの海洋生物学者のロジャー・ペイン博士がその存在を明らかにして以来、多くの研究が行われてきた。

ザトウクジラのソングは、低い音から高い音(40〜5000Hz)まで組み合わせた旋律(フレーズ)を何度も繰り返す。その長さは数分から30分以上続くこともあり、最長で20時間も続いたことが観測されている。

ソングはオスだけが歌い、交尾や出産、子育てが行われる暖かい海域に限られることから、求愛のためではないかといわれているが、まだ不明な点も多い。

なお、このザトウクジラのソングは、1977年にNASA(アメリカ航空宇宙局)が打ち上げた惑星探査機ボイジャー1号・2号に積み込まれた地球外知的生命体に向けての「ゴールデン・レコード」に収録されている。

ザトウクジラ以外にもインド洋のシロナガスクジラも歌うことが知られている。また、その他の大部分のイルカやクジラも、ソングとまではいえないものの様々な音を発している。

イルカやクジラには「声帯」はなく、その代わり、鼻腔(びくう)の奥にあるヒダを震わせて音を出している。その音は大きく分けて「ホイッスル(警笛音)」「クリックス(エコーロケーションに用いる超音波)」「バーストパルス(威嚇音(いかくおん))」の3つ。特にイルカは「おしゃべり好き」といわれるように、これらの音を発してさかんに仲間とのコミュニケーションを図っている。中でもシロイルカ(ベルーガ)は、小鳥のさえずりのような美しく高い音を発するので、「海のカナリア(sea canary)」とも呼ばれている。

海に還った哺乳類の中でイルカやクジラの仲間は、海で生きるために聴覚を発達させ、仲間とのコミュニケーションを図るためソングや超音波を発する能力などを身につけた。海の中で奏でるイルカやクジラなどの様々な「声」を解析する研究が進んでおり、近い将来、私たちヒトとイルカやクジラとのコミュニケーションが可能になるかもしれない。

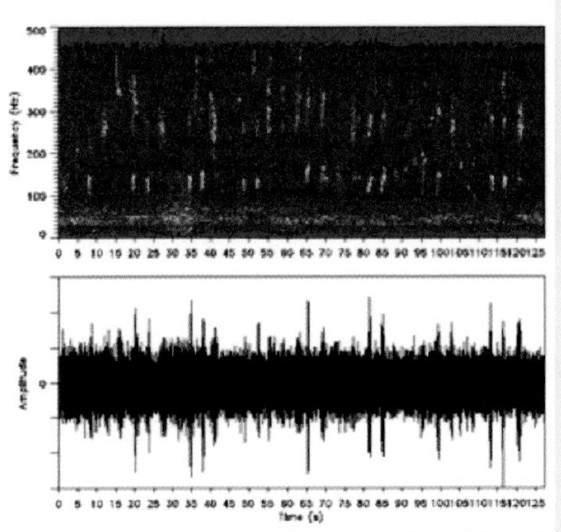

▲ザトウクジラのソングのサウンドスペクトログラム

▲シロイルカはクリック音やベルの音など様々な音を発することから、「海のカナリア」と呼ばれている。
Shutterstock

■小卵多産戦略で生き残る

▲水族館で飼育されているマンボウ
最大で全長3m、体重2tを超えている成魚も確認されている世界最大級の硬骨魚。
体の後ろ半分を切ったようなユニークな姿で水族館でも大人気。

生物の個体が発生して生育し、次の世代をつくって死ぬまでの過程を生活史という。水中や水辺に生息する水棲生物の多くは、哺乳類や鳥類などの陸棲生物と比べると、小さな卵をたくさん産む小卵多産の生活史戦略を取っている。

中でも、膨大な数の卵を産むのが魚類である。生涯で約3億個の卵を産むともいわれるマンボウは別格としても、アジやイワシ、サバ、タラ、マグロ、タイ、アナゴなど粒の小さい卵を産む種類では数十万個から数百万個、サケなどのように、比較的一つひとつの粒が大きい卵の種類でも数千個の卵を産む。しかし、魚類の多くは、親は卵を産みっぱなしで、子育てはしない。

魚の卵は、水に浮く浮性卵と沈む沈性卵の大きく2つに分けられる。特に海では、浮性卵を産む魚の種類が圧倒的に多く、そのほとんどが親の保護を受けずに、ばらばらになって水中を漂う分離浮性卵である。

栄養分をたくさん含んだ卵は、ほかの魚にとってもおいしい餌になる。そして、たとえ孵化したとしても仔魚や稚魚の段階で、やはり他の魚にどんどん食べられてしまい、成魚まで生き残れる個体はごくわずかである。

こうなると数の勝負である。魚類が小卵多産なのは、子孫を残すための最善の戦略だからだ。

■イワシが群れる理由とは？

分離浮性卵として生まれ、過酷な生存競争を生き抜いたイワシは、成魚となってからは群れをつくって回遊する。プランクトンを主食にするイワシが群れをつくる理由は、捕食のために群れるマグロやサバと違い、外敵から身を守るためだ。捕食者が襲来した時にボールや盾のような形を形成し、大型の生物を模したように群生を集結させる。これによって捕食者は幻惑し攻撃を緩め、生存率を上げているといわれている。ただし、クジラなどの大型の捕食者にはあまり効果はなく、逆に捕食されやすくなるため、クジラなどの群れを避けて逃れる手段を何かしら講じているともいう。

イワシの大きな魚群の数は最大で10億匹ともいわれ、インド洋などの各地で「サーディンラン」と呼ばれてホエールウォッチングのように観察するツアーがあるほどだ。その群れの長さは沿岸に沿い、５㎞にも及ぶ規模で回遊する。それを待ち構える捕食者（クジラ、イルカ、海鳥）の捕食が観察できる。いわば、地球上で最大の食事会といえる。また最近では、水族館などでもこのイワシの群れの乱舞を見学できるようになっている。

イワシは、サバやカツオのように季節で適温の海水に移動する、南北回遊をしている。関東では春先に回遊が始まり、夏には東北、北海道の沿岸に達し、９月頃Ｕターンし秋口に南下して11月頃再び関東に戻る。カツオやサバも回遊ルートと時期が重なり、イワシを捕食している。

イワシは食物連鎖の底辺におり、海の生態系を保つ重要な役割を担っている。捕食者は人間をはじめ、沿岸に生息するカツオやサバ、サメなどの魚類、イルカやクジラ、アシカなどの哺乳類など様々な生物に捕食される、地球上で最も数が多い、偉大なるベイト（餌の小魚）である。

▲イワシの群れと捕食者たち

Adobe Stock ©Rou

■擬態して生き残る

生物が体の色や形などを何かに似せて、第三者をだますことを擬態(ぎたい)と呼ぶ。擬態は多くの生物に見られるが、特に昆虫のような小さな生き物は鳥や小型動物、中型動物の格好の餌になるため、進化の過程で様々な工夫を凝らし、捕食者（天敵）から「食べられないようにするための擬態」を生存戦略として活用している。

●擬態には様々な種類がある

擬態にはいくつかのパターンがあり、それぞれ目的や手法が異なっている。ここでは視覚的な擬態の方法を紹介しよう。

❶ 隠蔽的擬態

最もポピュラーなのが、自分の姿を葉、木の枝や幹などに似せ、天敵から見つかりにくくする隠蔽的(いんぺいてき)擬態である。コノハムシ、コノハチョウ、ナナフシ、ショウリョウバッタなど、この擬態を使う生き物は非常に多くいる。

▲コノハムシ
メスの翅(はね)には細かい葉脈までついており、まさに木の葉にそっくり。後翅(こうし)が退化して飛ぶことはできない。オスは細長い体形で飛ぶことができるが、あまり葉には似ていない。熱帯アジアのジャングルに広く分布している。
Adobe Stock ©Cheattha

▲コノハチョウ
翅を開くと藍色やオレンジ色のきれいなチョウだが、閉じると枯れ葉にそっくりになる。沖縄諸島や台湾、東南アジアなどに分布し、沖縄県では天然記念物に指定されている。

❷ 攻撃擬態

カマキリなどの捕食者が獲物を捕獲するために、草の葉や花にそっくりな姿をする「食べるための擬態」。一種の隠蔽的擬態であり、実際自分を捕食する動物に対しては隠蔽的擬態として機能する。ベッカム型擬態とも呼ばれる。

◀ハナカマキリ
東南アジアの熱帯雨林に広く生息。ラン科植物の花に擬態し、花に集まる昆虫類を捕食して暮らしている。幼虫の段階では、捕食する昆虫は圧倒的にハチが多いため、ハチが好むフェロモンを放出して捕獲するという化学的擬態も行っていると考えられている。
Adobe Stock ©Eko

❸ ミューラー型擬態

毒を持つ生物が、お互いに似通った体色（警告色）を持つ擬態。天敵に対して、自分が危険な生き物だということを知らせて、捕食されないようにしている。スズメバチ類とトラカミキリ類、ホタルとホタルガなどが例として挙げられる。

❹ ベイツ型擬態

毒を持つ生物と違う種が、有毒生物の色彩を真似(まね)て捕食者を惑わせる擬態。ハチとそっくりなトラカミキリやハナアブなどは、体色だけではなく動き方や飛び方なども似せている。ただし、毒を持った生物より増えすぎると、捕食者が「この配色の生き物は安全に食べられる」と認識し、擬態の効果がなくなってしまうため、擬態者は繁殖数を制限している可能性もある。

▲ヨツスジトラカミキリ
前翅に黒い帯模様を持つトラカミキリの一種。スズメバチに擬態しているといわれる。日本では関東以西に広く分布している。
Adobe Stock ©EtsuNi

COLUMN 擬態の達人

海の生き物の中にも自分の姿を変えて身を守ったり、餌を取ったりするものが多くいる。

その名の通り、生物学で「擬態」を意味する「ミミック」を冠したタコが、ミミックオクトパス（ゼブラオクトパス）だ。

タコは周囲に合わせて体表の色素胞を拡大・収縮させ瞬時に色を変えることができるが、ミミックオクトパスは周囲の環境ではなく、他の捕食者に擬態することで身を守っている。

擬態する海の生物はウミヘビ、ミノカサゴ、アカエイ、クモヒトデ、イソギンチャク、クラゲ、カニ、カレイ、ヒラメなど40種類以上にものぼる。

▲ミミックオクトパス
Adobe Stock
©EtsuNi

■毒を持って生き残る

外敵から身を守るため、あるいは獲物を確実に捕えて自然界を生き抜くために「毒」を持つように進化した動物は、地球上に20万種以上存在するといわれている。

捕食のために毒を利用する生き物には毒へビ、毒グモ、毒クラゲ、サソリ、ムカデなどがいるが、日本に生息するヘビの中で毒を持つのはハブ、マムシ、ヤマカガシの３種類である。このうち、ハブはかなり研究が進み、ゲノム解析によって、すべての遺伝子を解読することに成功している。それによると、ハブの毒腺をつくる遺伝子は、元は唾液腺をつくる遺伝子だったことがわかったのだ。

約６億年前に祖先が誕生した脊椎動物はその進化の初期段階で偶然、遺伝子が４倍になったことが知られている。このときハブのような毒へビの仲間は唾液腺の遺伝子の一部が変化し、毒腺を持つようになったのである。いわば、余分な遺伝子によってたまたまつくられた副産物だったわけだ。

▲沖縄などに生息する毒へビのハブ
Adobe Stock ©hayashimikine

●餌から毒を生成する

▲1974年に有毒種と報告されたヤマカガシ

▲毒にあたって死ぬため「鉄砲」とも呼ばれるフグ
Adobe Stock ©Andrey

北海道、南西諸島、小笠原諸島を除く日本本土に広く分布するヤマカガシは、日本のヘビの中で最も強い毒を持っている。

毒牙は上顎の奥にあるが、基本的におとなしく、自ら攻撃して咬むことはめったにない。特徴的なのは、頸部皮下にも毒腺（頸腺）を持っていること。幼蛇に違う餌を与えた実験では、大好物の毒を持つヒキガエルを餌とした個体だけに頸腺から毒物が検出されるという結果が得られている。

フグは青酸カリの500倍から1000倍も毒性が強い猛毒テトロドトキシンを肝臓や卵巣などの内臓の他、種類によっては皮や筋肉にも持つ。彼らも毒を生み出しているわけではない。餌とするヒトデや貝類、藻類などに含まれるバクテリアが体内で蓄積されて、猛毒になっているのだ。そのため、卵から養殖したフグに毒素を含まない餌を与え続けると、無毒のフグが育つ。

●警告色で身を守る！

世界で最も毒性の強い動物のうちのひとつと考えられているのが、南米コロンビアの固有種であるモウドクフキヤガエルである。体の表面に分泌する、テトロドトキシンよりさらに5、6倍は強いといわれるバトラコトキシンを先住民族が吹き矢の先に塗って狩りをしていたことから、この名がつけられた。

外敵に対しては、全身をイエロー（生息地によってオレンジ色やミンク色の個体も）一色にし、「自分を食べると危険だぞ」と警告色でアピールしているのはある意味、やさしい生き方（？）だが、天敵であるノハラツヤヘビ属のヘビは毒に耐性を持っているため、効果がない。

なお、モウドクフキヤガエルもまた、餌であるアリやシロアリ、ハエ、コオロギ、甲虫などを媒介にして毒を生成し、人工飼育下では毒を持った個体は育たない。

▲ 個体１匹で人間10人を死に至らしめる毒を持つといわれるモウドクフキヤガエル
Adobe Stock ©bennytrapp

COLUMN 日本で注意しなければいけないのは？

▲オオスズメバチ

有毒生物による死亡者数で、日本で一番多いのはハチである。厚生労働省は毎年９月に人口動態調査を発表しているが、それによると2021年にハチに刺されたことが原因で死亡した人の数は15人。最も多かった1984年には全国で73人もの人が犠牲になり、最近は20人前後で推移している。

ハチの毒性はそれほど強いものではないが、アレルギー症状のアナフィラキシーショックによって亡くなる人が多い。ハチは、自分たちの巣が危険にさらされると判断したときに集団で襲ってくる。中でも、女王バチを中心に真社会性の集団生活を営むスズメバチやアシナガバチの活動が活発になる夏季シーズンに野山をハイキングするときは、注意が必要だ。

■不思議で多様な生殖能力の獲得

われわれ人類を含め、生物は様々な生殖方法で個体を増やし、種を存続させている。生殖には「有性生殖」と「無性生殖」の２種類がある。ヒトやイヌ、ネコなどの哺乳類をはじめ、多くの生物はオスとメスが交配して子孫を残す有性生殖だが、オスとメスという「性」を介さないで子孫を残す無性生殖を行う生物もいる。アメーバ、ミドリムシ、ゾウリムシ、イソギンチャク、クラゲ、昆虫類、ダニ類などは、生活環の一部で無性生殖を行う。その不思議な生殖の世界を覗(のぞ)いてみよう。

●大量にクローンをつくる！

▲ミジンコ
Adobe Stock ©yosuyosun

有性生殖の一形態に、一個体のみで子孫をつくり出す単為生殖という方法がある。ミジンコは、普段は単為生殖によって卵をつくり、自分と同じクローンであるメスだけの遺伝子を持った子をどんどん産む。

ところが、個体数の増加や餌の不足、水温の変化、日照時間など生息環境が悪化すると、オスを産むようになり、オスとメスの間で有性生殖を行うのである。

この悪条件下で誕生した受精卵は耐久卵と呼ばれ、すぐに孵化することはない。乾燥などにも耐えることができ、長い年月が経(た)っても環境がよくなれば孵化することができるのである。ミジンコは環境の変化に応じて巧みな生殖方法を取ることで、種を維持していく戦略を取っているのだ。

●精子を交換する！

▲アオウミウシ
ウミウシは世界中に広く分布し、5000種類以上がいるといわれている。カタツムリやナメクジも、同じ軟体動物門腹足鋼に属する。
Adobe Stock ©ScubaDiver

カラフルな色彩から「海の宝石」とも称されるウミウシは、同一個体が同時にオスとメス両方の生殖機能を持つ同時的雌雄同体の動物である。

ウミウシは両性生殖腺という器官で精子と卵をつくるが、この段階の精子はまだ活性化されておらず、自家受精（一個体単独での受精）はできない仕組みになっている。では、どうやって交尾相手を見つけているのだろうか？　ウミウシは海底を這(は)ってゆっくり移動する。そのとき、近縁種のナメクジ同様、粘液を残しながら動いている。そのフェロモンの成分に反応した同種のウミウシがその跡をたどり、追いかけていくのである。

ウミウシの多くは体の右側に生殖器があるため、体の右側を寄せ合い、お互いがメスの生殖器に精子を注入、交換し合うことで、卵を受精させている。たった一度の出会いで２匹とも卵を産むという繁殖は、オスとメス、両方の働きを同時に行う一石二鳥の戦略である。

●性転換する魚

雌雄同体には、成長過程でオスからメス、またはメスからオスに性転換し、一生の間に雌雄両方の性で繁殖できる異時的雌雄同体の動物もいる。

鑑賞用として水族館でも人気のクマノミは、生まれたときはウミウシと同じように両性生殖腺を持っている魚だ。

共生するイソギンチャクには通常、複数のクマノミが生活しているが、その中で最大の個体がメス、２番目に大きい個体がつがいのオスとなり、残りは繁殖能力を持たない未成熟個体にとどまる。ところがメスが死亡するなどしていなくなると、オスはメスに、未成熟魚で一番大きい個体がオスに性転換し、新たなペアが形成される。

性転換の仕組みは両性生殖腺にある。オスはメスになるとき、精子をつくる能力を捨て、卵巣だけを発達させる。臨機応変に性別を変えることで、群れの存続を図っているのである。

▲カクレクマノミ
ディズニー映画『ファインディング・ニモ』の主人公のモデルとなった魚として、一躍有名になった。

●オスが妊娠する!?

海の中で一番動くのが遅いといわれるタツノオトシゴは、外見からは想像できないが魚に分類される動物である。

オスの腹部には育児嚢（いくじのう）という袋があり、交尾時には、メスは輸卵管（ゆらんかん）をそこに差し込んで産卵し、受精は育児嚢内で行われる。オスは卵が孵化し稚魚になるまで自分の体内で保護する。「出産」するときは尾を海藻などに絡め固定し、体を震わせながら産出する。稚魚は全長数㎜ほどと小さいながら、すでに親とほぼ同じ体形をしている。

育児嚢に産卵されたオスの腹部が膨れ、妊娠しているように見えることから、「オスが妊娠する」という表現も使われる。このような生態はタツノオトシゴだけに見られるものである。

▲タツノオトシゴ
成魚は全長1.4cmから35cmに達するものまであり、種類によって差がある。

● よりよい生殖地を選ぶ

より天敵の少ない場所を生息地とすることで子孫を残そうとする生物も少なくない。

たとえば、ウナギが普段は川や湖で成長し、産卵するときに深海へと移動することは前述した（11ページ参照）。それとは逆に、サケは川の最上流で産卵し、海で育つ魚である。

なぜサケは、わざわざたいへんな苦労をして川を遡上するのだろうか？

イクラを見てもわかるように、サケの卵は他の魚の卵より大きく、産卵数も格段に少ない。大きい分栄養価も高く、もし海で産卵した場合は格好の餌になってしまう。その点、川の最上流の浅いところは、卵や稚魚を食べる捕食者が比較的少なく、河口や中流よりも安全だからだと考えられている。

サケが産卵のために、生まれた川に戻ってくることを「母川回帰」という。これは、それまで親魚の遡上が見られなかった河川に稚魚を放流したところ、数年後に多くの遡上が見られたことから

▲母川回帰で川を遡上するサケ（北海道増毛町）
Adobe Stock ©tkyszk

も科学的に証明されている現象である。サケが生まれ育った川に戻る理由は、その川に遡上の障害となる大きな滝や堰、ダムなどがなく、最上流まで遡れることを自身の経験として知っているからだ。そのために、生まれた川の水の匂いを長年記憶しているのである。

遡上を終えたサケは、メスが川底につくった産卵床に産卵し、オスが放精をして受精卵が形成される。そして、繁殖という役目を終えたサケたちは力尽きて死んでいく。

COLUMN 食べられても生き残るウナギの稚魚

長崎大学水産・環境科学総合研究科の河端雄毅准教授によると、「ニホンウナギの稚魚が別の魚に捕食された後、エラの隙間から脱出するケースを確認した」という。

ニホンウナギは稚魚の密漁や河川改修による環境の変化で減少し、環境省から2013年に絶滅危惧種に指定されているが、河端准教授らの研究チームが、捕食者のドンコとニホンウナギの稚魚を同じ水槽に入れて観察していたところ、

▲水中を泳ぐニホンウナギ
Adobe Stock ©satoru y1

▲ニホンウナギの稚魚がドンコのエラの隙間から抜け出す様子
写真出展：長崎大学Research

食べられたはずのニホンウナギが水槽内で泳いでいるのを発見。さらに長時間撮影できるカメラを導入して研究を進めたところ、ドンコに捕食されても、54匹のうち半数以上の28匹がエラの隙間から、後ろ向きに（尾部から）抜け出していたことが判明したのだという。

河端准教授は「捕食された後に脱出する行動は魚類以外を含めても珍しく、ニホンウナギは生き残るために、ニョロニョロとした細長い形へと進化した可能性もある」と話している。

COLUMN 生物は学習するのか？

生物の行動には生得的(せいとくてき)行動と習得的行動がある。生得的行動とは生まれつき持っている行動様式で、光、化学物質、重力、水の流れ、電流などの刺激によって引き起こされる。たとえば、ガが光に向かって集まってくるのに対し、ゴキブリは暗闇を好むといった違いを生み出している。一方、習得的行動とは、経験や学習によって引き起こされるもので、たとえば、カモやアヒルなどの雛(ひな)は孵化して初めて見た動くものを、親と見なして後を追うようになる例などがそれにあたる。

こうした生物の行動の多くは本能的な行動であり、生まれながらにして備わっているものであるのに対し、ヒトや一部の生き物だけが、進化の結果として、学習や思考に基づいて行動するようになったと考えられてきた。

だが近年、実は多くの生物が、高い学習能力を持っていると考えられるようになっている。ただ、その発現の仕方や利用の仕方がヒトと異なっているだけだという考え方である。

▲カモの親子
Adobe Stock ©ogawaay

● 類人猿の優れた能力

チンパンジーなどの大型類人猿が、高い知能を持っており、言葉を覚え、物を使って遊び、仲間の死をいたむ様子を見せることさえあることが知られるようになっていたが、たとえば、京都大学霊長類研究所が、複数の若いチンパンジーと人間の大人を対象に、短期記憶を競うテスト（瞬間的に対象物を記憶する課題）を実施したところ、結果はチンパンジー側が勝利を収めたという。

また、ジョージア州立大学言語研究センターで、カンジと名づけられた1980年生まれのオスのボノボ（チンパンジー属）に、言語を教えるプロジェクトを実施したところ、英語の音声を認識し、理解すると同時に、特殊なキーボードを使い人間と会話し、テレビゲーム（パックマン）で遊ぶこともできるようになった。その様子は動画で発信され、大きな話題となった。

◀道具を使うボノボ
Wikipedia ©Mike Richey

同種のチンパンジーよりは小型。写真は、アメリカのサンディエゴ動物園で飼育されているボノボ。枝を道具にしてシロアリを釣り上げて食べている。

そればかりではない。人の遠縁にあたるフサオマキザルには、他者を感情的に評価する能力があると発表したのは、京都大学の藤田和生(ふじたかずお)教授の研究チームだ。

同チームは、蓋付きの容器からおもちゃを取り出そうとする人が別の人に助けを求めて助ける演技と、横を向いて助けを拒否する演技をサルに見せ、それぞれの演技後、助けた人と拒否した人が手に食べ物を載せ、7匹のフサオマキザルに差し出すという実験を約1000回行った。すると、助けた人からは約50%の割合で受け取ったが、拒否した人からは約44%と、受け取り回数が減った。チームは、この結果は、フサオマキザルが他者を助けない人を嫌悪したためだとみている。

同チームは、こうした能力がヒト以外で示されたのは初めてだとし、ヒトにつながる系統から3500万年以上前に枝分かれした初期の霊長類にも、人に特有と考えられてきた能力が備わっていることを示す成果としている。

▲フサオマキザル　Adobe Stock ©Mau
体長約40㎝で、南米のアマゾン川流域の熱帯雨林に生息する。樹上生活をし、積極的に他者に食べ物をあげたり、他者がしてくれた協力に、おいしい食べ物でお返しをしたりするなど、寛容で協力的な社会を形成する。アメリカでは、身体障害者の生活を支える「介助ザル」として飼われている。

●実はカも学習する!?

夏の風物詩でもあるカのエネルギー源は糖分で、普段は花の蜜などを吸って生活している。メスだけが産卵のための栄養源として吸血し、人間が呼吸で吐き出す二酸化炭素や匂い、熱を感知して獲物を探し求めている。

このカについて、アメリカの生物学系学術誌『カレントバイオロジー』(2018年1月)に、ワシントン大学の実験チームによる興味深い論文が掲載された。

同チームはまず、人間の体臭を染み込ませた袖(そで)と無臭の袖を用意した。すると、カは匂いのあるほうに集まった。

次に、人間の体臭が染み込んだ袖を着けた機械にカを叩(たた)くときと同程度の振動を20分間与え続けた。すると、カは人間の匂いがする袖を24時間以上も避けるようになったという。つまり、カが、人間の匂いがするモノに近づくと危険であるということを学習したのだ。

このようなカの匂いに対する研究は様々な機関で研究が続けられている。国際的な科学雑誌であるイギリスの『ネイチャー』(2022年2月17日付)には、カは致死量に届かない殺虫剤にたった一度さらされただけで学習し、殺虫剤を避けるようになったという研究論文が発表されている。

こうしたカの学習能力は、ベルを鳴らして餌をやっているうちに、ベルを鳴らしただけで、イヌがよだれをたらすようになる「パブロフの犬」と同じ「条件付け」によるものとされているが、実はカに限らず、生物はそれぞれが生存に必要とするだけの学習能力をちゃんと持っていると考えてもよさそうだ。そういう「賢い」生き物だけが生き残れたのである。

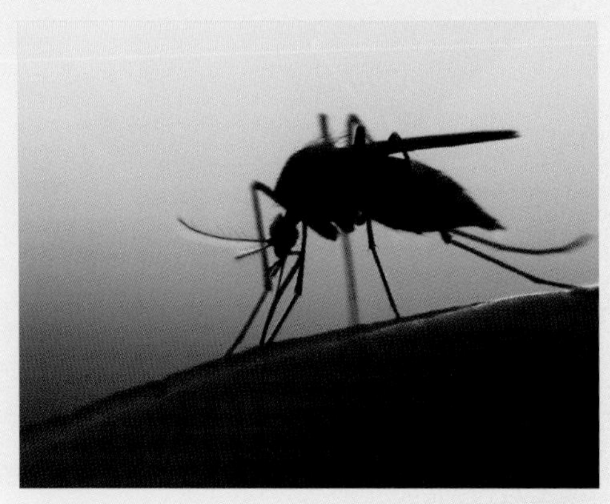

▲守らなければならない生物の多様性
iStock ©Chunumunu iStock ©GlobalP

Chapter 5
多様性はなぜ必要か

世界では今、生物の多様性の大切さが叫ばれている。地球上には、ヒトをはじめとする脊椎動物や昆虫類や軟体動物などを含む無脊椎動物、あるいは菌類・原生動物、さらには植物など実に様々な生物が生きている。これらの生物は、どれをとっても他の生物たちとの命のつながりを持っており、ただ一種だけで生きていくことはできない。多くの生命は、多種多様な生物とのかかわりがあってこそ、初めて生きていくことができるのだ。

▲人間活動が大量絶滅をスピードアップさせている　iStock ⓒ Hydromet

■始まっている!? ６回目の大量絶滅期

およそ46億年の地球の歴史……その間に、地球上に誕生した生物種の99%が絶滅したという説があるほど、地球における生物種の絶滅はごく自然なことだった。Chapter ３で解説したように、極めて短い期間に70～95%の生物種（動植物や微生物）が消滅してしまうような「大量絶滅」が少なくとも５回起きたとされる。

そして今、少なからぬ研究者が「地球は６回目の大量絶滅期に向かっている。それを加速させているのは人間だ」と考えている。

●人類の存在が絶滅のスピードを加速している!?

過去５回の大量絶滅は、生き物にターンオーバー（新旧交代）を促し、進化・多様性をもたらす起爆装置となった。しかし、今迫りつつある６回目の大量絶滅は過去の大量絶滅とは様相が異なると考えられている。

かつての大量絶滅は、あくまでも自然的要因（大規模な火山の噴火や隕石（いんせき）の衝突など）による環境の激変によって引き起こされたものだった。だが、現在起こりつつある６回目の大量絶滅は、生物的要因（人間活動）によって著しく加速されているというのである。

●爆発的なヒトの増加

現在の地球は、地質時代区分では最も新しい時代である完新世（かんしんせい）（最終氷期が終わった約１万年前から現在まで）とされている。この完新世時代は、約258万年前から約１万年前までの更新世（こうしんせい）に続く時代だが、その間にも気候環境が大きく変わった。

地球の温暖化が進行したため、氷河が大きく後退した。それとともに、各地が湿潤化して森林が増加、草原が減少した。そのため、マンモスやトナカイなどの大型哺乳類（ほにゅうるい）の生息環境が急速に縮小し、絶滅の要因となったと考えられている。

そんな中、更新世末から完新世初めにかけて登場したヒト（ホモ・サピエンス）は急激に数を増やして世界に広がっていった。

この人類の急激な人口増加の最初のきっかけは農耕の開始だったとされる。安定的な食料の確保

▲排出される温室効果ガス
人間活動が地球環境に大きな負荷をかけている。
iStock ©Hramovnick

が可能となり、西暦元年頃には世界に約３億人となった。さらに人口増加を加速させたのは、18世紀半ばから19世紀にかけて起こった産業革命だった。1804年頃には10億人を数えるようになる。

その後も人口増加はますます加速する。国際連合の2002年の人口推計によると、世界人口は1950年には約25億人だったが、1960年には30億人、1975年には40億人、1990年に50億人、2000年には60億人を超え、2003年には約63億人に達した。

20世紀後半の50年間で、それまでの総人口を上回る約35億人もの人口が増えたことになるし、10億人増加に要する期間もだんだん短くなっている。その勢いはまだまだ止まらない。国際連合の推計では、2022年11月15日に80億人に達し、2058年には100億人に達すると推計されている。

●人類による地球温暖化への影響

こうした急激な人口増加に伴い、人類は大量の資源を消費するようになっていった。特に産業革命以降は、より快適な生活を手に入れるために大量のエネルギーと資源を必要とするようになった。

今、地球の温暖化が大きな問題となっているが、その原因のひとつとなっているのが急増した人間活動だ。人間が森林を次々と伐採すると同時に、化石燃料等を大量消費することで、二酸化炭素をはじめとする大量の温室効果ガスを排出し、地球の温暖化を加速させている。

下のグラフは、南極の氷床コアを分析することでわかってきた、地球の過去80万年の気温と二酸化炭素濃度の変化である。これを見ても、二酸化炭素濃度の増減と気温の変化に相関関係があることがわかる。2022年現在、地球の二酸化炭素濃度は420ppmを超えたとされ、それとともに急激な気温上昇が続くことが危惧されている。

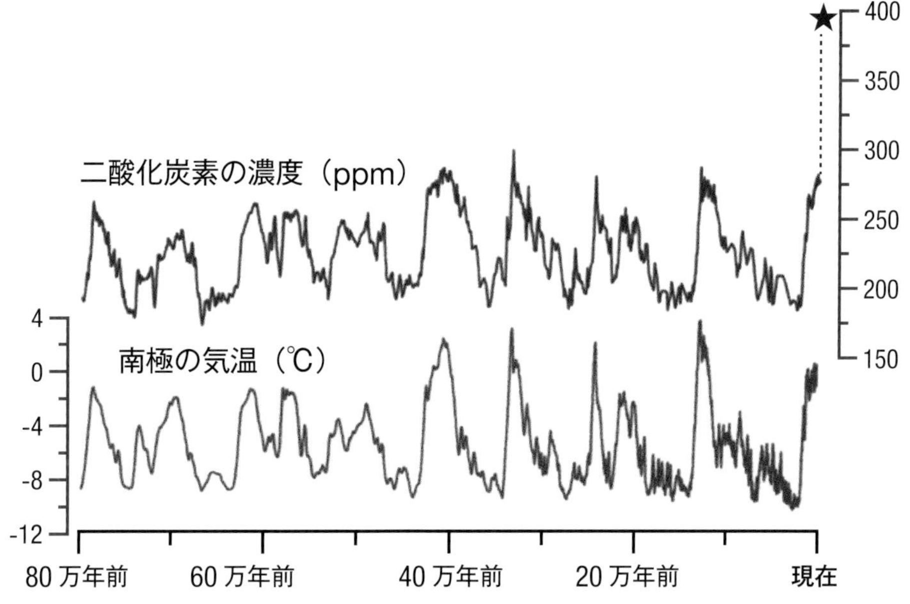

▲南極の氷床コアでわかった過去80万年の南極の気温と二酸化炭素濃度の変化
出典：NIWA（ニュージーランド国立水大気研究所）「Ice core temperature and CO2」

COLUMN 海面上昇によって大きく変わる世界の海岸線

▲消失が心配されるツバル
iStock ©Maximilien Leblanc

●消失が心配される南太平洋の島国と地域

海面上昇の主な原因は、海水の温度上昇による膨張と氷河や氷床の融解であるとされているが、1901〜2010年の約100年の間に海面が19㎝上昇、このままでは21世紀中に最大82㎝上昇すると予測されている。

すでに、ツバル、フィジー共和国、マーシャル諸島共和国など、南太平洋に散らばる海抜の低い島国や地域で、高潮による被害が大きくなり、潮が満ちると海水が住宅や道路に入り込むようになっている。この背景には温暖化による海水面の上昇だけではなく、たとえばツバルの場合、次のような理由も考えられている。

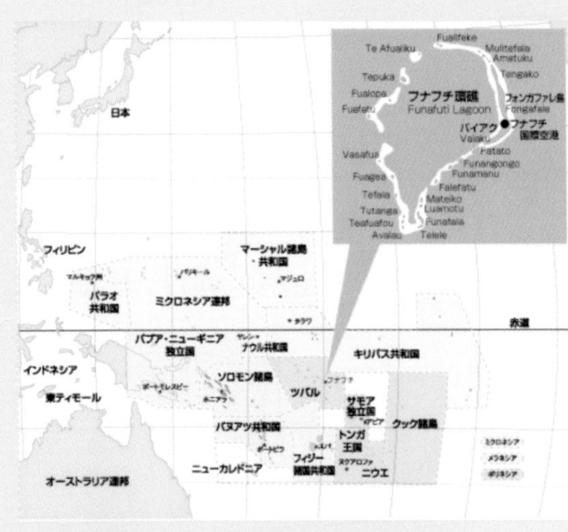

▲海面上昇で消失が心配される太平洋の国や地域
出典:外務省ホームページ「わかる！　国際情勢 Vol.27
水没が懸念される国々〜ツバルを通して見る太平洋島嶼国」

①第二次世界大戦中、アメリカ軍の飛行場建設の際に土砂を掘り起こしてできたくぼみ(ボローピット)からの湧水(ゆうすい)

②よりよい生活を求めて首都に人口が集中し、今まで人が住んでいなかった低い土地にも人が住むようになったこと(結果として満潮時や高潮によって家屋が浸水)

③生活排水による汚染(この地域の海岸の砂は、いわゆる「星の砂」と呼ばれる有孔虫(ゆうこうちゅう)の死骸などでできていて、水質悪化によって有孔虫=砂が激減する)

しかし、仮に1ｍ海面が上昇すると、いずれにしても、それら島国や地域は間違いなく海の下に消えてしまう。

●海面上昇が世界に与える影響

海面上昇は当然、世界の地形にも大きな影響を与える。たとえば、40㎝上昇すれば、日本では海岸に広がる干潟が120m分消失してしまう。

海面上昇がさらに進み、仮に60m上昇するとどうなるか、「Flood Map」というサイトで調べることができる。

中国では天津市、徐州市、南京市、上海市が消滅し、海岸線が北京市にすぐ近くまで迫ってくる。また、バングラデシュは消え、大きな入り江に姿を変える。

ヨーロッパでは、デンマークは島国となり、オランダは海の下に消えてしまう一方、ヨーロッパとアジアの境界にある黒海、その東に位置するカスピ海は大きく広がる。

また、北アメリカではフロリダ半島が消失、ユカタン半島も半分の大きさになってしまうし、南米ではアマゾン川流域が深い入り江になってしまう（地図Ⓐ参照）。

当然、日本への影響も大きい。関東平野が消失して、東京湾が群馬県伊勢崎市あたりまで広がってくるし、千葉県は島になってしまう。あるいは濃尾平野も消えてしまい、愛知県名古屋市は完全に海の底となり、岐阜県のかなりの部分まで大きな湾になってしまう（地図Ⓑ参照）。

そして、こうした海岸線の変化が、生態系に与える影響は計り知れないものになるだろう。

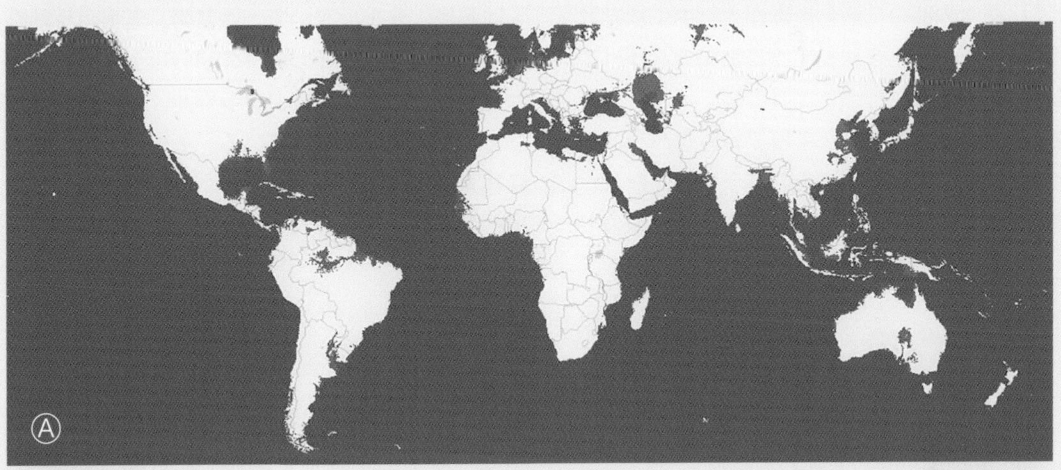
Ⓐ

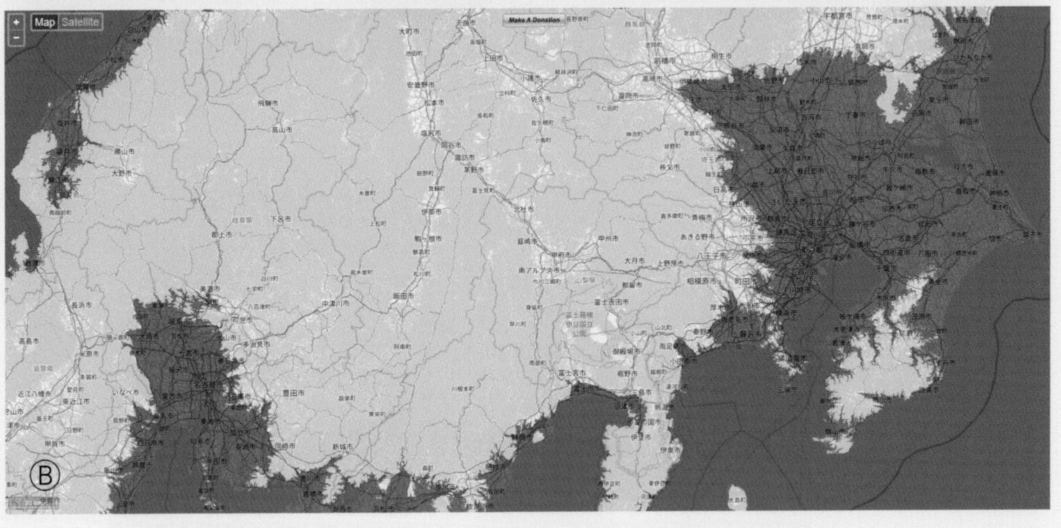

Ⓑ

■深刻な森林破壊

地球温暖化で大きな問題とされているのが、人間活動による森林破壊による気象変動への影響である。国連食糧農業機関（FAO）が発表した「世界森林資源評価（FRA）2020」によると、2020年段階における世界の森林面積は約40億6000万ha（陸地の31％）だが、1990年以降、１億7800万ha減少しているという。これはリビアの面積に相当する広さであり、もっぱら農地転用を目的とした開発によるものだ。

森林を構成する樹木は、光合成する過程で空気中の二酸化炭素を取り込んで蓄えている。それにもかかわらず大規模な伐採で森林が失われてしまうと、空気中の二酸化炭素が吸収されないだけではなく、樹木内部の二酸化炭素が大気中に放たれ、結果的に地球温暖化を助長することにつながってしまうのだ。

森林では様々な生物が、密接で絶妙なバランスを取って共生しているが、そのバランスが崩れ、短期間に多くの種が連鎖的に絶滅する「絶滅のドミノ倒し」が起きることが心配されている。

▲アマゾンにおける森林破壊
istock ©luoman

●森林の減少

世界の森林は各地に偏在している。そのうち45％は熱帯に分布、次いで、亜寒帯、温帯、亜熱帯の順となるが、世界の森林の半分以上（54%）はわずか５か国（ロシア、ブラジル、カナダ、アメリカ、中国）に分布している。その中でも、特に森林面積が減少しているのが、ブラジルを含む南米とアフリカである（下図参照）。

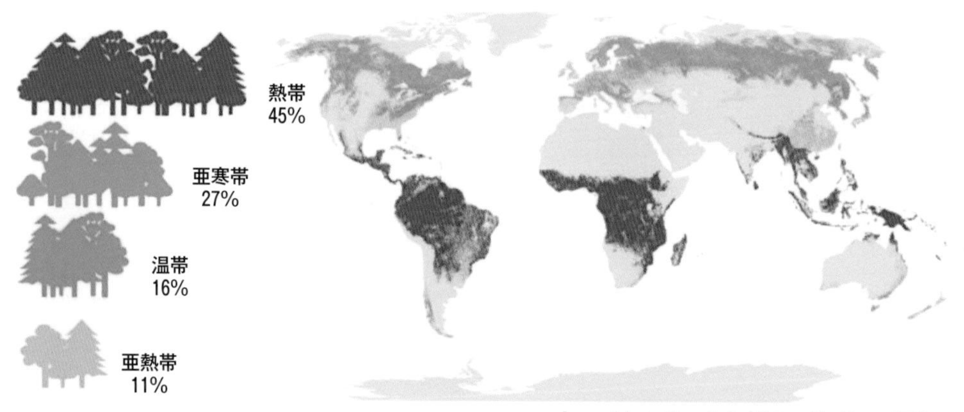

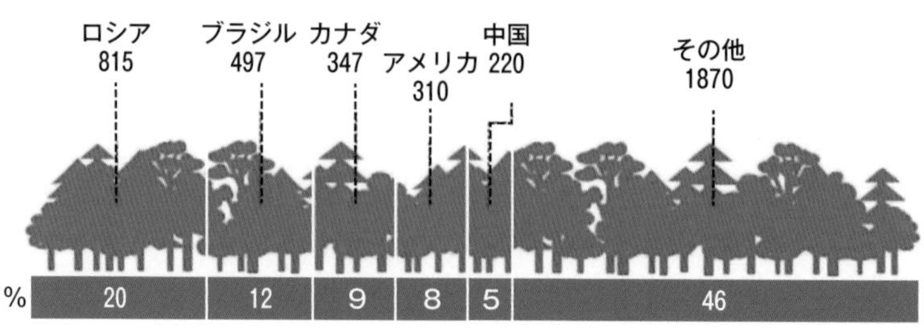

▲世界の森林資源の現状

10年ごとの地域別森林面積の年間純変化（1990年～2020年）

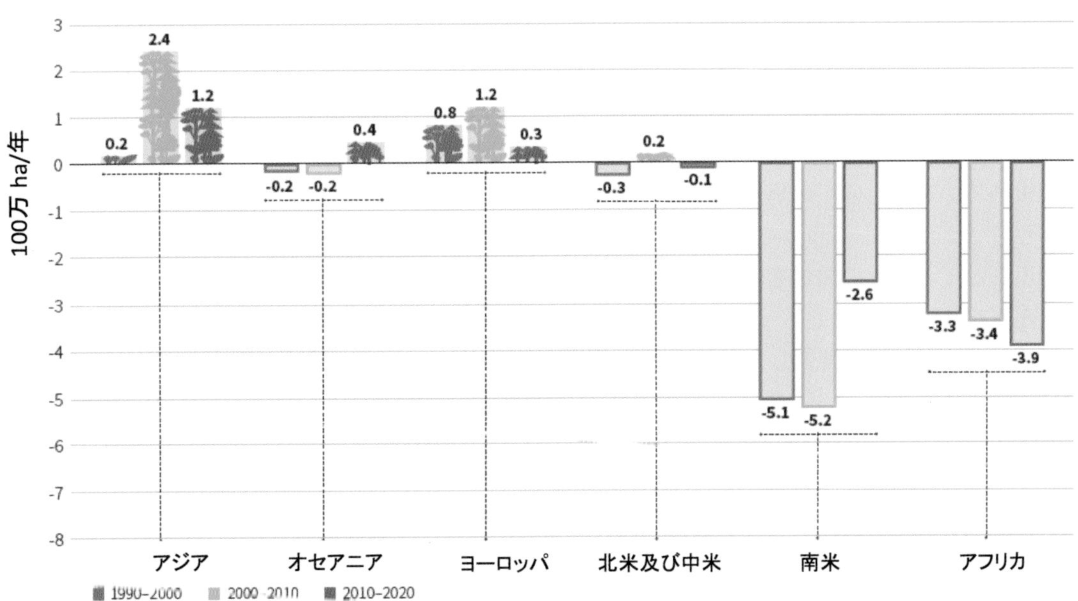

図表出典：いずれも林野庁『世界森林資源評価2020主な調査結果（仮訳）』

●森林の減少を加速させる大規模火災

さらに森林減少を加速させているのが、大規模火災である。近年、世界各地で「過去最悪」とも呼ばれる森林火災が相次いでいる。その背景にあるのは、地球温暖化が一因とされているが、人為的な問題も少なくないとされている。特にアマゾン川流域が大きな問題だ。

2011年以降、アマゾンでは毎年８月に、約２万件程度の森林火災が起きていたが、2019年１月に就任したブラジルのジャイール・ボルソナロ大統領は、アマゾンでの開発規制を緩め、農地や牧草地、鉱山の開発を奨励。そのために行われた森への火入れが火災を増加させてしまった。ブラジル国立宇宙研究所は、2019年８月の１カ月間で、確認されただけでも約３万件もの森林火災が発生。2019年の１年間に失われたアマゾンの森林面積は約9166㎢と、過去５年間で最悪を記録したとしていたが、その後も開発による森林火災は続き、2020年８月から2021年７月までの１年間で、１万3235㎢が消失したと発表している。

また、2019年５月にはボリビアの東部チキタニア地方でも森林火災が発生、８月以降だけでも４万㎢以上が消失した。その原因もエボ・モラレス大統領（当時。同年11月には事実上の政変で国外に亡命）が、森林開発を無闇に許可したことにあったとされている。

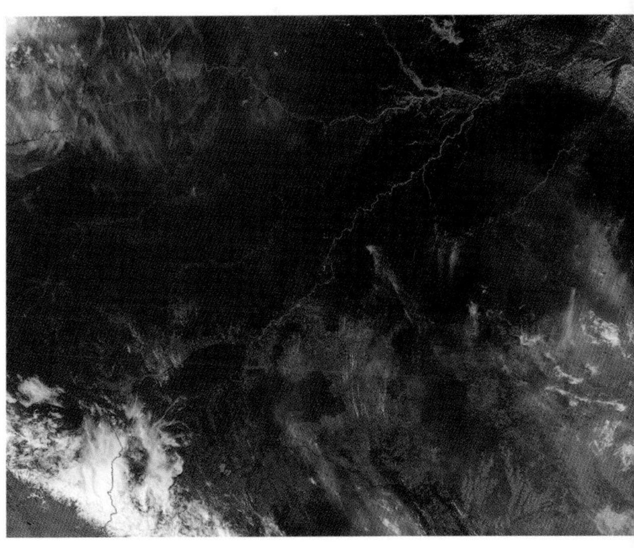

▲アマゾンで広がる森林火災
（赤い点が活発に燃えている領域。2015年10月）
©NASA Jeff Schmaltz LANCE/EOSDIS MODIS Rapid Response Team, GSFC

■干潟の消失

見逃されやすいが、干潟の消失も大きな問題だ。干潟は、様々な生き物の生活の場となっているだけではない。人間が排出する生活排水には、沿岸部の汚染物質となる有機物や窒素、リンなどが含まれているが、多くの場合、干潟の沖には藻場も広がっており、こうした汚染源を吸収、分解することで、水質の悪化を防ぎ、沿岸部の環境を守っている。

そのため、1975年に発効したラムサール条約により、消失が続く干潟を守ろうと、世界で2434か所（2021年現在）の地区が登録され、その保全が進められている。

しかし、干潟の消失を食い止めるにはいたっていない。オーストラリアのクイーンズランド大学などの研究チームは、「人口増加による埋め立てなどの沿岸開発、地球規模の海面上昇などが原因で、1984年からの33年間で、世界の16％にあたる約２万㎢が失われた」としている。

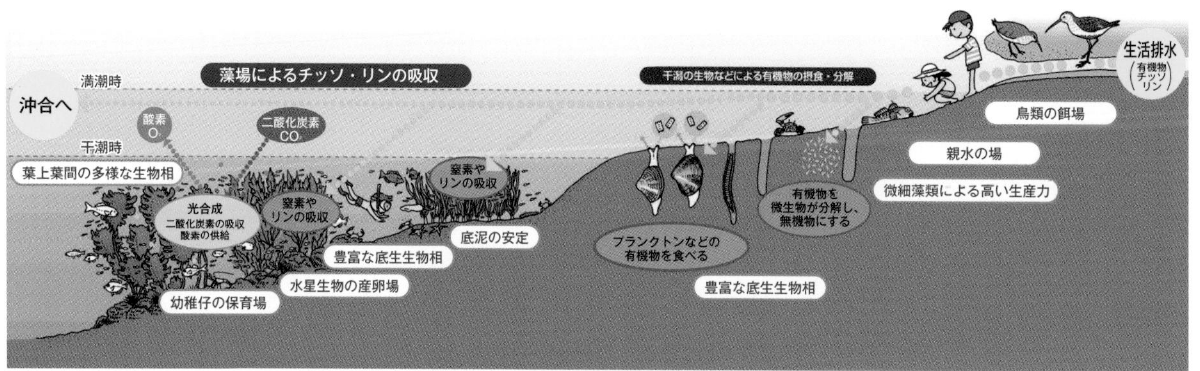

▲干潟の役割　出典：水産庁ホームページ「干潟の働きと現状」

■急増している絶滅危惧種

かつて自然状態で起こった絶滅は、いずれも数万年から数十万年の時間がかかっており、その絶滅速度は、恐竜時代には１年間に0.001種程度であったと考えられている。ところが現在は、人間活動の活発化に伴い、そのスピードが大きく加速している。

1600～1900年には１年で0.25種だった生物種の絶滅速度は、1900～1975年には１種となり、1975年には1000種、1975～2000年には１年に４万種と、そのペースが急激に上昇しているというのである。

それを裏づけるデータは、その後も次々と出されている。たとえば、メキシコ国立自治大学で生態学を研究するヘラルド・セバジョス・ゴンサレス教授らの研究によると、「100年間で300種以上の脊椎動物が絶滅した。これは自然界における絶滅スピードの約100倍の速さであり、通常の進化の過程でこれだけの数の絶滅が起こるには、最長で１万年かかる」としている。

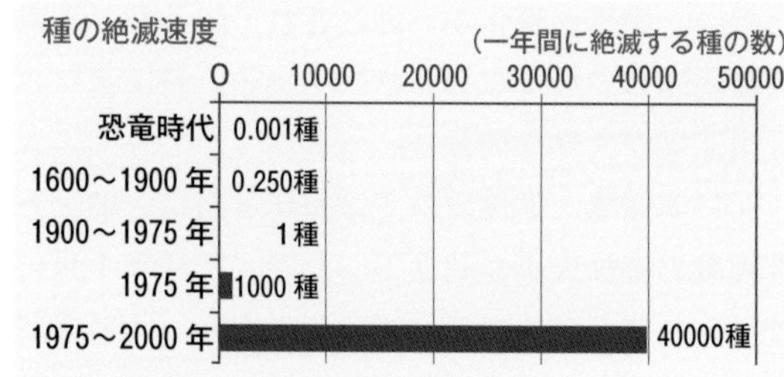

▲種の絶滅速度（１年間に絶滅する種の数）
出典：『平成22年版 目で見る環境白書　沈みゆく箱舟』（ノーマン・マイヤーズ著　1981年）より環境省作成。

さらに、絶滅には至っていないものの、絶滅の危機に瀕している生き物の数も急増している。

2021年12月には、国際自然保護連合（IUCN）が、絶滅の恐れのある世界の野生生物種のリスト「レッドリスト」を更新して、「４万84種の野生生物が高い絶滅の危機にある」と発表している。

2000年時点で絶滅危惧種とされた野生生物の種数は約１万1000種だったが、その後の20年あまりで４倍近く増加したことになる。これは過去最悪のペースである。

日本では、人工増殖の取り組みのために最後の野生トキの残り５羽すべて捕獲したため野生のトキは絶滅、1998年にはレッドリストで野生絶滅（EW）とされた。その後、2003年に、捕獲した最後の１羽が死んだために日本のトキは完全に絶滅した。

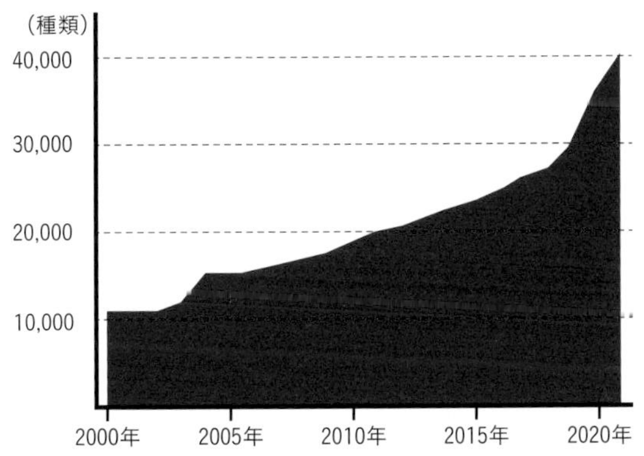

▲**絶滅危惧種の推移**
CR（絶滅危惧IA類）、EN（絶滅危惧IA類）、VU（絶滅危惧Ⅱ類）の合計。IUCNのレッドリストを基に世界保護基金（WWF）が作成

▲**野生に還ったトキ**　撮影地：石川県 羽咋市　Photolibrary

トキは、明治時代に羽毛を取るために乱獲されたために激減した。そのうえ、昭和以降は森林の伐採によって繁殖地が減少。さらに農薬の多用による餌となる動物の減少や山間部の水田の消失なども要因だった。

その後、1999年に中国からやってきたペアによる人工繁殖に成功。2008年に佐渡で10羽が放鳥されたのを皮切りに、2021年６月までに24回で415羽が放鳥され、野生下で430羽が生息していると推定されている。こうして、野生のトキが復活することとなったが、2019年の環境省レッドリストで絶滅危惧IA類（ごく近い将来における野生での絶滅の危険性が極めて高いもの）とされ、保護活動が続けられている。

COLUMN　ホッキョクグマは 2100 年までにほぼ絶滅する!?

ホッキョクグマはレッドリストでVU類（絶滅の危機が増大している種）に分類されているが、2020年７月には、イギリスの科学誌『ネイチャー・クライメート・チェンジ』に「気候変動によりホッキョクグマが2100年までにほぼ絶滅する」とする論文が発表され、話題になった。

その原因は、北極圏の温暖化による海氷の減少だ。そのためホッキョクグマが餌のアザラシを狩れる期間が短くなり、体重が減少、栄養不足に陥り、餌がない期間を生存し続けるのが難しくなっているからだという。

▲海氷を渡って餌を探すホッキョクグマの親子
現在、ホッキョクグマの世界の推定個体数は２万6000頭ほどといわれている。
iStock ©Alexey_Seafarer

日本の絶滅種と絶滅危惧種【哺乳類・鳥類】（レッドリスト2020より）

	カテゴリー	和名
哺乳類（41）	絶滅（EX）	オキナワオオコウモリ
		ミヤココキクガシラコウモリ
		オガサワラアブラコウモリ
		エゾオオカミ
		ニホンオオカミ
		ニホンカワウソ（本州以南亜種）
		ニホンカワウソ（北海道亜種）
	絶滅危惧IA類（CR）	センカクモグラ
		ダイトウオオコウモリ
		エラブオオコウモリ
		クロアカコウモリ
		ヤンバルホオヒゲコウモリ
		セスジネズミ
		オキナワトゲネズミ
		ツシマヤマネコ
		イリオモテヤマネコ
		ラッコ
		ニホンアシカ
		ジュゴン
	絶滅危惧IB類（EN）	オリイジネズミ
		エチゴモグラ
		オガサワラオオコウモリ
		オリイコキクガシラコウモリ
		オキナワコキクガシラコウモリ
		リュウキュウテングコウモリ
		コヤマコウモリ
		リュウキュウユビナガコウモリ
		ケナガネズミ
		アマミトゲネズミ
		トクノシマトゲネズミ
		アマミノクロウサギ
		シベリアイタチ
	絶滅危惧II類（VU）	トウキョウトガリネズミ
		ヤエヤマコキクガシラコウモリ
		クビワコウモリ
		ウスリホオヒゲコウモリ
		ホンドノレンコウモリ
		クロホオヒゲコウモリ
		ヤマコウモリ
		モリアブラコウモリ
		オヒキコウモリ
鳥類（113）	絶滅（EX）	カンムリツクシガモ
		リュウキュウカラスバト
		オガサワラカラスバト
		ハシブトゴイ
		マミジロクイナ
		ダイトウノスリ
		ミヤコショウビン
		キタタキ
		シマハヤブサ
		ダイトウヤマガラ
		メグロ
		ダイトウミソサザイ
		オガサワラガビチョウ
		ウスアカヒゲ
		オガサワラマシコ
	絶滅危惧IA類（CR）	ハクガン
		シジュウカラガン
		アカガシラカラスバト

鳥類		オガサワラヒメミズナギドリ
		クロコシジロウミツバメ
		コウノトリ
		チシマウガラス
		オオヨシゴイ
		トキ
		ヤンバルクイナ
		ヘラシギ
		カラフトアオアシシギ
		エトピリカ
		ウミスズメ
		ウミガラス
		カンムリワシ
		キンメフクロウ
		ワシミミズク
		シマフクロウ
		ミユビゲラ
		ノグチゲラ
		チゴモズ
		オガサワラカワラヒワ
		シマアオジ
	絶滅危惧IB類（EN）	ライチョウ
		カリガネ
		アカオネッタイチョウ
		キンバト
		ヨナグニカラスバト
		シラコバト
		コアホウドリ
		セグロミズナギドリ
		アカアシカツオドリ
		ヒメウ
		サンカノゴイ
		クロツラヘラサギ
		シマクイナ
		オオクイナ
		コシャクシギ
		リュウキュウツミ
		イヌワシ
		オガサワラノスリ
		チュウヒ
		クマタカ
		ブッポウソウ
		ヤイロチョウ
		アカモズ
		ナミエヤマガラ
		オーストンヤマガラ
		ハハジマメグロ
		ウチヤマセンニュウ
		オオセッカ
		モスケミソサザイ
		ホントウアカヒゲ
		アカコッコ
	絶滅危惧II類（VU）	ウズラ
		トモエガモ
		ヒシクイ
		コクガン
		ツクシガモ
		アホウドリ
		ヒメクロウミツバメ
		ミゾゴイ

鳥類		ズグロミゾゴイ
		タンチョウ
		ナベヅル
		マナヅル
		シロチドリ
		セイタカシギ
		オオソリハシシギ
		ホウロクシギ
		アマミヤマシギ
		ツルシギ
		タカブシギ
		アカアシシギ
		タマシギ
		ツバメチドリ
		ズグロカモメ
		コアジサシ
		オオアジサシ
		ベニアジサシ
		エリグロアジサシ
		ケイマフリ
		カンムリウミスズメ
		サシバ
		オジロワシ
		オオワシ
		ダイトウコノハズク
		リュウキュウオオコノハズク
		オーストンオオアカゲラ
		クマゲラ
		ハヤブサ
		サンショウクイ
		イイジマムシクイ
		タネコマドリ
		アカヒゲ
		オオトラツグミ
		コジュリン
爬虫類(37)	絶滅危惧IA類(CR)	マダラトカゲモドキ
		イヘヤトカゲモドキ
		クメトカゲモドキ
		ミヤコカナヘビ
		キクザトサワヘビ
	絶滅危惧IB類(EN)	アカウミガメ
		タイマイ
		ケラマトカゲモドキ
		オビトカゲモドキ
		センカクトカゲ
		ミヤコヒメヘビ
		シュウダ
		ヨナグニシュウダ
		ミヤコヒバァ
	絶滅危惧II類(VU)	アオウミガメ
		ヤエヤマセマルハコガメ
		リュウキュウヤマガメ
		ヤエヤマイシガメ
		クロイワトカゲモドキ
		ヤクヤモリ
		タシロヤモリ
		ミナミトリシマヤモリ
		ヨナグニキノボリトカゲ
		オキナワキノボリトカゲ
		ミヤコトカゲ
爬虫類		バーバートカゲ
		キシノウエトカゲ
		オキナワトカゲ
		サキシマカナヘビ
		コモチカナヘビ
		ミヤラヒメヘビ
		サキシマスジオ
		ヤエヤマタカチホヘビ
		イイジマウミヘビ
		ヒロオウミヘビ
		エラブウミヘビ
		イワサキワモンベニヘビ
両生類(47)	絶滅危惧IA類(CR)	アベサンショウウオ
		アマクササンショウウオ
		ミカワサンショウウオ
		トサシミズサンショウウオ
		ツクバハコネサンショウウオ
	絶滅危惧IB類(EN)	アブサンショウウオ
		アキサンショウウオ
		ハクバサンショウウオ
		イワミサンショウウオ
		アカイシサンショウウオ
		ブチサンショウウオ
		オオスミサンショウウオ
		サンインサンショウウオ
		ソボサンショウウオ
		ホクリクサンショウウオ
		ツルギサンショウウオ
		キタサンショウウオ
		ホルストガエル
		オットンガエル
		サドガエル
		オキナワイシカワガエル
		アマミイシカワガエル
		コガタハナサキガエル
		ナゴヤダルマガエル
		ナミエガエル
	絶滅危惧II類(VU)	ヤマグチサンショウウオ
		オオダイガハラサンショウウオ
		オオイタサンショウウオ
		ヒガシヒダサンショウウオ
		マホロバサンショウウオ
		ベッコウサンショウウオ
		イヨシマサンショウウオ
		カスミサンショウウオ
		オキサンショウウオ
		チクシブチサンショウウオ
		チュウゴクブチサンショウウオ
		セトウチサンショウウオ
		コガタブチサンショウウオ
		トウキョウサンショウウオ
		ヒバサンショウウオ
		ヤマトサンショウウオ
		シコクハコネサンショウウオ
		オオサンショウウオ
		イボイモリ
		ヤエヤマハラブチガエル
		アマミハナサキガエル
		ハナサキガエル

※上記以外にも、汽水・淡水魚類、昆虫類、貝類、その他無脊椎動物、維管束植物、藻類、蘚苔類、地衣類、菌類なども数多くレッドリスト入りしている。

■絶滅のドミノ倒しとボトルネック効果

地球の画像
©NASA Earth Observatory image by Jesse Allen and Kevin Ward, using data provided by the MODIS Atmosphere Science Team, NASA Goddard Space Flight Center

今、この瞬間にも世界で多くの生物が絶滅したり、絶滅の危機に瀕したりしていることは前述した通りだが、「まあ、かわいそうだが仕方がない」と、他人事のように言っているわけにはいかない。

どんな生物であれ、種の絶滅は私たち人間にとって大きな問題となる可能性を秘めているからだ。

バタフライエフェクトという言葉がある。ブラジルの1匹のチョウの羽ばたきがテキサスで竜巻を引き起こすという話だが、それこそ、人類がまだ知り得ていない生物が絶滅することにより、人類が大きな影響を受ける可能性があるのだ。

●生物の共生関係

そもそも、地球上に存在する数え切れない生物たちは互いに支え合っているからこそ、生存することができている。たとえば、よく知られているのが、クマノミとイソギンチャクの共生だ。共生とは、2種類以上の生き物が一緒に生活し、お互いに利益を得ている関係のことだ。

イソギンチャクは、触手に毒を持っており、刺して魚を麻痺(まひ)させて食べてしまうが、クマノミの体表の粘膜は、イソギンチャクと似ており、外敵とは認識されずに刺されることはない。そしてクマノミはイソギンチャクに外敵から守ってもらいながら、近くを泳ぎ回ることで新鮮な海水をイソギンチャクに送っている。つまりウィンウィンの関係をつくり上げているのである。

こうした共生関係は、前にも述べたが、地球の生物の多くで見られるものである。たとえば、熱帯のオオバギという木は、幹の内部にアリ（シリアゲアリ属）を棲(す)まわせている。このアリは植物を食べに来る昆虫を撃退する。そのお返しにオオバギは粒状の栄養体を分泌してアリに与えている。

▲共生しているクマノミとイソギンチャク　Photolibrary

▲オオバギと共生しているアリ
写真提供：信州大学理学部生物学コース　市野隆雄教授

さらに、アリは巣内でカイガラムシという昆虫を放牧するように棲まわせ、それが排泄（はいせつ）する甘露（かんろ）も餌にしている。

ちなみに、信州大学理学部生物学コースの市野（いちの）隆雄（たかお）教授らの研究で、この三者のゲノム解析から、オオバギ植物29種、共生アリ17系統、共生カイガラムシ６系統は、種と種が緊密に関係しながら、約1600万年にわたって進化・多様化してきたことがわかってきた。

生物は、このような共生関係を断ち切っては種として生き残っていけないのだ。

●人間も共生関係なしでは存在しない！

共生関係なくして生存していけないのは人間もまったく同じである。

人間は地球に棲む生物の頂点に立っていて、他の生物と共生する必要なんてないと考えがちだが、とんでもない錯覚だ。前にも述べたが、実は私たちの体の中には、人体を形成する細胞の数（約37兆個）をはるかに超える膨大な数の腸内細菌が存在しており、そうした細菌類との共生関係がなければ、生命活動すら行うことができないことがわかってきている。

細菌が人間の体に棲みついている場所は、皮膚の表面、口・鼻・喉・胃・腸などの粘膜などだが、そのうち最も多く棲みついているのは大腸であり、その数は約100兆個ともいわれ、腸内細菌叢（そう）を形成している。

そして、それらの細菌はヒトから栄養をもらう一方で、ビタミンKなど、ヒトがつくれない栄養素をつくり出したり、腸のバリア機能を高めたり免疫細胞を活性化したりしているのだ。

ノーベル賞受賞学者であるジョシュア・レーダーバーグ博士は「人間はヒトの細胞と体内に生息する細菌とで構成されている」としているほどである。

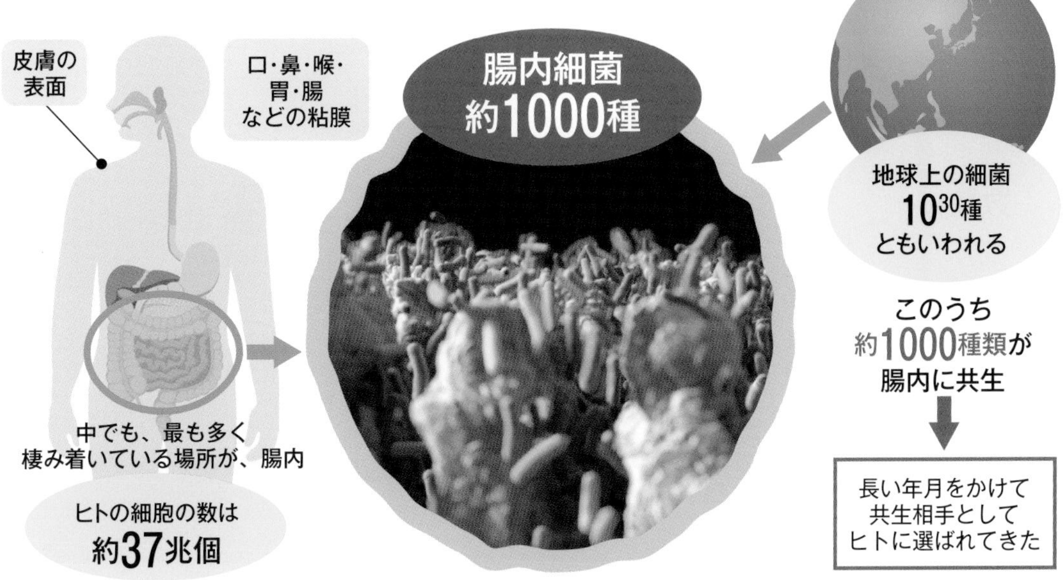

▲腸内細菌叢概念図　iStock ©ChrisChrisW

●すべての生物は食物連鎖の中に存在する

生物は「食物連鎖」つまり「食うか食われるか」の関係でつながっている。

人間を含むすべての動物の食べ物は、植物が光合成によってつくる有機物が源になっている。いうなれば、植物（地上に生えている植物や海藻、水中にいる植物プランクトンも含む）は、無機物から有機物をつくる生産者である。

その植物を食べて生きている草食動物は肉食動物の餌となる。つまり、人間を含む動物（昆虫、魚、動物プランクトンなども含む）は消費者にあたるわけだが、消費者にも段階がある。

たとえば、植物→バッタ→カエル→ヘビという食物連鎖を考えると、植物は生産者、バッタは第１次消費者、カエルは第２次消費者、ヘビは第３次消費者ということになる（下図）。

そして、それら消費者の食べ残しや糞、遺骸は、細菌やカビなどの菌類によって分解され、無機物となり、再び植物によって有機物となっていく。つまり地球の生命は、微生物から大型の捕食動物に至るまで、このサイクルの中で生きているのであり、たとえ目に見えない微生物の一種が絶滅しただけでも、そのことが引き金になって、ドミノ倒しのように人類を含めた生物の全滅につながる可能性すらあるのだ。

仮に右ページの図Ａのようにバッタが急増したとしよう。すると、餌であるバッタが増えたことによりカエルは増殖するが、植物は大量のバッタに食べられるため、急激に減少してしまう（図Ｂ）。

だが、その状態は続かない。バッタは植物が減少したうえに、増加したカエルに食べられるために大幅に減少。餌となるカエルを食べるヘビが増加する（図Ｃ）。

このような数の増減は、自然界ではしばしば起きているが、たいていは元のバランスを取り戻していくものだ。

しかし、仮にバッタが絶滅してしまったら、それを餌にしているカエルやヘビは生きていけずに絶滅する可能性もある。ただし、これはごく単純化した話であり、現実問題としてバッタが一挙に絶滅することもあり得ない。バッタには多くの種

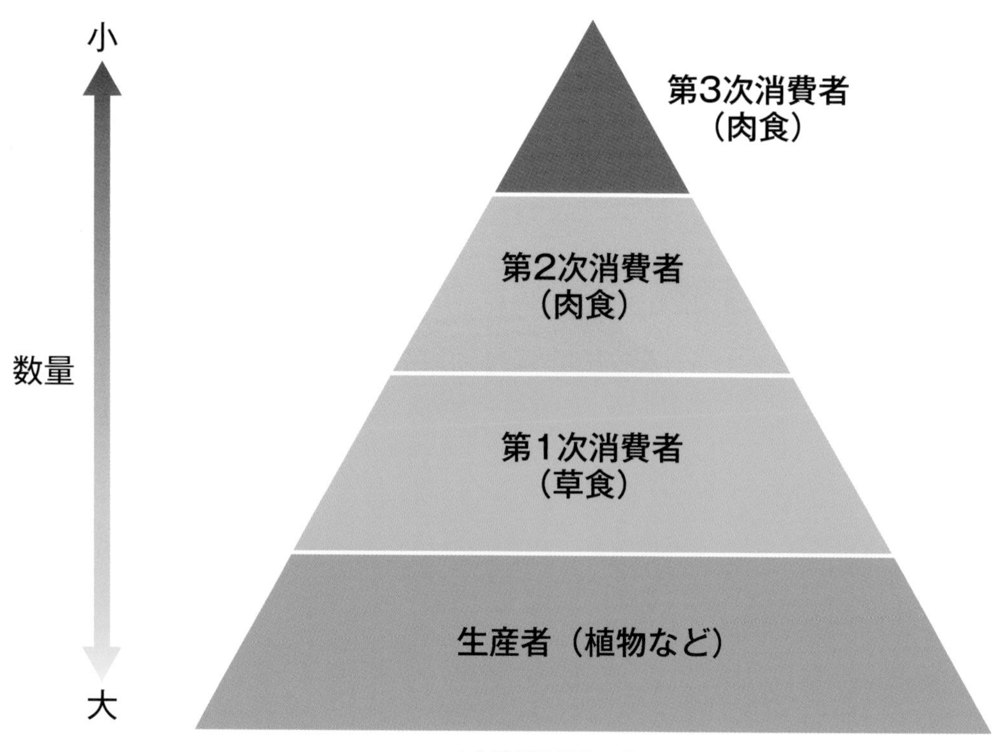

▲食物連鎖ピラミッド
生産者のつくった有機物が、様々な生物へ移動していく。

が存在しているし、生息している場所も様々で、それぞれの環境に適応している。また、カエルもバッタ以外のものも食べる。つまり、「食う食われる」の関係が多いほど、「絶滅のドミノ倒し」が起きにくい。そのためには、いろんな種が存在することが大切である。

そうした多様性があるからこそ、種の絶滅のリスクを大きく減少させているのだ。このような数の増減は、自然界ではしばしば起きているが、たいていは元のバランスを取り戻していくものだ。

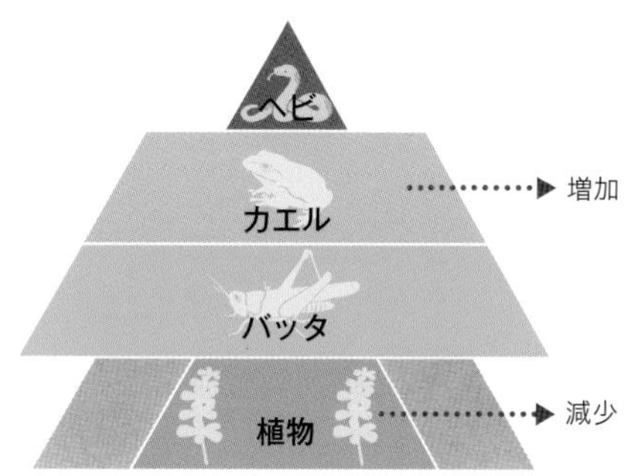

図B　カエルが増加、植物は減少

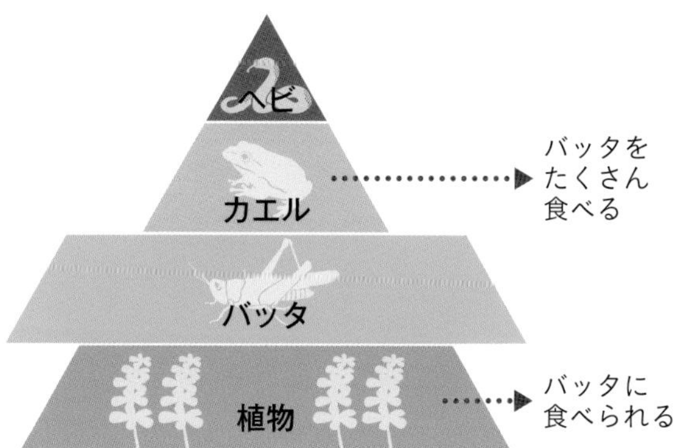

図A　バッタが急増

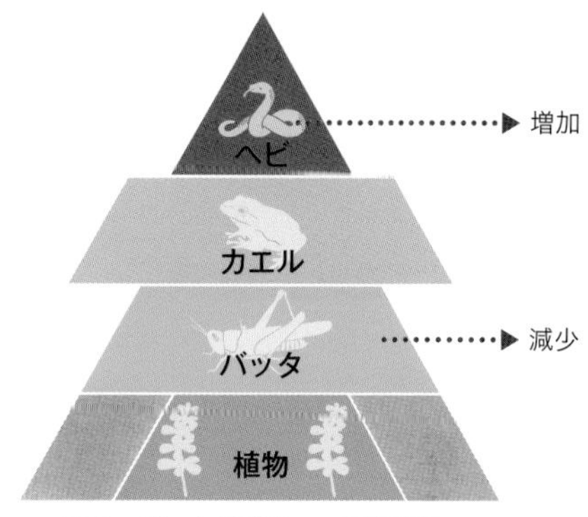

図C　バッタが減少、ヘビが増加

画像資料出典:chuugakurika.com「中3生物【生態系・生物の役割】」

COLUMN　ボトルネック効果――生物種絶滅のキーワード

生物種絶滅のメカニズムを説明する理論の一つが「ボトルネック効果」だ。

右の図に描かれているのは、砂時計のガラス部分のようなものの中に、グー・チョキ・パーの3種類が入っており、上が昔で、下が今となっている。

図上部のように、かつては数が多かったグー・チョキ・パーが、図中部の細くなった部分のようにチョキだけになると、まさに絶滅の危機である。その後、数は増えて以前と同じくらいになったとしても、すべてチョキになっている。

もし、そこにグーが攻めてきたら……。当然、残っていたチョキはすべて負けてすべて消滅してしまうことになる。

これは、集団の個体数が激減することで遺伝的多様性が失われると均一性の高い集団ができ、何らかの脅威に対してとても脆弱(ぜいじゃく)になってしまうことを意味している。

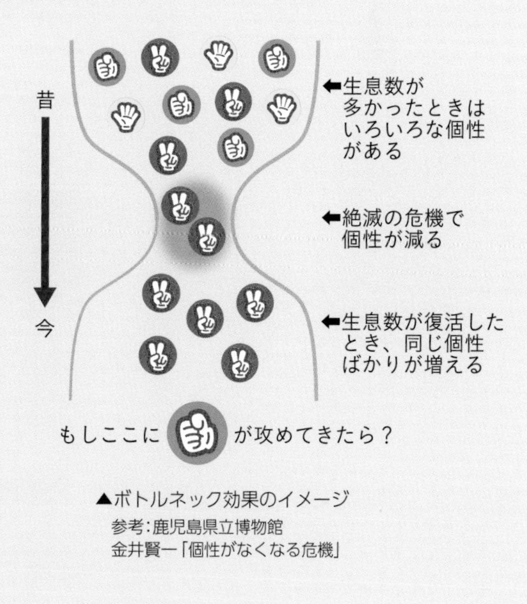

▲ボトルネック効果のイメージ
参考:鹿児島県立博物館
金井賢一「個性がなくなる危機」

■人類が滅ぼした動物たち

▲ゾウの頭蓋骨
iStock ©Charlotte Bleijenberg

アフリカ・モザンビークのゴロンゴーザ国立公園では、牙のないメスのアフリカゾウが増えているという。そもそも牙のないメスのアフリカゾウは自然の状態でも２％程度は生まれるとされていたが、ゴロンゴーザでは、1977年の段階で牙のないメスゾウは18.5%となり、2004年には33%にまで急増した。この現象について、研究者たちは、象牙目当ての密猟が蔓延した結果だと考えている。

モザンビークでは1964年に独立を巡る内戦が始まったが、ゾウの密猟が横行した。食料にすると同時に、象牙を取って軍資金にするためだった。そのため、1992年までにゾウの数は90%以上も減少、まさに絶滅寸前まで追い込まれた。

内戦は1974年に停戦となったが、研究者たちは、密猟が横行する中で、アフリカゾウの遺伝形質の変化が起こり、牙がないメスゾウが増えたのではないか考えている。

歴史を振り返ると、このように人類が種の絶滅に関与しているケースが少なくない。ここで、よく知られている例を挙げてみよう。

●代表的な絶滅種【世界編】

ドードー　学名：Raphus cucullatus

出典:『ロスチャイルドの絶滅した鳥』1907年
© 2023年アメリカ自然史博物館研究図書館

1507年にインド洋南西部のマダガスカル東方沖に位置するマスカレン諸島でオランダの探検隊によって発見された鳥。七面鳥より大きく、翼は退化しており飛べなかった。探検隊は、天敵もおらず、人間にも警戒心を持たなかったドードーを捕え、その肉を塩漬けにして保存用の食料とした。さらにその後、島々に入り込んできた入植者の乱獲が続いたのに加え、彼らが持ち込んだイヌ・ブタ・ネズミなどがードーの雛（ひな）や卵を捕食したため、急激に数を減らしてついに絶滅した。最後に野生のドードーが目撃されたのは、1681年のことだった。

オオ　学名：Moho braccatus

◀1893年にオランダのジョン・ジェラード・キュールマンス（1842～1912年）によって描かれたオオ

オオはハワイミツスイの一種で、体長は20cmほど。20世紀初頭までハワイ諸島のひとつであるカウアイ島に生息していた固有種だったが、1985年に絶滅が宣言された。

そもそもハワイ諸島には、かつて20属50種以上のハワイミツスイが生息していた。だが、先住のハワイ人が羽毛を取るために捕獲したのに加え、西洋人による開発で生息地である森林が失われ、多くの種が次々と絶滅していった。18世紀末にジェームズ・クック（グレートブリテン王国の海洋探検家）が調査した時点では41種の生存が確認されていたが、その後に17種が絶滅し、さらに現在では13種が絶滅寸前にあるという。

オオウミガラス　学名：Pinguinus impennis

◀ジョン・ジェラード・キュールマンス（前述）によるオオウミガラスのイラスト

北大西洋と北極圏近くの島や海岸に広く分布していた海鳥。全長約80cm、体重５kgに達する大型の鳥で、腹の羽毛は白く、頭部から背中の羽毛はつやのある黒色だった。その羽毛が保温に最適であり、卵がおいしいということで乱獲された。それに加え、最後の繁殖地となっていたアイスランド沖の岩礁が、1830年に海底火山の噴火に伴う地震によって海中に没し、わずかに残っていた50羽ほどが近くの岩礁に移り棲（す）んでいたが、1888年に最後の１羽が人間に殺害され、絶滅した。高価な値段で取引される標本にするためだった。

オアフアキアロア　学名：Hemignathus ellisianus ellisianus

▲1907年にジョン・ジェラード・キュールマンス（前述）によって描かれたオアフアキアロア

ミツドリの一種でオアフ島に生息する固有種だったが、2016年に正式に絶滅が宣言された。絶滅の最大の原因は、島に入植してきた人間たちによる森林伐採だったとされる。そのため、生息地が奪われた。それに加えて、鳥インフルエンザが流行したために数が約４～６％にまで激減して、種として生き残れなかったと考えられている。

クアッガ　学名：Equus quagga quagga

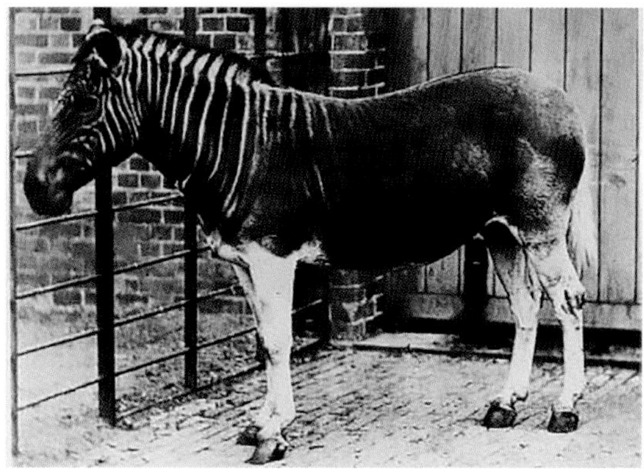

出典：Biodiversity Heritage Library

南アフリカの草原地帯に生息していたサバンナシマウマの一種。体高135㎝程度で、体の前半分には白い縞(しま)模様が、後ろ半分には縞模様がなく茶色一色だった。肉は食料に、皮は靴・袋などに加工するために人間が乱獲したことと、開発に伴う生息地の減少が絶滅の原因とされる。アムステルダムのアルティス動物園で飼育されていた最後の１頭（メス）が死んだのは、1883年のことである。

カリブモンクアザラシ　学名：Neomonachus tropicalis

出典：『The Fisheries and Fisheries Industries of the United States』1887年

カリブ海を中心に生息していたアザラシ。体長は２ｍ超、体重は160kgほどだった。最盛期には33万頭以上いたが、16世紀以降、肉・毛皮・油を取るために乱獲されたほか、漁業関係者による駆除や観光開発による陸上での生息地の減少などが原因で絶滅。最後に目撃されたのは1952年のことだった。2008年にはアメリカ海洋大気庁（NOAA）が過去30年間確認できなかったとして、正式に絶滅を宣言した。

ジャワトラ　学名：Panthera tigris ssp. sondaica

出典：『Ujung Kulon: The Land of the last Javan Rhinoceros』
撮影：1938年

インドネシアのジャワ島だけに生息していた小型のトラ。1984年、ジャワ島西部のハリムン保護区で１頭が射殺されたが、それ以降、生存したジャワトラの個体は発見されていない。絶滅の要因は、狩猟に加え、第二次世界大戦後に、生息地である森林でチーク、コーヒー、ゴムなどの農地化が進み、ジャワトラの餌となるシカなどの動物が減少したことも個体数の減少に拍車をかけたとされる。

ブルーバック　学名：Hippotragus leucophagus

◀1778年に描かれたとされるブルーバックのイラスト

南アフリカ南部に生息していたウシ科の動物。体長はオスで250～300cm、メスで230～280cm（しっぽ含む）、体高は100cm前後、体重は160kgほどだった。丘陵地が続く乾燥した草原に点在する林の中の開けた場所に少数の群れで暮らしていたが、スポーツハンティングの標的とされたのに加え、生息地が開発されたために、1799～1800年頃に絶滅した。

フォークランドオオカミ　学名：Dusicyon australis

▲ダーウィンのビーグル号の航海に同行したイギリスの博物学者ジョージ・ウォーターハウス（1810～1888年）が、1839年に描いたフォークランドオオカミ
出典：nature picture library

南大西洋の英領フォークランド諸島に生息していた体長90cmほどの大型のイヌ科動物。1833年にビーグル号でフォークランド諸島を訪れたチャールズ・ダーウィンは、「船乗りが枕の下に肉を隠して寝ていたところ、その肉を盗んでいったことがある」と書き残している。しかしその後、人間が入植。家畜を襲うと考えた住民によって駆除され、1876年には絶滅した。

フクロオオカミ　学名：Thylacinus cynocephalus

フクロオオカミは、オーストラリアのタスマニア島に生息していた大型肉食獣。その祖先は2300万年前にはオーストラリア大陸に出現していたと推定されている。

カンガルーなどと同じ有袋類（ゆうたいるい）だが、捕食者として食物連鎖の上位を占め、タスマニアオオカミ、タスマニアタイガーとも呼ばれた。

成体は体長100～130cm、体重30kgほどで、かつてはオーストラリアやニューギニアに広く分布。広い草原や森を棲みかとし、ワラビーをはじめとする小型哺乳類を捕食していた。だが、およそ３万年前に人類が進出してくると、人間や人間が飼っていたディンゴ（タイリクオオカミの亜種）に追われていった。さらに16世紀以降の大航海時代になると西洋人が次々と入り込んできた。彼らは、自分たちが連れてきたヒツジなどの家畜を守るために、賞金までかけてフクロオオカミを大量捕獲・虐殺した。その結果、フクロオオカミは急激に数を減らし、ついにはタスマニア島に生き残るのみとなった。そして、1936年にはタスマニアの動物園で飼われていた最後の１頭が死亡し、ついに絶滅してしまった。

▲1904年頃にアメリカのワシントンDC国立公園で撮影されたフクロオオカミのペア

ジョンブルクジカ　学名：Rucervus schomburgki

▲1911年に西ベルリンのベルリン動物園で撮影されたジョンブルクジカ

タイの中央部から南西部にかけての湿原地帯に生息していたシカの一種。成体は体長1.8m、体高1.2m、体重は170～280kgほどだった。1930年代にドイツのベルリン動物園で飼育されていた1頭が死んだのを最後に絶滅したとされる。

絶滅の最大の原因は、角を目的とした狩猟だった。ジョンブルクジカの角は枝角が20～30本あり、その立派な角はトロフィーとしてうってつけだったため、多くのハンターが水辺に追い詰め、ボートや水辺で狩りをしたという。また角が漢方薬の材料としても重宝されそれも乱獲に拍車をかけた。さらに、水田の開発により湿原が消失したことも絶滅に追い打ちをかけたとされている。

ピンタゾウガメ　Chelonoidis abingdonii

▲2006年に撮影されたロンサム・ジョージ
flickr ©Mike Weston

ガラパゴス諸島のピンタ島に生息していた最大甲長98㎝のリクガメ。19世紀半ばから、捕鯨船などの船乗りが航海中の食料として乱獲したことや、人間が持ち込んだヤギにより島の植生が破壊されたために、急速に数を減らした。1971年に発見されたオスの個体（推定60歳）が、「ロンサム・ジョージ」（独りぼっちのジョージ）と名づけられ、サンタ・クルス島のチャールズ・ダーウィン研究所で保護され、1990年にはガラパゴス国立公園管理局が近種のメスとの繁殖を試みたが失敗。2012年、ロンサム・ジョージは水飲み場に向けて体を伸ばした状態で死んでいるのが発見され、ピンタゾウガメは絶滅した

ウサギワラビー　Lagorchestes leporides

▲1853年にイギリスの動物学者ジョン・グールド（1804～1881年）によって描かれたウサギワラビー

かつてオーストラリア南部に生息していた小型のカンガルー（ワラビー）の一種で、体長は50㎝、尾の長さは30㎝ほどだった。開けた平原や草原に生息していたが、1889年にニューサウスウェールズ州でメスが捕獲されて以降、目撃情報はない。

絶滅の理由は、人間が持ち込んだウシやヒツジが、ウサギワラビーの生息地である草原を踏みつけ、草原が失われ、生息地が狭められたことや、やはり人間が持ち込んだネコなどによる捕食だと考えられている。

ヨウスコウイルカ　学名：Lipotes vexillifer

▲1980年から2002年にかけて中国科学院水生生物研究所で、淇淇（チーチー）と名づけられ、飼育されていたオスのヨウスコウイルカ
出典：Wikipedia GNU Free Documentation License ©Roland Seitre

ヨウスコウイルカの祖先は、約2000万年前に海を離れて長江（揚子江（ようすこう））に移り棲んだと考えられている。紀元前３世紀頃に書かれた中国の辞典『爾雅（じが）』にも記述されており、当時は約5000頭が生息していたと推定されている。成体のオスは2.3mほど、メスは2.5mほどで、体重は135～230kgだった。しかし、中国の工業化や農業の拡大による水質汚染、船舶による水上輸送の増加による衝突死、水力発電用の山峡ダムをはじめとするダム建設、さらに魚の乱獲による餌の減少などの影響により急激に数を減らした。2006年には長江流域の延べ3500kmにわたる大規模な調査が行われたが、生息の確認はできなかったため絶滅が宣言された。

ハシナガチョウザメ　学名：Psephurus gladius

▲ハシナガチョウザメのはく製
Wikipedia Creative Commons
Author：Alneth

ハシナガチョウザメは、最大体重300kg、最大全長３mを超える世界最大級の淡水魚で、中国の長江（揚子江）と黄河流域に生息していた。しかし、乱獲されたのに加え、葛洲（ガージョウ）ダムや三峡ダムなどのダム建設により、繁殖のための回遊が阻害されたため、急速に個体数が減少。国際自然保護連合（IUCN）は近絶滅種に分類していたが、2019年には絶滅が確定的と判断され、2022年に絶滅が宣言された。

COLUMN 危惧される南米大陸の大量絶滅

ブラジルの熱帯雨林を流れるウアトゥマン川(アマゾンの支流)に巨大なバルビナダムが建設されたのは1985年から1989年にかけてのことだったが、このダムの完成によって、手つかずの原生林地帯(3129㎢)は3546の小島が浮かぶ人工湖へと変貌。数多くの脊椎動物が姿を消した。

イギリスのイーストアングリア大学の研究グループは2015年に、「現地では、非常に高い確率で局所絶滅が起きている」としたうえで、「ダム湖全体で見ると、動物の絶滅率は70%に達する」と推定している。小型なダムならまだしも、巨大なダムによる自然破壊は、こうした絶滅を招くと同時に、二酸化炭素を吸収する樹木や植物も多く失われてしまうため、支払われる環境的代価は極めて大きいのだ。

また、南米大陸では大規模火災も大きな問題となっている(105ページ参照)。

たとえば、南米大陸のほぼ中央部に位置し、熱帯性湿地として知られるパンタナル(総面積約19万5000㎢)は保護区とされているが、農地や牧草地を開発するための野焼きを原因とする林野火災が多発し、2020年時点で湿原の1割に相当する約1万9000㎢が焼失している。その結果、絶滅の危機に瀕していたスミレコンゴウインコ、カンムリノスリ、ジャガー、タテガミオオカミ、ヤブイヌ、オオアルマジロ、カピバラ、アメリカバク、オオアリクイなどが深刻な状況に追い込まれているとされる。

▲バルビナダムとダム湖に浮かぶ小島
出典:Google Earth

▲バルビナダムとパンタナル保護区の位置
出典:Google Earth

▲絶滅が心配されているジャガー
Adobe Stock ©Ronnie Howard

●代表的な絶滅種【日本編】

ニホンカワウソ　学名：Lutra nippon

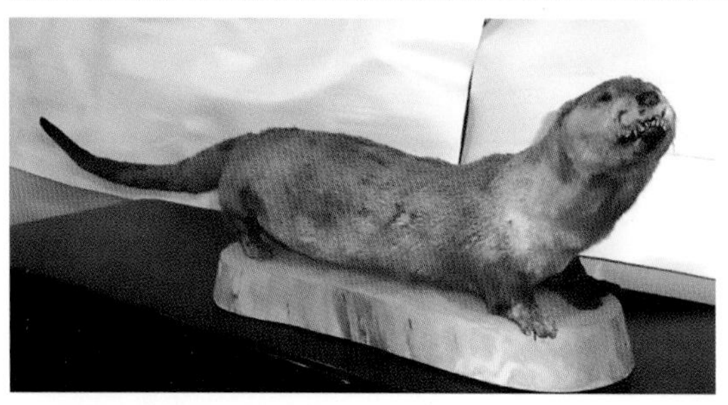
▲1977年に高知県大月町で捕獲されたニホンカワウソのはく製
出典：高知県立のいち動物公園　ホームページ

体長64.5～82cm、尾長35～56cm、体重5～11kgのニホンカワウソは、明治時代まで、礼文島、北海道、本州、四国、九州、壱岐島、対馬、五島列島まで、日本の各地に広く生息していた。だが乱獲や開発によって生息数が激減。1928年には狩猟の対象外となったが、1979年を最後に目撃例がなくなり、2012年に絶滅種に指定された。

ちなみに最後に捕獲されたのは、1975年の愛媛県宇和島市九島であり、最後の目撃例は1979年に高知県須崎市の新荘川においてであった。

エゾオオカミ　学名：Canis lupus hattai

かつては北海道に分布しており、アイヌの人々は、ウォセカムイ（吠える神）と呼んでいた。成体は体長120～129cm、尾長27～40cmとニホンオオカミより大柄だったが、明治時代になると、本州のニホンオオカミと同様に人間による駆除を目的とした狩猟により減少。さらに、1879年の大雪でエゾシカ大量死が起こり、エゾオオカミの絶滅に拍車がかかることになった。

▲エゾオオカミのはく製
所蔵：北海道大学植物園・博物館

ニホンオオカミ 学名：Canis lupus hodophilax

▲ニホンオオカミのはく製
写真提供：東京大学 大学院農学生命科学研究科・農学部

ニホンオオカミは、日本の本州、四国、九州に生息していたオオカミの亜種。成体は体長95～114cm、尾長30cmほどで、体重は15kgほどだったとされ、中型日本犬ほどの大きさだった。

19世紀までは東北地方から九州まで広く分布していたが、駆除の対象とされたのに加え、狂犬病やジステンパーの流行、あるいは開発による餌資源の減少や生息地の分断などの要因が複合した結果、絶滅したと考えられている。1905年に奈良県吉野郡小川村鷲家口（わしかぐち）（現在の東吉野村小川）で捕獲された若いオス（標本として現存）が確実な最後の生息情報となった。

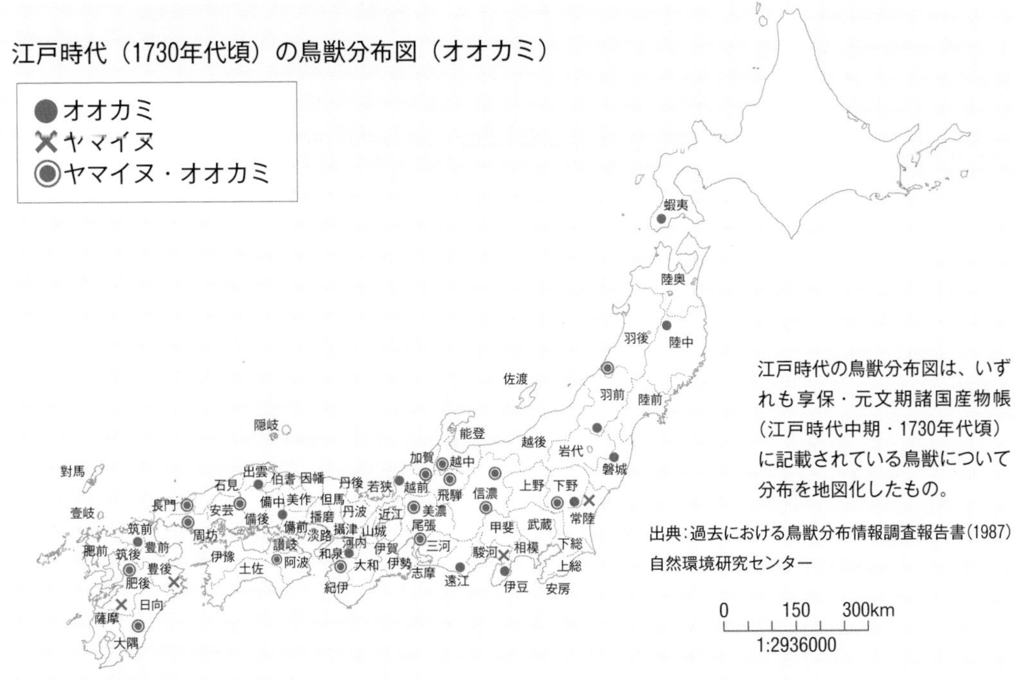

リュウキュウカラスバト 学名:Columba jouyi

カラスのように真っ黒だが、実はハトの一種。全長は約45cmで、沖縄本島と周辺の小島（屋我地島（やがじしま）、瀬底島（せそこじま）、伊平屋島（いへやじま）、伊是名島（いぜなじま）、座間味島（ざまみじま））、北・南大東島（だいとうじま）の海岸近くの亜熱帯性の広葉樹林などに生息していた。1936年に南大東島でメス１羽が捕獲されたのを最後に見られなくなったため、この頃絶滅したとされている。もともと種全体の個体数が少なかったことに加え、食用として捕獲されたこと、さらに森林伐採による生息地の縮小が絶滅の原因とされている。

▲ノルウェー生まれの鳥類学者レオンハルト・シュタイネガー（1851～1943年）が描いたリュウキュウカラスバトのイラスト

COLUMN マンモスは人類が滅ぼしたのか!?

▲マンモスを狩る人類 iStock ©estt

マンモスは地球の最後の氷期に、北半球全域を９万年近く支配していた。だが、約3700年前、北極圏の離島・ウランゲリ島で最後のマンモスが死亡した。

よく「マンモスを狩って滅ぼしたのは人類だ」といわれる。確かに１万2500年前のものであるメキシコのブラックウォーター・ドロウ遺跡をはじめ、いくつかの遺跡から、マンモスの他に、ラクダ、馬、バイソンなどの骨と、それらを狩るために使用されたと考えられる石器が出土している。その事実から、人類がマンモスを狩っていたことはほぼ間違いない。しかし、人類がマンモスを絶滅させたかというと疑問符がつく。

１万2000年から１万年前の人類の人口はわずか500万〜800万人ほどだった。まだまだ少数派だったのだ。大型動物であるマンモスが、一度の出産で１頭しか子供を産まないために狩猟圧に弱かったとしても、人類によってマンモスが絶滅したとは考えにくい。

あるいは、アメリカ大陸で発見されているマンモスの化石に病変による大腿骨(だいたいこつ)の変形が数多く見られることから、人類が連れてきた家畜が、持ち込んだ伝染病がマンモスの数を減らしたのではないかという説もあるが、それ以上に大きかったのは、やはり気候変動だったと考えられている。人類が北米大陸に移動してきたのと同じ頃、寒冷で乾燥していた地球の気候は急激に、温暖かつ湿潤に変化していった。そのため、マンモスが好む寒冷な草原地帯は急激に失われ、森林地帯が広がった。

そのため、マンモスたちの生活圏は北極圏のステップ地帯に(乾燥した樹木の乏しい草原地帯)限定されていった。しかし、およそ１万年前には、その北極圏の植生も変わっていった。ヤマヨモギ、セイヨウノコギリソウ、キク、ヨモギギクなどの顕花(けんか)植物が姿を消し、イネ科の草が優勢となったのだ。それが、マンモスの絶滅を決定づけた。

わずかに生き残ったのは、シベリア北部のウランゲリ島に棲んでいたマンモスたちだった。そこにはまだ人類が到達していなかった。彼らは、アメリカとヨーロッパのマンモスよりも約7000年も長く、エジプト人がギザにピラミッドをつくった後まで生き延びた。しかし、そのウランゲリ島の植生も変わったことにより、ついに絶滅したのだった。

▲ヒトの腸で共存しているウイルスのイメージ
Adobe Stock ©merklicht.de

Chapter 6
ウイルスとの共存

ウイルスといえば、新型コロナやサル痘ウイルスのように感染症を引き起こす病原体というイメージが強い。
しかし、地球上に存在する膨大な数のウイルスの中で病原性を持つウイルスはほんのわずかで、そのほとんどは無害である。
むしろ、生物の行動や生命の進化に大きな影響を与えてきたのだ。

■新型コロナウイルスからの警告

2019年12月に中国・武漢(ぶかん)で発生した新型コロナウイルス感染症のパンデミック（世界的大流行）は世界中で猛威をふるった。

その発生源について、WHO（世界保健機関）は「動物から人間への感染が最も可能性が高い」という調査結果を公表。解明されたゲノムの塩基(えんき)配列が、2003年に見つかったSARSコロナウイルス（SARS-CoV）と類似していたことから、国際ウイルス分類委員会において新型コロナウイルスはSARS-CoV-２（SARSコロナウイルス２型）であるとし、正式名称をCOVID-19（coronavirus disease19）と定めた。

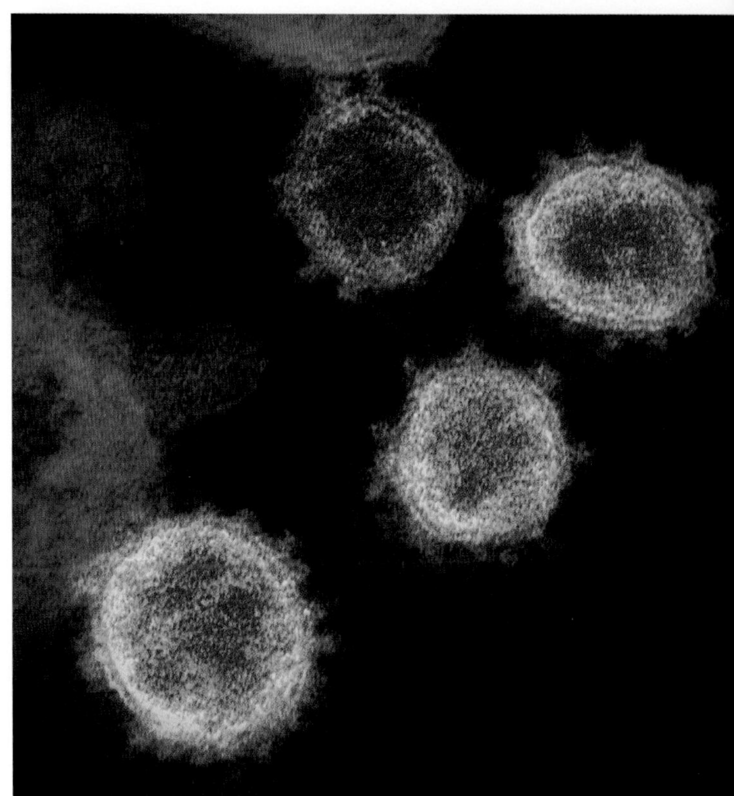

▲電子顕微鏡で見た新型コロナウイルス
©NIAID-RML

SARS-CoVの自然宿主(しゅくしゅ)はキクガシラコウモリであり、感染したコウモリ、あるいはコウモリから感染した他の動物と接触したことでヒトに

●膨大なウイルスを保有するコウモリ

▲SARSコロナウイルスの自然宿主といわれるキクガシラコウモリ
AdobeStock ©Geza Farks

コウモリから検出されたウイルスの情報が、検出された地域、コウモリの種とともに登録されている「Database of Bat-associated viruses」というデータベースがある（http://www.mgc.ac.cn/DBatVir/）。それによると、その登録数は2020年８月末時点で１万2110個にものぼり、コウモリを由来とすると考えられるウイルス感染症として、COVID-19、重症急性呼吸器症候群（SARS）、中東呼吸器症候群（MERS）、エボラ出血熱、マールブルグ病、ニパウイルス感染症、ヘンドラウイルス感染症、狂犬病、リッサウイルス感染症などが挙げられている。

ただし、その多くは、コウモリから直接ヒトに感染するわけではない。SARSはコウモリからハクビシンやタヌキ、MERSはヒトコブラクダ、ニパウイルス感染症はブタ、ヘンドラウイルス感染症はウマが中間宿主となり、ヒトへと感染している。

これまで、夕暮れどきにコウモリが羽ばたいているのを見かけることがあっても、ヒトや動物と夜行性のコウモリの接点は少なかった。ところが

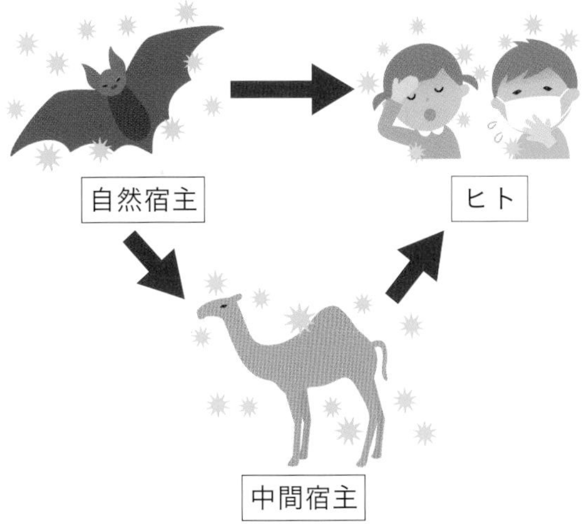

▲中東呼吸器症候群（MERS）コロナウイルスの伝播モデル
自然宿主（コウモリ）および中間宿主（ヒトコブラクダ）では顕著な臨床症状を示さないが、ヒトに感染した場合に重篤な健康被害を引き起こす。
参考：名古屋大学　https://www.nagoya-u.ac.jp/researchinfo/result/2021/08/ver2.html

近年、森林伐採や乱開発により、コウモリの生息地が減少したため、コウモリのヒトの居住区への侵入や、逆にコウモリ生息地へのヒトの侵入など、コウモリとヒトや動物との接触が増加し、今後ますますコウモリ由来の新興感染症の発生が予測されている。

●コウモリはなぜウイルスに感染しないのか？

コウモリ由来のウイルス感染症が多いのは、地球上で学名がつけられている哺乳類約6600種のうち、翼手目に属するコウモリがネズミなどの齧歯目約1700種に次ぐ約1100種と、およそ６分の１を占めている点にある。

また、コウモリは南極大陸以外のすべての大陸、および海洋島にも広く自然分布し、鳥類と同様の飛翔能力を保持していることもウイルスの伝播に大きく影響していると考えられる。

では、なぜコウモリ自体はウイルスに感染せず、自然宿主となるのか？　ヒトの場合、体内にウイルスが侵入すると、細胞がインターフェロンをつくり、ウイルスの増殖を抑制する。その際、発熱やだるさ、頭痛、関節痛などの症状が見られるが、実はその原因となっているのはウイルスではなく、免疫の働きだ。

一方、コウモリのゲノムを解析すると、自然免疫に関わるＩ型インターフェロンやナチュラルキラー細胞受容体などの遺伝子を他の動物より多く持っていることがわかった。そのため、コウモリは感染しても発症はしない。しかしその隙間を縫って、生き残ったウイルスが、コウモリの唾液や糞・尿などから、コウモリほど強い免疫を持たない生物に移り、危険な感染症を引き起こしていると考えられている。

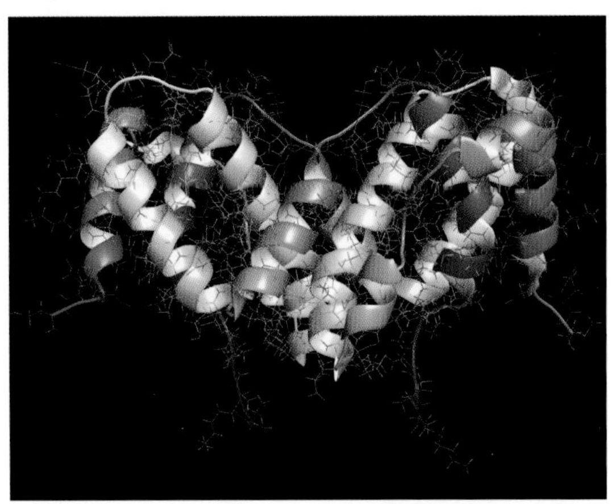

▲インターフェロンのイメージ　Adobe Stock ©molekuul.be
インターフェロンとは、病原体などの異物の侵入に反応して動物細胞が分泌するタンパク質のこと。抗ウイルス作用、細胞増殖抑制作用、免疫調節作用等の生物活性を持つ。Ｉ型インターフェロンにはα、β、ωなどの種類がある。

●COVID-19は自然界からヒトへの警鐘だ

新型コロナウイルス感染症は人類史上、類を見ないスピードで全世界に蔓延し、まさに現代のグローバル社会が生み出したといえるパンデミックを引き起こした。その背景には、人口増大、気候変動、環境破壊、都市化など様々な要因が絡み合っている。

1972年には約38億人だった世界人口は、2022年11月に80億人を超え、2058年には100億人を突破すると予測されている。環境に配慮せず、それに伴う食料生産のための農地開拓や経済活動を続けていくと、環境が破壊され、ヒトや物の移動もますます活発になるだろう。

COVID-19のパンデミックは、「生態系をこれ以上破壊すると、再び未知の感染症が出現するぞ！」という地球からヒトへの警告かもしれない。

■COVID-19の変異株は強毒化したのか？

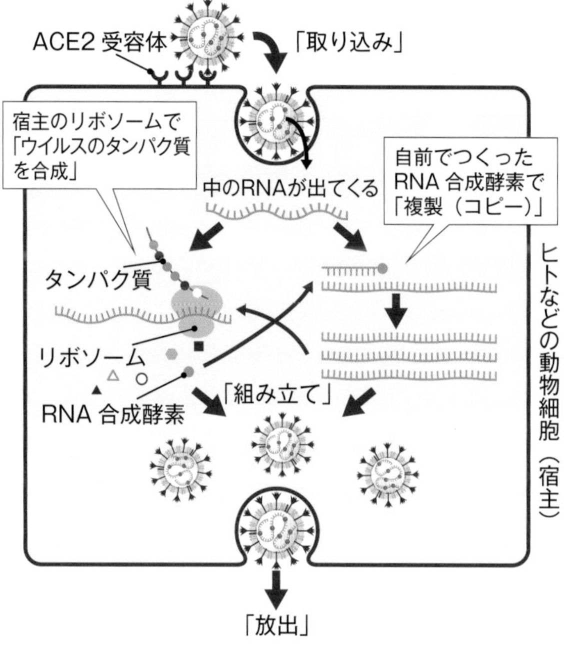

▲コロナウイルスの感染メカニズム

参考：『生物はなぜ死ぬのか』（小林武彦著　講談社現代新書）

ヒトに感染するコロナウイルスには、風邪（HCoV）の病原体として知られる４種類（229E、OC43、NL63、HKU 1）と、重症急性呼吸器症候群（SARS-CoV）、中東呼吸器症候群（MERS-CoV）、そして新型コロナウイルス（SARS-CoV-2）の７種類がある。大きさは直径100nm（ナノメートル）（１万分の１㎜）の球状で、スパイクと呼ばれるトゲが生えた膜に遺伝物質であるRNAが入っている。

コロナウイルスは、ヒトの体内に侵入すると、スパイクがヒトの細胞表面にあるタンパク質（ACE2受容体）と結合。それにより細胞にウイルスが取り込まれ、ウイルスの中の１本鎖RNAが出てくる。そのウイルスRNAは、ヒトの細胞のリボソームを使って自身を増やすためのタンパク質を合成する。その際、ヒトの細胞は、RNAを鋳型（いがた）にして２本鎖RNAをつくる酵素（RNA依存性RNA合成酵素）を持っていないため、コロナウイルスは、自らのRNAを使って２本鎖RNAをつくり出す。こうして増えたRNAは、さらに宿主であるヒトのリボソームを使って子ウイルスをつくるためのタンパク質を合成する。こうしてつくられた素材を組み立てて、ウイルスは細胞内で数百倍にも増えていく。そして、ヒトの細胞の分泌作用を利用して細胞外に放出され、他の細胞に取り込まれたり、飛沫（ひまつ）などで体外に拡散していくのだ。

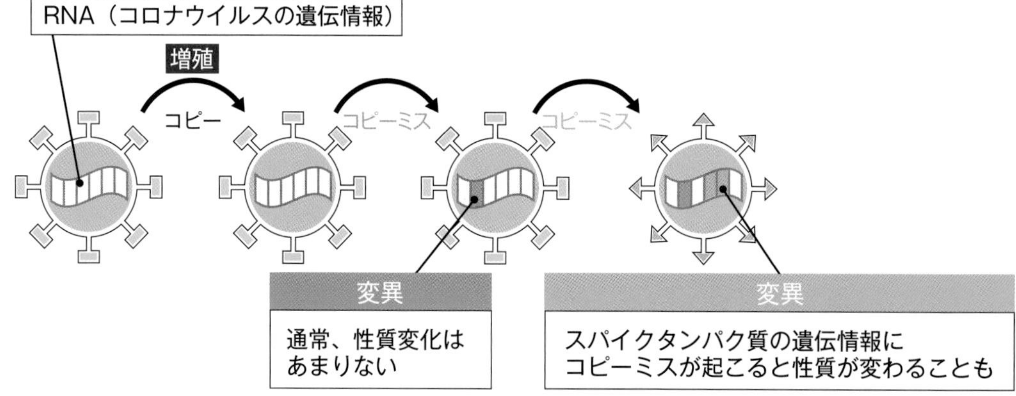

▲ウイルスが変異する仕組み

参考：メディアスホールディングス株式会社ホームページ（medius.co.jp/asourcenavi/new_coronavirus_variant）

● コピーミスにより遺伝情報が変化する

ウイルスは細菌とは異なり自ら増殖できないので、ヒトや動物などの宿主の細胞に寄生し、自己複製し増えていく。このときウイルスの遺伝子が大量にコピーされるが、コピーを繰り返すうちにRNAを構成する塩基の配列に小さなミスが起こることがある。この遺伝情報の変化が「変異」であり、変異したウイルスを「変異株」と呼ぶ。

通常はウイルスの遺伝子に多少変異が起こっても、少し形が変わったり特徴が多少変わったりする程度で、ウイルスとしての性質に大きな変化はない。しかし、何度も変異を繰り返すと、まれにヒトにとって都合の悪いウイルスが選択されて生き残ってくる。特に問題となるのが以下の３つだ。

①伝播性：感染力が高くなる。
②病毒性：重症化や死亡のリスクが高くなる。
③免疫逃避：ワクチンの効果が減弱する。

変異の起きる速さはウイルスの種類によって異なるが、新型コロナウイルスは約２週間に分子１塩基のペースで変化していることがわかっている。

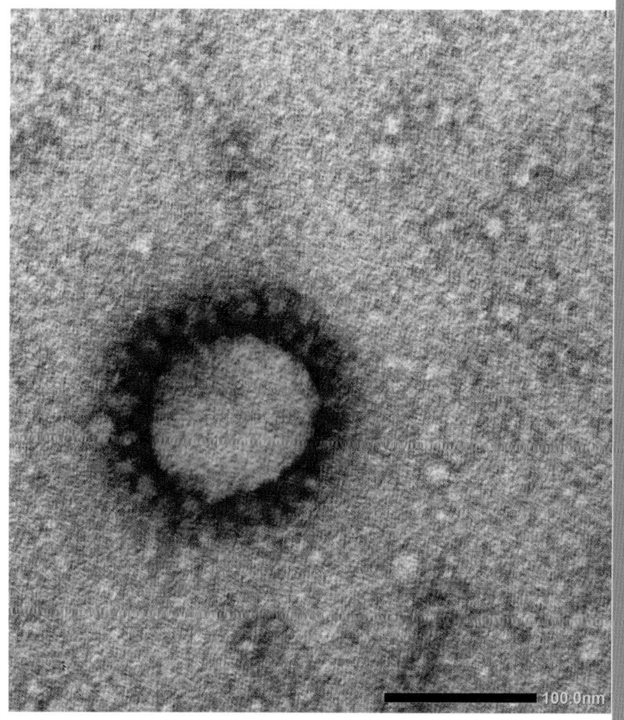

▲スパイクタンパクを色付けしたオミクロン株の電子顕微鏡画像
出典：東京都健康安全研究センターホームページ

● 次々と出現している変異株

WHO は新型コロナウイルスの変異株を「懸念される変異株（VOC）」と「注意すべき変異株（VOI）」に分類しているが、2022年６月７日に、それまでアルファ株、ベータ株、ガンマ株、デルタ株も指定していたVOC を「オミクロン株のみ」にすると発表した。その予測通り、同年８月には、全世界で蔓延する新型コロナウイルスの99%以上がオミクロン株に置き換わった。感染力が異なる変異株がいくつも存在する世界では、変異株同士が宿主を奪い合っている。オミクロン株はいわば、その勝者となったのだ。

オミクロン株は、主に５つの系統（BA.1、BA.2、BA.3、BA.4、BA.5）に分類される。日本における流行の主流は第６波がBA.2、第７波と第８波がBA.5だった。いずれも重症化リスクは高くないものの、特にBA.5は感染力が強く、過去の新型コロナウイルス感染やワクチン接種によって得られた免疫を回避し、再感染するケースも散見された。

新型コロナウイルス感染症は2023年５月８日から、感染症法上の取り扱いが２類相当から季節性インフルエンザと同じ５類に引き下げられた。とはいえ、BA.2やBA.5系統からBQ.1.1やXBB系統などの変異株も派生していることから、今後も注意が必要だ。

■ WHOが指定した変異株(VOC)

変異株	最初の検出
アルファ株(α)	2020年9月　イギリス
ベータ株(β)	2020年5月　南アフリカ
ベータ株(β)	2020年11月　ブラジル
デルタ株(Δ)	2020年10月　インド
オミクロン株(O)	2021年11月　インド

■感染症と人類の戦い

▲ジェンナー夫人が抱く息子に予防接種をする
エドワード・ジェンナー
出典：ウェルカム図書館（イギリス・ロンドン） welcome collection

人類は古代から、ウイルス、細菌、原虫などを病原体とする様々な感染症の脅威にさらされてきた。天然痘、インフルエンザ、ペスト、コレラ、結核、マラリアなどがその代表例である。

中でも、ヒトにのみ感染する天然痘ウイルスを病原体とする天然痘は紀元前より、その感染力、罹患率、致死率（20～50%）の高さから人々に恐れられていた。

紀元前1100年代に没したエジプト王朝のラムセス５世のミイラには、天然痘の痕跡が認められている。なお、「痘」とは、水ぶくれのできる病気のことである。

日本も例外ではなく、天然痘は奈良時代に大流行した。当時は病気の原因もわからず、罹患しないように神仏に祈るしかなかった。こうした社会不安を取り除くために建立されたのが、東大寺の大仏だった。

その後、日本では最後の患者が発生した1955年まで幾度も流行を繰り返した。近代的な統計が残る日本の致死率は1876～1955年で27.2%にも達している。

世界的に見ると、コロンブスのアメリカ大陸上陸により、天然痘は新大陸にももたらされた。

新大陸の人々にとってはまったく未知の感染症であり、誰もが免疫を持っていなかった。

アステカ帝国とインカ帝国は16世紀前半にスペインに征服されたが、感染した人々がばたばたと斃れたことによる帝国側の戦闘員不足が、敗北の最大の原因だったとされる。

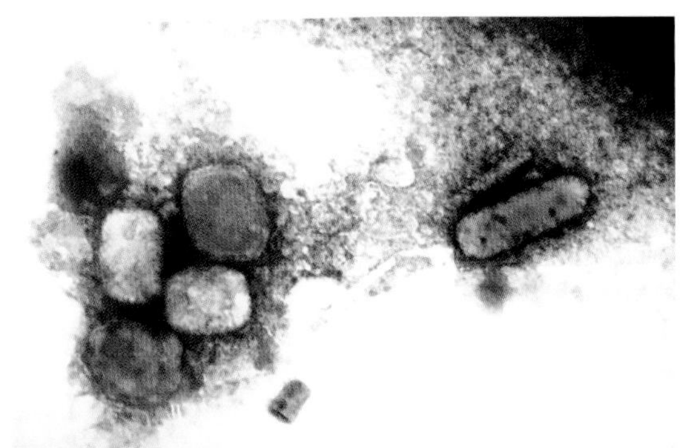

▲天然痘ウイルス（65,000X）
出典：PIXNIO Author：Dr. Kenneth L. Herrmann, USCDCP

● 天然痘ワクチンの開発

イギリスの開業医だったエドワード・ジェンナー（1769～1823年）は、牛痘（牛の天然痘）に感染した乳搾りの女性は天然痘にかからないという言い伝えを知っていた。ジェンナーはこれが天然痘の予防に使えないかと研究を続け、1796年に女性から採取した牛痘を８歳の少年に接種した。その６週間後、今度は天然痘ウイルスを少年（自分の息子ともされる）に接種したが、少年は天然痘にかからなかった。

今日の常識からすると非人道的な人体実験といえるが、こうして天然痘ワクチンは発明されたのだ。免疫という概念は、当初なかなか受け入れられなかったが、ジェンナーが1798年に論文を発表すると、徐々に種痘法（天然痘の予防接種）が広がっていった。

その約200年後の1980年、WHOは地球上からの天然痘の根絶を宣言した。天然痘は、ヒトに感染する感染症で人類が根絶できた唯一の例である。

●「黒死病」と恐れられたペスト

日本の感染症法で、危険性が高いとして１類に指定されているペストはウイルス由来ではなく、１類感染症の中で唯一の細菌感染症である。

致死率が非常に高く、感染者の皮膚が内出血して紫黒色になるため、黒死病（こくしびょう）とも呼ばれ、恐れられた。14世紀に起きた大流行では、ヨーロッパの人口の約３分の１が命を落としたといわれている。

日本においては明治以前の発生は確認されておらず、また1927年以降、国内発生例はない。とはいえ、1899年から1926年までの患者例2905名中2420名が亡くなっており、致死率は83.3%にも達している。

治療法としては有効なワクチンは存在しない。抗生物質による治療が行われ、早期に適切な抗菌薬を投与すれば、致死率は20%以下に抑えることができる。事実、WHOによると、2010～2015年には世界で3248人の患者が報告されているが、このうち584人が死亡。致死率は18.0%となっている。

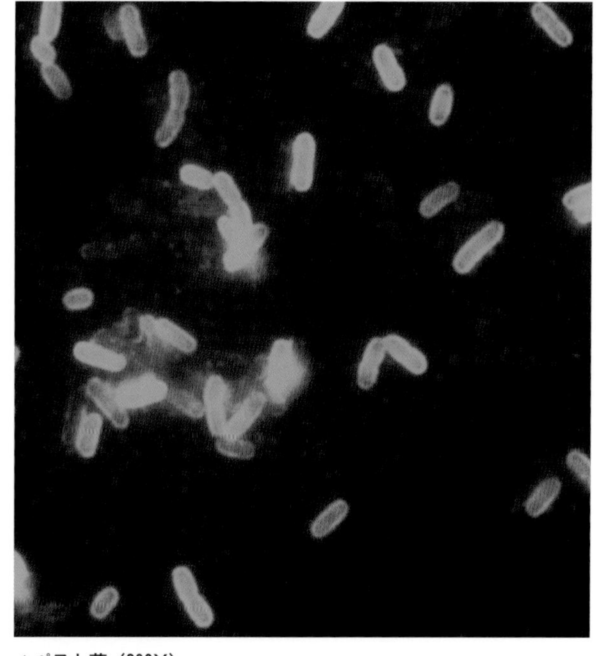

▲ペスト菌（200X）
出典：PIXNIO　Author：Larry Stauffer, Oregon State Public Health Laboratory, USCDCP

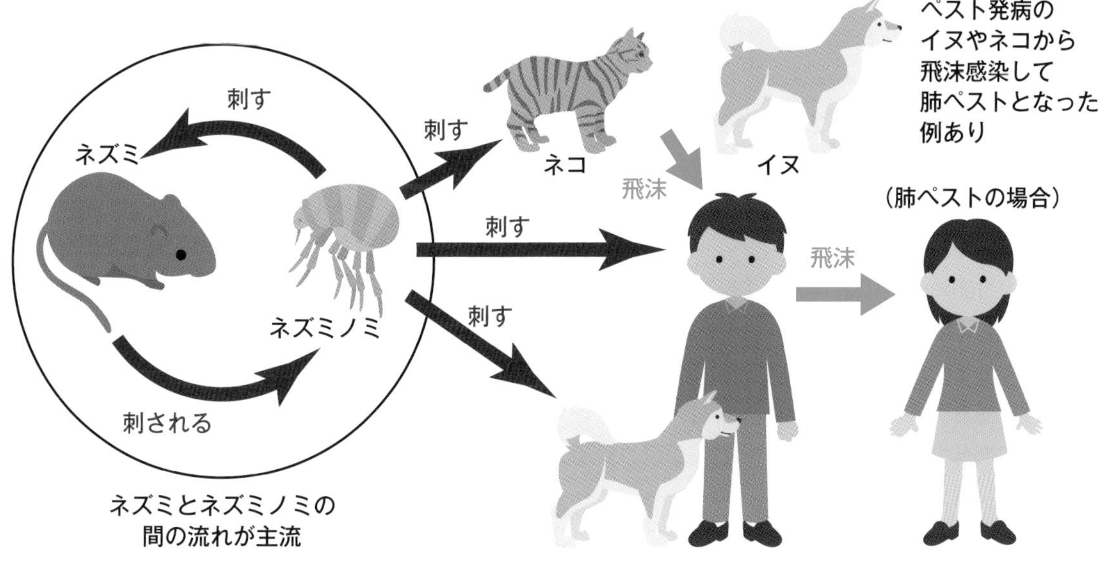

▲ペスト菌の感染の流れ
ペスト菌はネズミなどの齧歯類を宿主とし、主にノミによって伝播されるほか、
野生動物やイヌ、ネコなどのペットからの直接感染や、飛沫によるヒトーヒト感染の場合もある。

参考：横浜市ホームページ（city.yokohama.lg.jp/kurashi/kenko-iryo/eiken/kansen-center/shikkan/ha/plague1.html）

●新型コロナとそっくり!? スペイン風邪の大流行

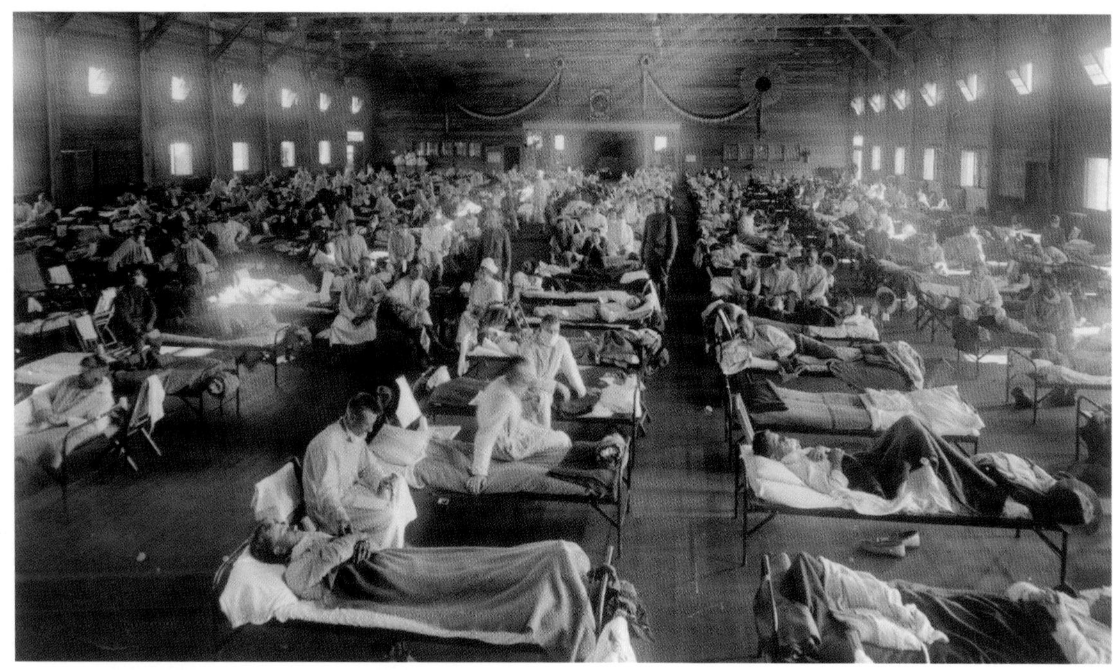

▲スペイン風邪に罹患し、治療を受ける米軍兵士たち
1918年頃に、カンザス州にあるアメリカ陸軍施設で撮影されたもの。 Wikimedia Commons

スペイン風邪は、1918年から1920年にかけて発生したインフルエンザのパンデミックである。当時、第一次世界大戦下で各国が情報統制していたため、参戦していなかったスペインが最初に報告したことから、こう名づけられた。実際の発生源は諸説あるが、アメリカで最初に患者が発生し、米軍兵士によってヨーロッパに持ち込まれたという説が有力である。

世界中で当時の人口の４分の１に相当する５億人が感染し、死者数は1700万人から5000万人と推定されている。４年間にわたって繰り広げられた第一次世界大戦の戦死者が1600万人ということと比較しても、いかに被害が大きかったかがわかる。

ところが、世界中で猛威を振るったスペイン風邪も1920年には患者数が激減する。なぜ、終息していったのかははっきりせず、依然として研究対象になっているが、生存者に抗体ができ、集団免疫を得たからではないかといわれている。

病原体に関しても、ようやく特定されたのは1997年のことである。アメリカのアラスカ州の永久凍土から発掘された遺体から肺組織検体が採取され、ウイルスゲノムが分離されたことにより、Ａ型インフルエンザウイルスのH_1N_1亜型であったこと、鳥インフルエンザウイルスに由来するものであったことが明らかとなった。

■ 日本におけるスペイン風邪の被害

	流行時期	患者	死者	致死率
第１波	1918年8月～1919年7月	2116万8398人	25万7363人	1.22%
第２波	1919年8月～1920年7月	241万2097人	12万7666人	5.29%
第３波	1920年8月～1921年7月	22万4178人	3698人	1.65%
合 計	1918年8月～1921年7月	2380万4673人	38万8727人	1.63%

※内務省衛生局編『流行性感冒』(1922年)による統計数値

▲スペイン風邪の感染を予防するため、マスクを着用する女学生たち（1919年２月。東京） Wikimedia Commons

●日本人の半数近くがスペイン風邪に感染した

1922年に内務省衛生局（現・厚生労働省）が編纂した『流行性感冒 「スペイン風邪」大流行の記録』という書籍がある。

それによると、日本では約2380万人がスペイン風邪に感染したという。当時の日本の人口は約5500万人である。驚くことに感染率は日本人の半数近くの約43.3%にも上り、その感染力の強さがうかがわれる。

●「コレラ・パンデミック」も継続中

コレラは代表的な経口感染症のひとつで、コレラ菌と呼ばれる細菌で汚染された水や食物を摂取することによって感染する。重症時には大量の下痢によって急激にショック状態に陥り、死に至ることもある。

もともと、コレラはインドのベンガル地方の風土病にすぎなかったが、1817年、突如としてパンデミックを引き起こす感染症に姿を変えた。以降、７回の世界的流行が確認されているが、その原因は、産業革命によるイギリスの世界進出だ。

当時、イギリスはインドを植民地化しようとしてインド軍と交戦。このときにコレラに感染した兵士が、イギリスを含む世界各地にコレラ菌を運んだのである。

コレラのパンデミックは鎖国中の日本にも到達し、江戸時代後期から幕末にかけて３度、明治に入ってもたびたび流行が続き、多くの犠牲者を出した。近年は、国内感染はほとんど見られなくなった。これは公衆衛生の概念に基づいたゴミ処理や、上下水道が整備されたことが大きい。

しかし、1961年から始まった第７次の世界的流行は、アフリカを中心に現在も継続中である。WHOは、1961年に第７次の世界的流行が始まり、それが継続しており、2021年には、主にアフリカや東地中海地域の23カ国でコレラの発生が報告されたこと、さらに2022年にはこれらの国の多くで高い症例数と致死率が報告されていることを受け、第７次の世界的流行は継続中であるとしている。

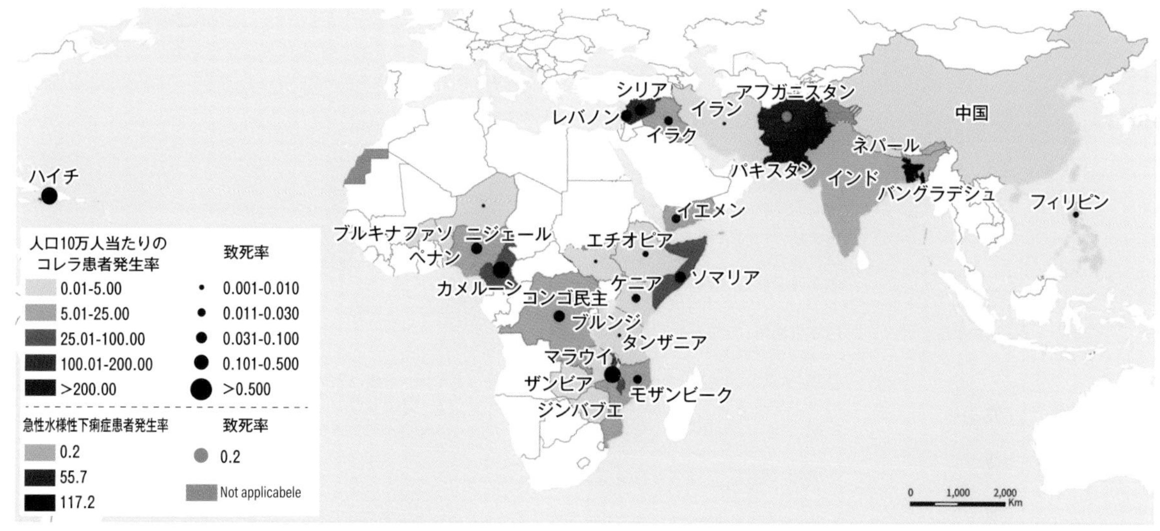

▲コレラの発生地域 出典：WHO「コレラ─世界情勢」
2022年１月１日から11月30日までにWHOに報告された人口10万人当たりのコレラと急性水様性下痢症発生率と致死率

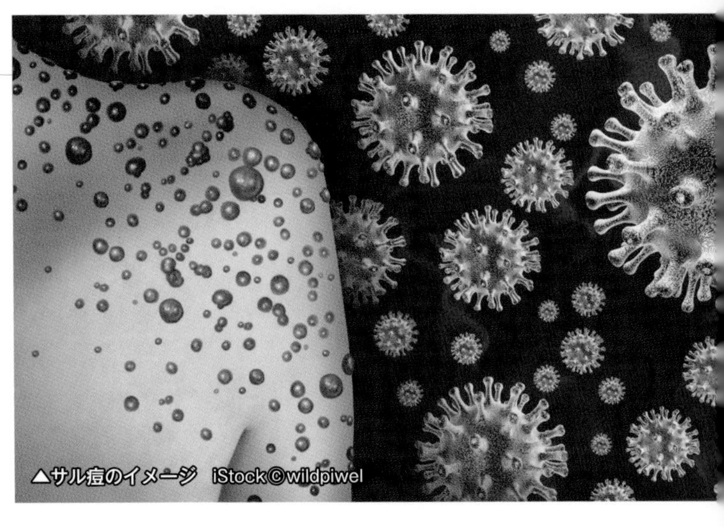
▲サル痘のイメージ　iStock©wildpiwel

■人獣共通の感染症もある

天然痘に似た動物由来のウイルス感染症である「サル痘」の感染者が欧米をはじめ、世界で急増している。

サル痘は、サル痘ウイルスによって引き起こされる感染症で、1970年にザイール（現・コンゴ民主共和国）で初めて報告された。アフリカに生息するネズミやリスなどの齧歯類や、ウイルスを保有するサルやウサギなどの動物と接触することでヒトにも感染するし、ヒトから動物へも感染する。こうした感染症を人獣共通感染症（ズノーシス）と呼ぶ。

WHOは2022年７月、サル痘について、「国際的に懸念される公衆衛生上の緊急事態」に相当すると宣言、日本でも感染者が確認された。

●世界には200種類以上のズノーシスがある

人獣共通感染症は、WHOが確認しているだけでも200種類以上あるという。日本は世界の中では例外的に少なく、数十種程度といわれている。

理由としては、日本はほぼ温帯に位置する島国のため、熱帯・亜熱帯に多い人獣共通感染症がほとんどなく、周りを海に囲まれているため、感染源となる動物の侵入が限られているという地理的要因がある。加えて、家畜衛生対策等の徹底、衛生観念の強い国民性などが挙げられる。

ところが2014年、都立代々木公園およびその周辺を訪問した人たちを中心に、日本では約70年ぶりとなるデング熱の国内感染が確認された。ネッタイシマカと同じくデングウイルスを媒介するヒトスジシマカに刺されたことが原因と推定されている。ちなみに、人間の命を奪う野生動物の世界ランキングでダントツの１位はカである。デング熱はヒトからヒトへの直接感染はしない。

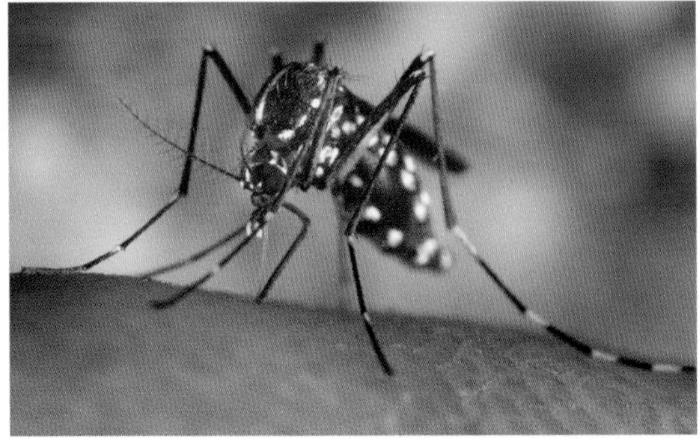
▲デングウイルスを媒介するヒトスジシマカ
出典：CDC Public Health Image Labrary©James Gathany

■ 人獣共通感染症の病原体と感染症例

病原体	引き起こされる感染症の例
ウイルス	狂犬病、サル痘、日本脳炎、ウエストナイル熱、デング熱、チキングニア熱、ジカウイルス感染症、ダニ媒介脳炎、E型肝炎、重症熱性血小板減少症候群（SFTS）、重症急性呼吸器症候群（SARS）、中東呼吸器症候群（MERS）、エボラ出血熱、Bウイルス熱
リケッチア・クラミジア	日本紅斑熱、つつがむし病、オウム病
細菌	Q熱、ペスト、サルモネラ症、レプトスピラ症、パスツレラ症、猫ひっかき病、ブルセラ症、カプノサイトファーガ感染症、コリネバクテリウム・ウルセランス感染症、カンピロバクター症、炭疽、ライム病、鼠咬症、野兎症
真菌	皮膚糸状菌症、クリプトコックス症
寄生虫	トキソプラズマ症、回虫症、エキノコックス症、クリプトスポリジウム症、アニサキス症
プリオン	変異型クロイツフェルト・ヤコブ病（vCJD）

※厚生労働省「動物由来感染症ハンドブック2022」を基に作成。

● 身近な動物も病原体を持っている

人獣共通感染症の感染源となる動物でイメージするのは野生動物である。しかし、実は最もヒトに身近な存在であるイヌやネコといったペットも感染症の病原体を持っている。

中でも、マダニを媒介とするウイルス感染症の重症熱性血小板減少症候群（SFTS）には注意が必要だ。

このSFTSは致死率が10～30%と比較的高く、有効な治療薬やワクチンも開発されていない。また、マダニに咬（か）まれたペットのイヌやネコも感染することがわかっている。2017年には日本において世界で初めて、発症したペット（イヌ）からヒトへの感染例が報告された。

動物から人への病原体の伝播は距離が近いほど容易になる。飼っている動物の身の回りは常に清潔にすることを心掛け、過剰な触れ合いは控えるなど、節度を持ってつき合うことが重要である。

■ 日本や世界で実際に発生している主な人獣共通感染症

群	動物種(昆虫含む)	主な感染症
ペット	イヌ	パスツレラ症、皮膚糸状菌症、エキノコックス症、カプノサイトファーガ感染症、コリネバクテリウム・ウルセランス感染症、ブルセラ症、重症熱性血小板減少症候群(SFTS)、狂犬病(＊1)
	ネコ	猫ひっかき病、トキソプラズマ症、回虫症、Q熱、パスツレラ症、カプノサイトファーガ症、コリネバクテリウム・ウルセランス感染症、皮膚糸状球菌、重症熱性血小板減少症候群(SFTS)、狂犬病(＊1)
	ネズミ、ウサギ	レプトスピラ症、鼠咬症、野兎病、皮膚糸状菌症、サル痘
	小鳥、ハト	オウム病、クリプトコックス症
野生動物	爬虫類	サルモネラ症
	観賞魚	サルモネラ症、非定型抗酸菌症
	プレーリードッグ	野兎病、ペスト(＊1)、サル痘
	リス	野兎病、ペスト(＊1)、サル痘
	アライグマ	狂犬病(＊1)、アライグマ回虫症(＊2)
	コウモリ	狂犬病(＊1)、リッサウイルス感染症(＊1)、ニパウイルス感染症(＊1)、ヘンドラウイルス感染症(＊1)、重症急性呼吸器症候群(SARS)(＊2)、中東呼吸器症候群(MERS)(＊2)、エボラ出血熱(＊1)
	キツネ	エキノコックス症、狂犬病(＊1)
	サル	細菌性赤痢、結核、Bウイルス病、エボラ出血熱(＊1)、マールブルグ病(＊1)、サル痘
	野鳥(ハト・カラス等)	オウム病、クリプトコックス症、ウエストナイル熱(＊1)
	ネズミ、ウサギ	レプトスピラ症、鼠咬症、野兎病、サル痘、腎症候性出血熱、ハンタウイルス肺症候群(＊1)、ラッサ熱(＊1)
家畜・家禽	ウシ、ブタ、ラクダ、鶏	Q熱、クリプトスポリジウム症、腸管出血性大腸菌感染症、トキソプラズマ症、炭疽、中東呼吸器症候群(MERS)(＊2)、鳥インフルエンザ(H5N1、H7N9)(＊2)
その他	カ	ジカウイルス感染症、チクングニア熱、デング熱、 ウエストナイル熱(＊1)
	ダニ類	ダニ媒介脳炎、日本紅斑熱、つつが虫病、重症熱性血小板減少症候群(SFTS)、クリミア・コンゴ出血熱(＊1)

＊1：日本で病原体がいまだ、もしくは長期間発見されていない感染症　＊2：日本では患者発生の報告がない感染症

※厚生労働省「動物由来感染症ハンドブック2022」を基に作成。

■メッセンジャーRNAワクチンとは？

▲メッセンジャーRNAワクチン開発のイメージ
Adobe Stock ©metamorworks

新型コロナウイルス感染症の発症を予防するとともに、感染や重症化を防ぐ効果も確認されている新型コロナワクチン。2022年秋からはオミクロン株に対応したワクチンの接種も始まったが、そもそもワクチンとは何なのか？

ヒトの体には一度侵入してきたウイルスや細菌などの病原体を記憶し、再び同じものが入ってきたときに病気にかからないようにする免疫という防御システムがある。この仕組みを利用したのがワクチンだ。つまり、ワクチンを接種することで、事前に病原体に対する免疫をつくり出し、病気から守ってくれるというわけだ。

●日本では3種類のワクチンを使用

現在、新型コロナワクチンには、メッセンジャーRNA（mRNA）ワクチン、ウイルスベクターワクチン、それに、組み換えタンパクワクチンの3種類がある。

【mRNAワクチン】

新型コロナウイルスのスパイクタンパク質の設計図となるmRNAを脂質の膜に包んだワクチンで、このワクチンを接種し、mRNAがヒトの細胞内に取り込まれると、細胞内でスパイクタンパク質が産出され、免疫反応がはたらき抗体がつくられる（詳細は139ページ）。

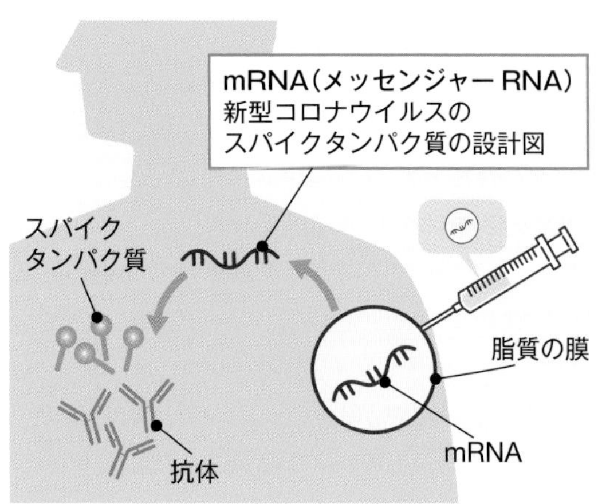

▲mRNAワクチンの仕組み

【ウイルスベクターワクチン】

無害化された遺伝子組み換えウイルスをベクター（運び屋）として使用する。スパイクタンパク質の遺伝子を乗せたウイルスベクターワクチンが体内に入ると、細胞内に入った遺伝子情報の一部からスパイクタンパク質が産出されることで、免疫の仕組みがはたらき抗体がつくられる。

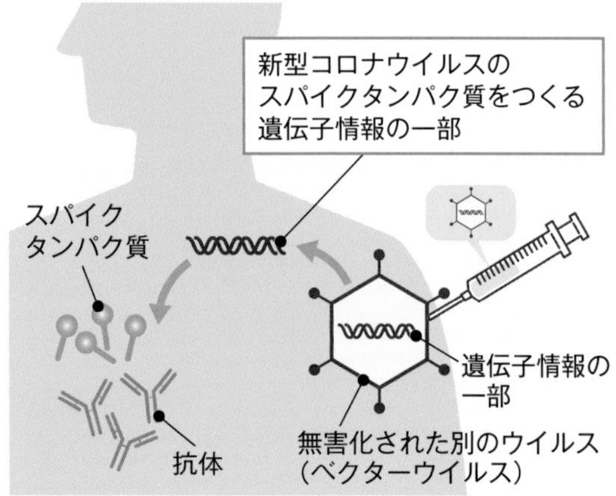

▲ウイルスベクターワクチンの仕組み

【組み換えタンパクワクチン】

ワクチンには、新型コロナウイルスの表面にある突起状のスパイクタンパク質によく似た、人工的につくったタンパク質と、体内の免疫反応を高めるためのアジュバント（免疫補助剤）が含まれている。体内に入ると組み換えスパイクタンパク質がヒトの細胞（抗原提示細胞）内に取り込まれ、中和抗体再生および細胞性免疫応答が誘導されることで感染を予防する。

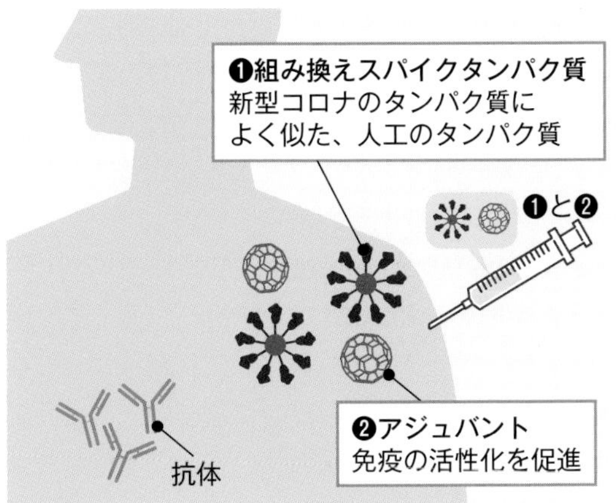

▲組み換えタンパクワクチンの仕組み

● ワクチンは他にもいろいろな種類がある

新型コロナウイルスワクチンとしては利用されていないが、代表的なワクチンには生ワクチンと不活化ワクチン（コロナ対応ワクチン開発中）がある。

生ワクチンは、病原性を極力弱めた病原体からできている。自然感染に近い状態で免疫がつけられるので、ワクチンの効果が得られやすいという利点がある。それに対し培養して増やした病原体を加熱処理やホルマリン処理、フェノール添加、紫外線照射の過程を経て、病原性を消失させて利用するのが不活化ワクチンだ。生ワクチンと比較してワクチンの効果は低いため、一般に複数回の接種が必要である。

2021年８月には、インドで世界初の新型コロナウイルスに対するDNAワクチンの緊急使用が承認された。これは新型コロナウイルスのスパイクタンパク質の情報をコードするプラスミド（環状）DNAを接種するというもの。ヒトの細胞内でmRNAに転写され、スパイクタンパク質に翻訳されることでヒトの免疫システムを活性化させ、免疫細胞をつくろうというものだ。mRNAワクチンとは異なり、作用工程が２段階になるが短期間で容易に製造できるという利点がある。

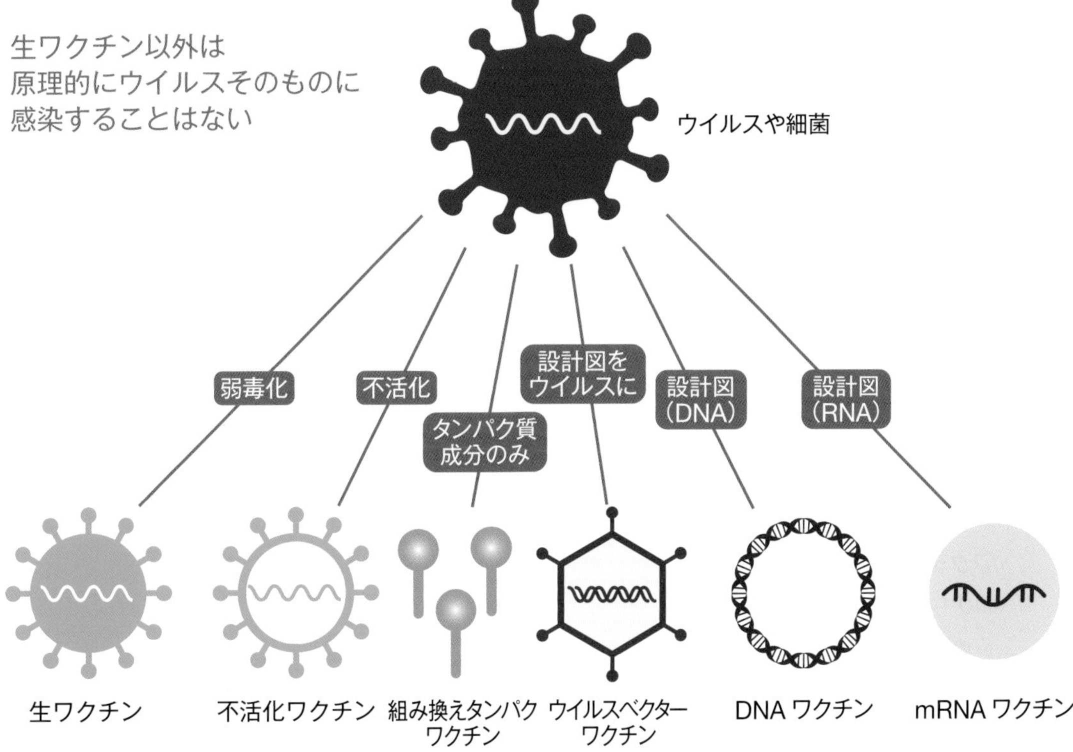

▲ワクチンの種類

出典：厚生労働省「新型コロナワクチンQ&A」

●なぜmRNAワクチンは短期間で開発されたのか？

一般的に、安全性と有効性を確認する必要があるため、ワクチンの開発には数年はかかるといわれている。しかし、新型コロナウイルスのmRNAワクチンはわずか１年ほどで開発・承認され、接種が開始された。

その最大の理由は、遺伝子解析の技術革新やmRNAワクチンに関する長年の研究により、ウイルスの表面にあるスパイクタンパク質の遺伝情報さえわかれば、短期間にワクチンを設計できる技術があったことだ。

mRNAワクチンの研究開発は1990年頃にスタートしていた。しかし、mRNAを体内に投与すると、免疫反応により炎症を起こすことから、ワクチンや医薬品としての実用化は難しいと考えられていた。その状況を一変させたのが、アメリカのペンシルベニア大学の研究者だったカタリン・カリコ（現・ビオンテック社上席副社長）とドリュー・ワイスマンだった。

２人は1997年からmRNAワクチン実現のための研究を開始。2005年に、mRNAを構成するウリジンというヌクレオチド（RNAの構成単位）を、構造が似たシュードウリジンに置き換えると、人体内で異物として認識されないことを発見し、論文を発表した。

当初、この研究結果はまったく注目されなかったが、現在、mRNAワクチンの基礎を築いたとして、日本をはじめ世界各国でその功績を称え、数々の賞を受賞している。

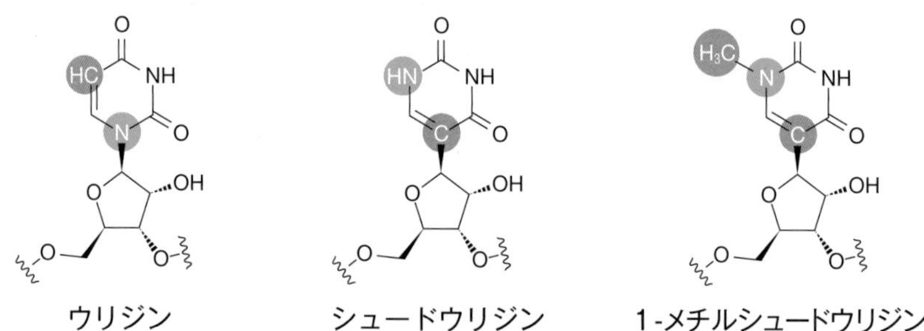

▲ウリジンとシュードウリジンの基本構造
mRNAを構成するウリジン（左）をシュードウリジン（中）に置き換えると免疫機能による排除を回避し、分解されにくくなり、タンパク質の産生を促進させる。1-メチルシュードウリジン（右）に置き換えると効果がさらに増す。

COLUMN　mRNAワクチン製造に日本企業が貢献

新型コロナウイルス対策として、世界中で接種されているmRNAワクチンに欠かせないシュードウリジンを供給している会社が日本にある。千葉県銚子市に本社を置く、1645年創業のヤマサ醤油（しょうゆ）だ。

同社はうまみ成分をつくる研究から発展させ、1970年代に医薬品部門に参入。核酸関連物質の研究を続け、すでに1980年代にはシュードウリジンを医薬品原料として海外に輸出していたが、新型コロナのパンデミックに際し、いち早く生産能力を増強。フル稼働で世界中のニーズに応えている。

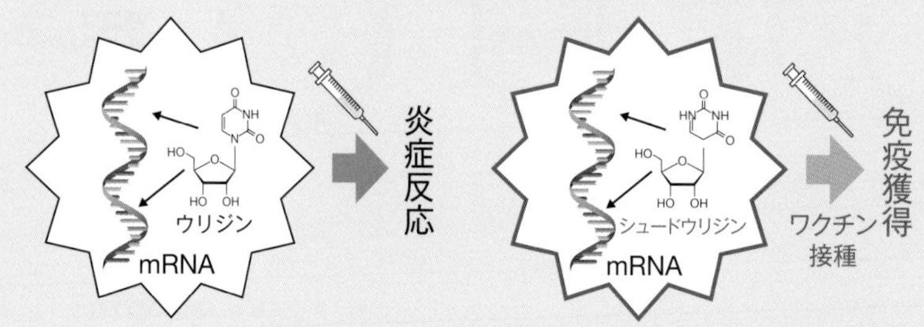

出典：文部科学省ホームページ（ヤマサ醤油株式会社提供資料をもとに文部科学省が加工・作成）

●mRNAワクチンがはたらくメカニズム

ワクチンを接種すると、その株に対する抗体力は上がるが、変異株に対しては効果が弱くなる場合がある。だからといってワクチンが変異株にまったく効かないということではなく、重症化を防止する効果などが期待できる場合もある。

では、ここで改めてmRNAワクチンがはたらく仕組みを解説しておこう。

mRNAはコロナウイルスのいわゆる設計図である。mRNAワクチンの目的は、その表面にある突起物（スパイクタンパク質）を攻撃するための抗体をつくり出すことだが、ウイルス全体は使いたくない。そこで、スパイクタンパク質の設計図部分だけを取り出して、人工的にmRNAを作成するのである。しかし、mRNAは非常に壊れやすいため、脂質の膜でコーティングをする。これを接種することにより、人体の細胞の中にmRNAが取り込まれて、設計図の情報を基に細胞の中でスパイクタンパク質がつくられるのだ。

ちなみに、取り込まれたmRNAは体内で分解されるので、ヒトの遺伝子に組み込まれることはまずない。

スパイクタンパク質が体内でつくられると、体の中で免疫が発動し、抗体が生成され、コロナウイルスが侵入してきたときにすみやかに攻撃態勢が整えられる。これを液性免疫という。また、キラーT細胞が直接ウイルスを撃退する細胞性免疫も発動するのだ。

なお、ワクチン接種の後に、発熱、悪寒（おかん）、疲労、頭痛、関節の痛み・腫（は）れなどの副反応が生じることがあるが、これは体にコロナウイルスに対する防御の準備をさせていることと、ワクチンが含む異物に対する反応である。

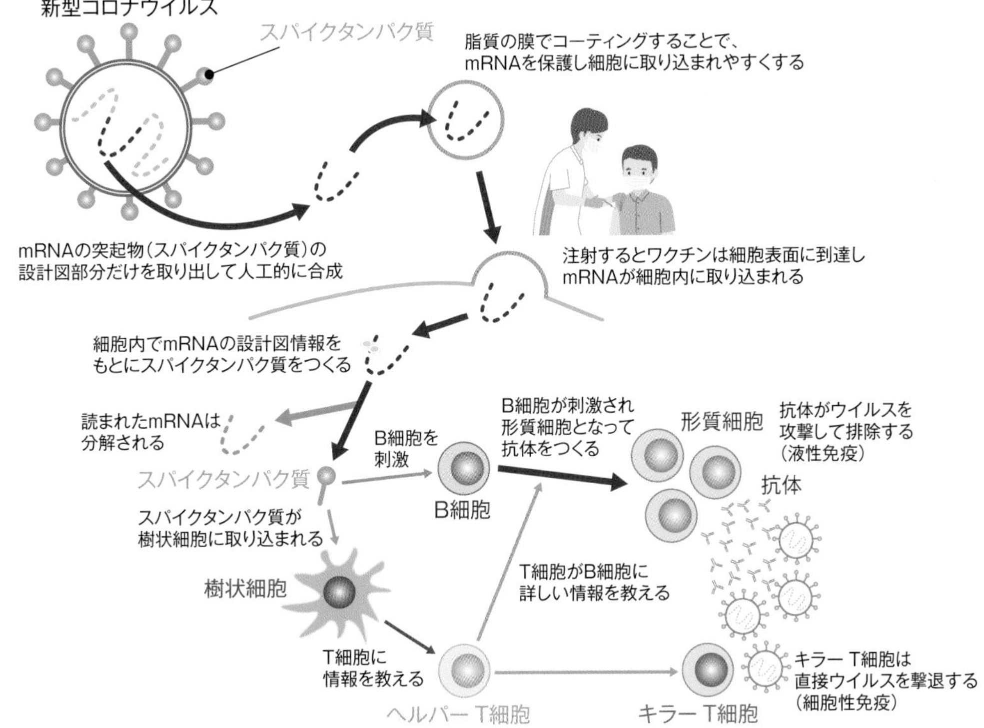

▲mRNAワクチンがはたらく仕組み

T細胞とは免疫細胞の一種で、外界から侵入してきた異物や異質の細胞を攻撃したり、他の免疫細胞（B細胞）を刺激して抗体生産を活性化させたりするはたらきを持つ。キラーT細胞とヘルパーT細胞の２種類に大別される。B細胞はT細胞とともに免疫機能に深く関わり、ヘルパーT細胞によって活性化されたB細胞は、抗体を生み出す形質細胞へと変化する。また、樹状細胞も免疫細胞の一種で、T細胞に情報を提示する役割を担っている。

■ウイルスと共存してヒトは進化した

もともとウイルスは、「毒液」を意味するラテン語の「virus」に由来して命名されただけに、最初から「人間にとって悪いもの」だと思われていた。実際、ウイルスは様々な感染症の原因となり、われわれ人類を脅かし続けている。しかし、近年の研究から、「生命の進化を促すはたらき」があることもわかってきた。

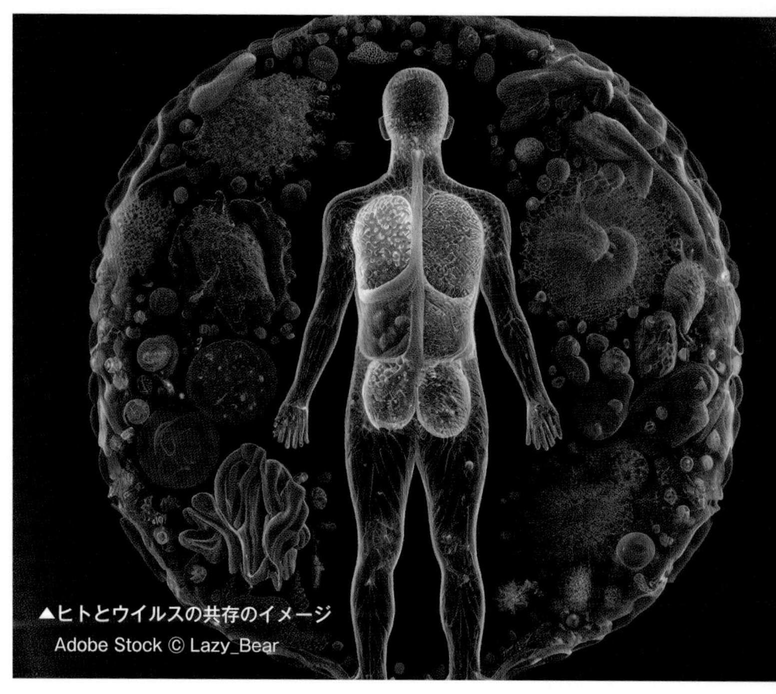

▲ヒトとウイルスの共存のイメージ
Adobe Stock © Lazy_Bear

●ヒトゲノムの8%はウイルス由来だった！

ヒトゲノム（全遺伝情報）の解読により、ヒトゲノムの約８％は、「内在性ウイルス配列」と呼ばれるウイルス由来の配列で占められており、その多くは数百万年前にヒトの祖先のゲノムに入り込んだと考えられるようになっている。

●進化を加速するウイルス

この内在性ウイルスの一部は神経伝達に関与したり、病原性ウイルスの感染を防御したり、さらに胚の初期段階での発達や胎盤の形成にも関わっていることがわかってきた。

人類はウイルスの遺伝情報を取り込むことで新たな形質を獲得してきた。これは人類に限ったことではなく、ほとんどすべての生物は、ウイルスの遺伝情報をうまく利用して進化を加速させてきたのである。

●生命誕生のキーを握っているウイルス由来の遺伝子配列

ウイルス由来の遺伝子配列の一部が、胚の初期段階での発達や、胎児と母親を結ぶ胎盤の形成などに重要な役割を果たしていることは前述したが、いったいどういうことなのか説明しておこう。

そもそもヒトをはじめ動物には、異物の侵入を察知して、排除する仕組み（免疫機構）が備わっている。それを考えると、母親の免疫系が父親の遺伝子情報も持つ胎児を異物と捉えても不思議ではない。ところが、胎児が母親から攻撃を受けることはない。

母体の免疫系が胎児を異物であると完全に認識しているにもかかわらず、それを寛容しており、だからこそ、赤ちゃんは母親の胎内でスクスクと成長することができている。

この胎盤は、母体由来の基底層と胎児由来の絨毛膜層で構成されているが、その境目に絨毛を取り囲む合胞体性栄養膜という膜がある。

この膜は細胞同士が融合したような構造になっており、隙間がないため、胎児に必要な酸素や栄養は通過させるが、異物を攻撃するリンパ球などは通さず、胎児を守るはたらきをしている。

この合胞体性栄養膜の形成に利用されているのが、ウイルス由来の遺伝子配列を基につくられているシンシチンというタンパク質であり、自身のエンベロープ（膜）を相手の細胞膜に融合させる機能を持っている。

おもしろいのは、ヒト（一部の霊長類を含む）と他の哺乳類とは、胎盤の形態的な差があることだ。少し前までは、哺乳類の胎盤は合胞体性栄養膜の浸潤性の低いブタやウマやウシなどから、浸潤性の高いイヌ・ネコ、齧歯類、さらに霊長類へと進化したと考えられてきた。しかし、遺伝子配列を調べると、その起源となる遺伝子配列が異なっている。それが意味するのは、哺乳類はそれぞれ独自にウイルスから遺伝子を獲得して、それを利用して、それぞれ胎盤の機能を進化させてきたということである。

図（上）出典：Adobe Stock ©sakurra

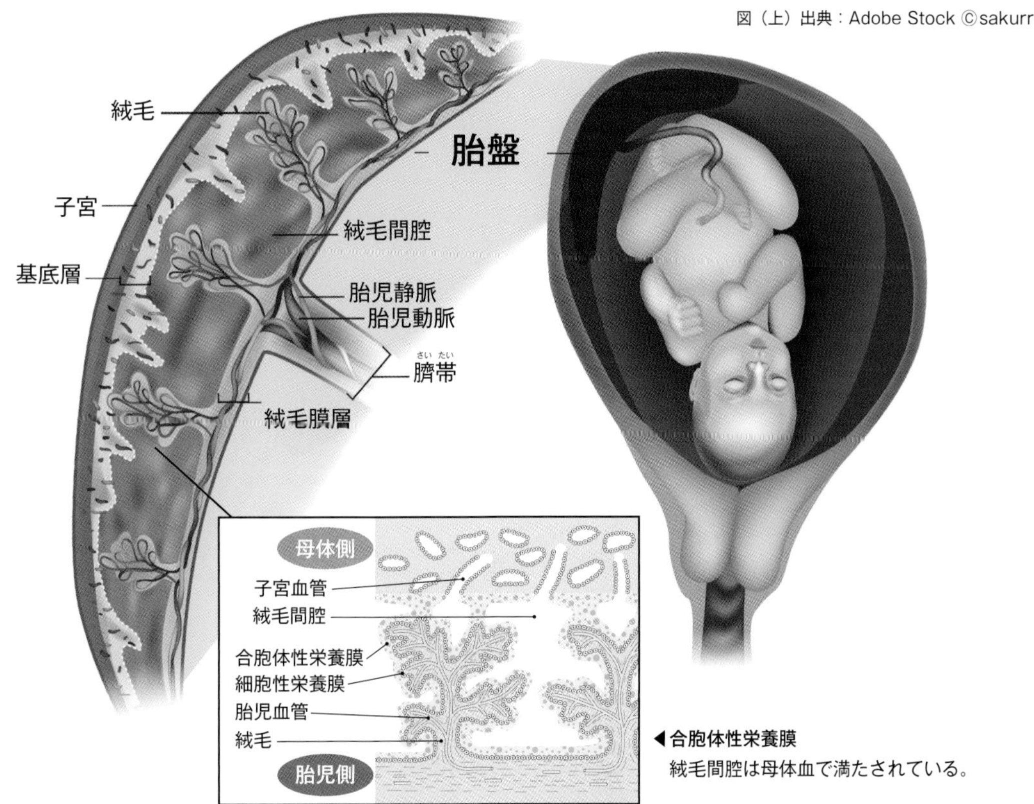

◀合胞体性栄養膜
絨毛間腔は母体血で満たされている。

COLUMN 胎盤を持たないカモノハシ

オーストラリア東部に生息しているカモノハシは、哺乳綱単孔目に属している。ところが哺乳類でありながら胎盤を持っておらず、卵を産んで、育児嚢や母乳で子どもを育てている。現存している単孔類は、他にオーストラリアやインドネシアの一部の地域に生息しているハリモグラがいるが、やはり卵生だ。

▲水中を泳ぐカモノハシ
Adobe Stock ©169169

彼らは約１億5000万年前に哺乳類の祖先から分岐した動物の末裔だとされるが、ウイルス由来の遺伝子配列を取り込むことなく、生き延びてきた。それに対して、他のほとんどの哺乳類は進化の過程で感染したウイルスの遺伝子配列を利用して胎盤を持つようになったと考えられている。そのほうが、子孫を残すのに有利だったのだろう。

ちなみに、軟骨魚であるサメの多くは胎盤をつくらない卵胎生だが、ホホジロザメ、メジロザメ、オオメジロザメ、シュモクザメなど、一部のサメは胎盤をつくることが知られている。

●健康な人の体内にも常在するウイルス

ヒトの体の表面や内部で生息しているウイルスは、380兆個ともいわれている。この数は体内の細胞数の10倍にものぼる。実はヒトの体内では、多くのウイルスがヴァイローム（ウイルス叢(そう)）を形成し、病状を示すことなく、息を潜めている。

東京大学医科学研究所感染症国際研究センターの研究者たちは2020年、健康なヒトの体内に存在するヴァイロームの様相を網羅的に調べた。その結果、脳や心臓、肺、大腸、肝臓、血管、筋肉など27種類の組織に、少なくとも39種類のウイルスが常在していることを明らかにした。

そしてこれまでの研究でも、ヒトの皮膚の保湿性を保つ、免疫性のはたらきを調節する、がんに抵抗する、神経伝達に関わるなど、様々な役目を担うウイルス由来の遺伝子が見つかっている。

ヒトをはじめとする地球上の生物は、ウイルスと共存することで種を維持しているのだ。

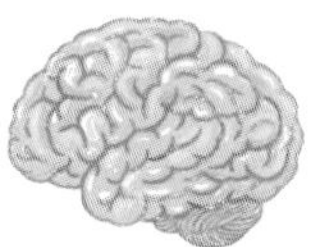

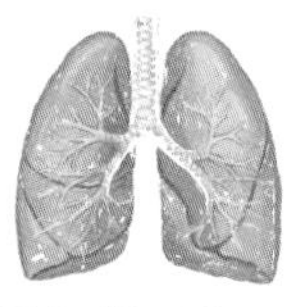

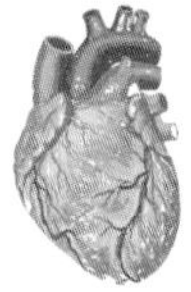

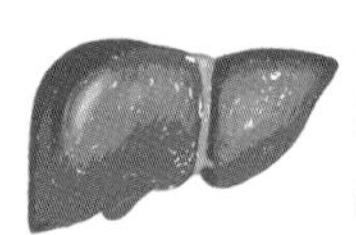

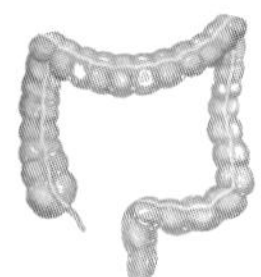

▲東大医科学研究所による主なウイルス13種類での分析結果　（参考：https://manseiki.com/news/）

COLUMN ヒトゲノムの完全解読に成功

アメリカの国立ヒトゲノム研究所などでつくる研究チームが2022年３月、ヒトの遺伝情報「ヒトゲノム」の完全解読に成功したと発表した。

ヒトゲノムの解読は、日米英独仏中の６カ国が参加した「ヒトゲノム計画」のもと、2003年に完了が宣言されていた。しかし、染色体の末端部にある「テロメア」や中央部の「セントロメア」の塩基配列は繰り返しが多く、当時の技術では解読困難だったため、約８％が未解読のまま残っていた。

研究チームはこうした配列の解読を可能にする新しい手法を開発。最新技術を駆使して完全解読へと導いた。さらに今回の解析では、遺伝子と見られるものが新たに99個見つかっている。

▲ヒトの生命サイクルのイメージ

Chapter 7
生物はなぜ死ぬのか

▲ティラノサウルス・レックスの化石　iStock ©Divaneth-Dias

■生物のいろいろな死に方

生物の死に方は、大きく分けて２つある。ひとつは食べられたり、病気やケガ、あるいは、飢えたりして死ぬ「アクシデント」による死だ。恐竜が絶滅した原因と考えられている、地球への隕石の衝突、そしてそれによって引き起こされた大規模な気候変動などがある。

もうひとつは「寿命」による死である。こちらは遺伝的にプログラムに組み込まれており、種によってその長さが違う。どちらで死ぬ可能性が高いかは、その種や生活環境によっても異なる。

一般的に自然界では、大型の動物は寿命死、小型は捕食されるアクシデント死によるものが多い。そのため、小型の生き物は、食べられにくくなるか、ある程度食べられても子孫が残せるぐらい多くの子どもを産む個体が生き残ってきた。

●生き残るための進化

ガの一種であるアケビコノハのように、捕食されるリスクを避けるため、同じ種の生き物とはかけ離れた形に擬態する昆虫などがいる。

ここで改めて強調したいことは、いきなりこのような形になったわけではないということだ。まずは小さな変化が起こり、多様な種ができて、その中で擬態のクオリティが高いものが生き残ってきたのである。

あるいは食べられることを想定して過剰なほどの卵を産み、子孫を残す生き物もいる。魚類はその代表例だ。マグロは１回に100万個もの卵を海

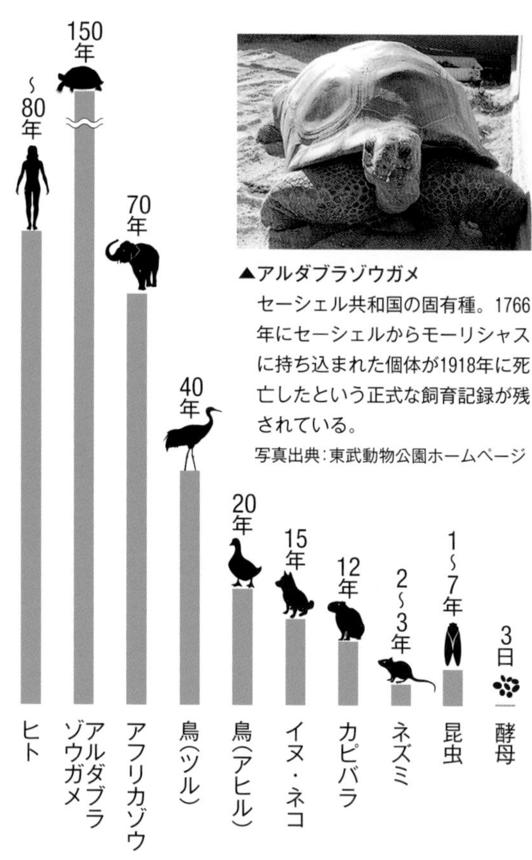

▲アルダブラゾウガメ
セーシェル共和国の固有種。1766年にセーシェルからモーリシャスに持ち込まれた個体が1918年に死亡したという正式な飼育記録が残されている。
写真出典：東武動物公園ホームページ

▲様々な生き物の寿命
グラフ参考：『生物はなぜ死ぬのか』（小林武彦著　講談社現代新書）

▲「木の葉」にそっくりなアケビコノハ

にばらまくが、成魚になるのは、わずか数十匹でしかない。これもいきなりこうなったわけではなく、徐々に卵の数の多い種が生き残って進化してきた結果なのだ。

●大きさで異なる生物の寿命

一般的に大型の動物は寿命が長い。哺乳類の場合は、体を構成する細胞の大きさは変わらないので、大きな体をつくるためには多くの細胞が必要となる。まず発生の段階でたくさん細胞分裂をして、その数を増やさなければならないため、時間がかかるのだ。

さらに、生まれてから成獣になるまでの期間も長くなり、哺乳類などでは必然的に子を保護する親の寿命も長くなる。たとえばゾウの妊娠期間は22カ月で、成獣になるまでには20年かかる。寿命は約70〜80年である。

大型の動物の死に方は、寿命による死が多い。もちろん、大型であっても強い天敵がいる場合は捕食されることもあり、特に子どもの死亡率は親に比べて高くなる。また、大型の動物は大量の食料を必要とするので、自力での食料の確保ができなくなったら、もはや生きてはいけない。元気なうちは大型であると有利な点が多いが、それが不利になる場合もあるのだ。

一方、小さな生物は寿命が短い。たとえば酵母は、菌類に属する単細胞の真核生物だが、２〜３日で死んでしまう。出芽酵母はアルコール発酵作用を持ち、お酒造りには欠かせない。また、パンを膨らませたり醤油をつくったりと、人類の食生活に関係の深い生き物だ。その酵母にも、はっきりとした老化とその結果としての寿命がある。

酵母は母細胞から芽が出て（出芽）、それが徐々に大きくなり、少し小さい娘細胞となって分離（分裂）するが、ひとつの母細胞が一生で産める娘細胞の数、つまり分裂できる回数は約20回と決まっている。通常は1.5時間で１回の分裂が、18回目の分裂あたりから急に遅くなり（老化）、20回で増殖を停止し、やがて死んでしまう。たった２〜３日間の短い命である。

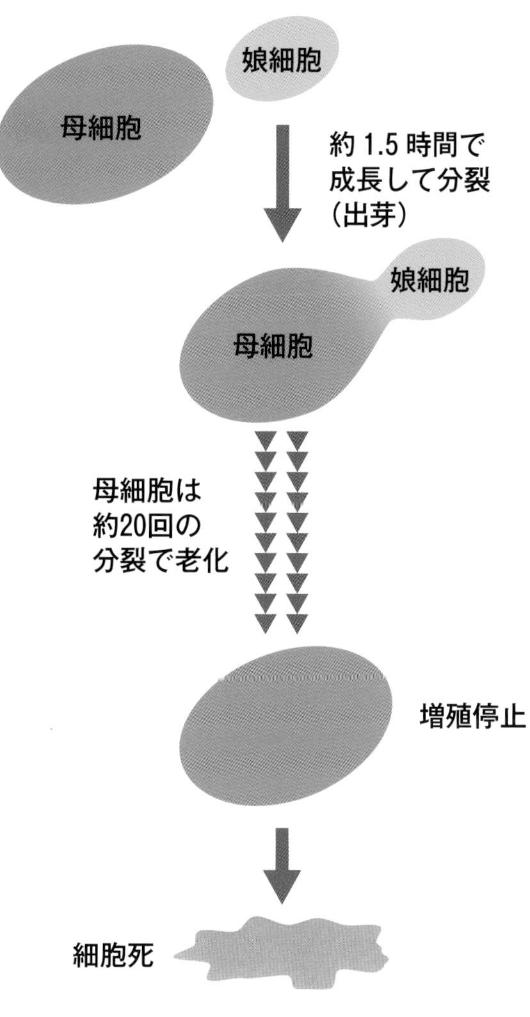

▲出芽酵母の一生

参考：『生物はなぜ死ぬのか』（小林武彦著　講談社現代新書）

●寿命という死に方はない!?

ほとんどの生物は、それぞれの寿命を持っている。では、寿命で死ぬというのはどういうことなのか？

実は「寿命」という死に方（死因）は、科学的に定義されているわけではない。ヒトの場合でも、死亡診断書には「寿命」とは書かれないのである。動物が死ぬときは、必ず心臓が止まるなどの何らかの直接的な原因がある。生理現象としてあるのは、組織や器官のはたらきが時間とともに低下する「老化」で、その最終的な症状（結果）として、寿命という死（老衰死）があるのだ。

▲ヒトは誰も老化から逃れることはできない
Adobe Stock ©Ingo Bartussek

■不可逆的な細胞の老化

現代人の多くは、「老化の過程」で死ぬ。老化は細胞レベルで起こる不可逆的、つまり後戻りできない「生理現象」で、細胞の機能が徐々に低下し、分裂しなくなり、やがて死に至る。

細胞の機能の低下や異常は、がんをはじめ様々な病気を引き起こし、表面上はこれらの病気により死ぬ場合が多いが、おおもとの原因は免疫細胞の老化による免疫力の低下や、組織の細胞の機能不全によるものである。

●老化はいつ起こるのか？

ヒトなど多細胞生物は、元はひとつの細胞（受精卵）から始まり、これが何度も分裂して細胞の数を増やしていく。細胞分裂で最も重要なイベントは、生物の遺伝情報の本体であるDNAの複製（コピー）である。

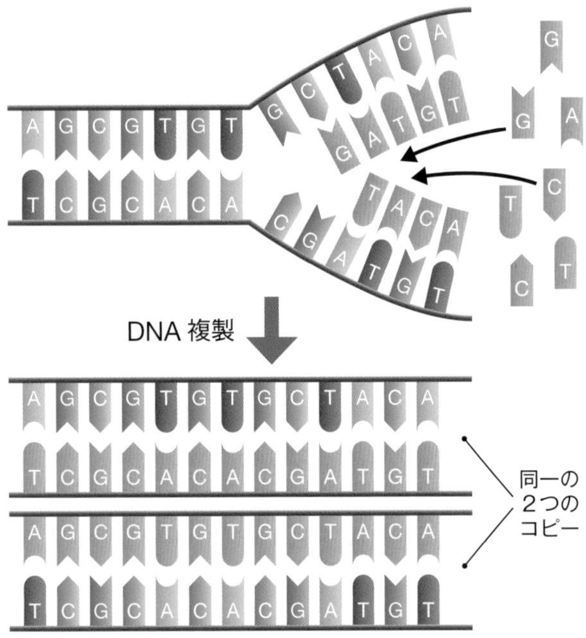

▲DNA複製の仕組み
DNA合成酵素のはたらきにより、2本鎖のDNAがほどけ、それぞれのDNAに対応する塩基（薄いグレー）がつながっていく。すると、まったく同じ配列の2本鎖DNAが2本できる。
参考：『生物はなぜ死ぬのか』（小林武彦著　講談社現代新書）

細胞分裂を重ねて細胞の数が増えてくると、それぞれが違う役割を持つようになり、体を形づくる。これが細胞の分化である。その過程で、組織や器官を構成する細胞（体細胞）、卵や精子をつくる生殖細胞、そして一生にわたり新しい細胞を生み出す幹細胞の３種類に分かれる。

ヒトの体細胞は数十回分裂すると分裂をやめてしまい、老化して死んでいく。それらの失われた細胞を供給するのが幹細胞である。たとえば、皮膚の幹細胞は表皮の下の真皮に存在し、新しい皮膚の細胞を供給し続けている。毎日お風呂で体をゴシゴシ洗って、垢として古い細胞を取り除いても、腕が細くならないのはそのためである。

このような細胞の老化、そして新しい細胞との入れ替えは、赤ちゃんでも起こっているのだ。

生殖細胞と幹細胞は生涯生き続けるが、ゆっくりと老化している。生殖細胞の老化は、受精効率、発生確率を低下させる。これに対して、幹細胞の老化は新しい細胞の供給能力を低下させる。そのため歳を取るとケガが治りにくくなったり、感染症にかかりやすくなったり、内臓の機能が低下するなど、全身の機能に影響が出てくる。

つまり、幹細胞の老化が、個体の老化の主な原因のひとつとなっているのである。

●細胞は自殺する!?

実は細胞には、決まった時期に決まった場所で自ら自殺するように、あらかじめ、プログラムが組み込まれている。たとえば胎児が胎内で成長する過程において、最初のうちは、手足の指は形成されていないが、だんだんと５本の指の形になっていく。これは指と指の間の細胞の一部が死滅していくからであり、最初からそのようにプログラムされているからだ。

こうした細胞死は「アポトーシス」と呼ばれる。ギリシャ語の「απόπτωσις」を語源とし、英語の「apo：離れて」と「ptosis：下降」に由来した命名だ。

このアポトーシスは、誕生後も続いていく。器官、特に内臓の細胞を入れ替えるためには、新しい細胞の供給に加え、老化した古い細胞の除去が必要だが、細胞が老化すると、自殺プログラムが発動され、細胞膜構造が変化し、核が収縮、ＤＮＡは断片化し、アポトーシス小胞と呼ばれる構造に分解。そのアポトーシス小胞は、マイクロファージ（白血球の一種）などに食べられてなくなってしまう。

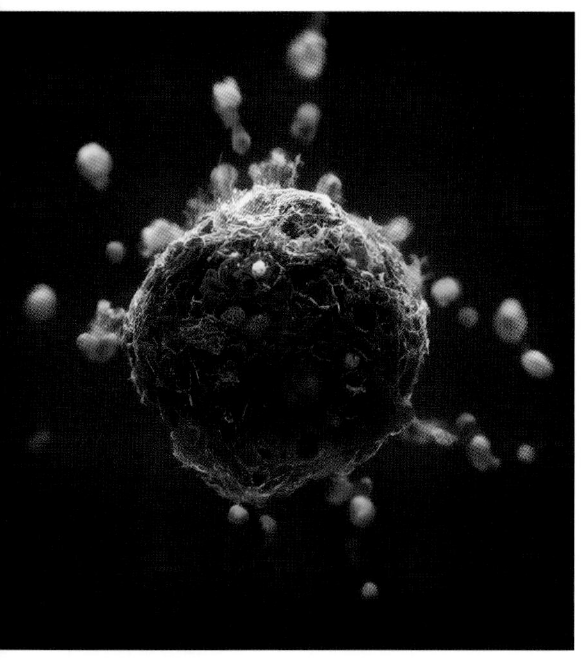

▲がん細胞を攻撃するサイトカインのイメージ
©Meletios Verras

しかしすべての老化細胞がきれいになくなってしまうわけではない。中にはそのまま組織内にとどまるものもいる。この残留した老化細胞がくせ者なのだ。やっかいなことに周りにサイトカインという物質をまき散らす。

そのサイトカインも、本来は免疫機構を活性化させるという重要な役割を果たしている。たとえば、細胞が、傷ついたり、細菌に感染したりした際、その細胞はサイトカインを放出する。すると炎症反応が誘導され、マイクロファージやリンパ球などの免疫細胞が一斉に集まってきて、傷ついた細胞や細菌を排除して、被害が拡大することを防いでくれる。つまり、サイトカインが放出されることで、組織は健康な状態を保てるわけだ。

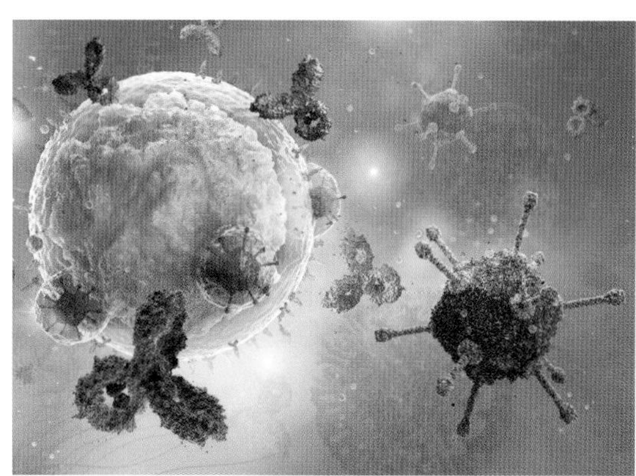

▲サイトカイン放出後、免疫細胞が集まり、異物を攻撃する3Dイメージ　Adobe Stock ©Corona Borealis

しかし、老化細胞が数多く組織内に残っていると、サイトカイン放出による炎症反応が持続的に引き起こされることとなり、結果的に臓器の機能を低下させ、糖尿病、動脈硬化、がんなどの原因となってしまうのだ。

当然のことながら、歳を取ればとるほど組織内の老化細胞は増加し、組織のはたらきが悪くなっていく。それとともにサイトカインの放出も続き、最終的に脳や心臓の血管、肝機能や腎(じん)機能などを低下させ、“老いた状態”をつくり出し、やがてヒトを死に追いやるのである。

■DNA 複製のメカニズム

分化した若い細胞を試験管に取り出すと約50回分裂した後に死んでしまうが、高齢者から取り出した細胞は、分裂回数が50回よりも少なくなることがある。これは細胞の分裂可能な回数に限界があることを示している。このメカニズムはなかなか解明できず、しばらくは謎のままだったが、ここで再び登場するのが、DNAの複製のメカニズムである。

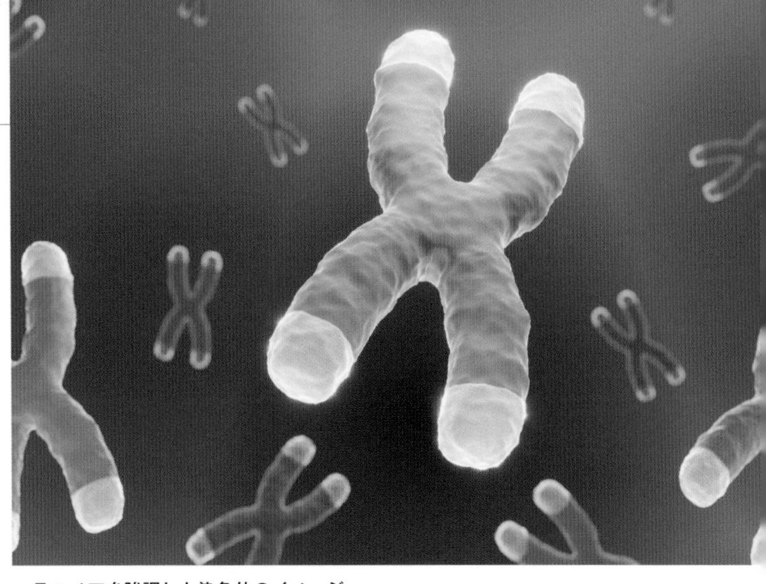

▲テロメアを強調した染色体のイメージ
白い部分がテロメア。老化とともに短くなっていく。
Adobe Stock ©Artur

●DNA 複製の2つの弱点

DNAの複製は驚異的な正確性を誇るが、完全ではなく、2つの大きな弱点がある。ひとつは10億塩基に1回のコピーミスがあること、つまりエラーの蓄積である。そのため、老齢個体ほど、ゲノムに変異をたくさん抱えていることになる。

もうひとつは、染色体の末端のDNA複製についてである。DNA合成酵素が複製を始めるときには、まず鋳型(いがた)となるDNAに相補的(そうほてき)なプライマーが必要となる。プライマーとはDNA複製時に起点となる短いRNAだ。最終的には、このRNAプライマーが取り除かれてDNAで埋められ、合成は終了する。

しかし問題なのは、この短いDNAはテロメア（染色体の末端）ではつくれないことだ。そのため、DNA複製（細胞分裂）のたびに染色体の端がプライマーの分だけ短くなってしまうのだ。

●テロメアを伸長させる酵素がある!?

前述したように、DNA の末端が複製のたびに短くなると、染色体はどんどん短くなり、遺伝子が失われてしまう。それを避けるために活躍しているのが、テロメアを伸ばすはたらきを持つテロメラーゼ（テロメア合成酵素）である。

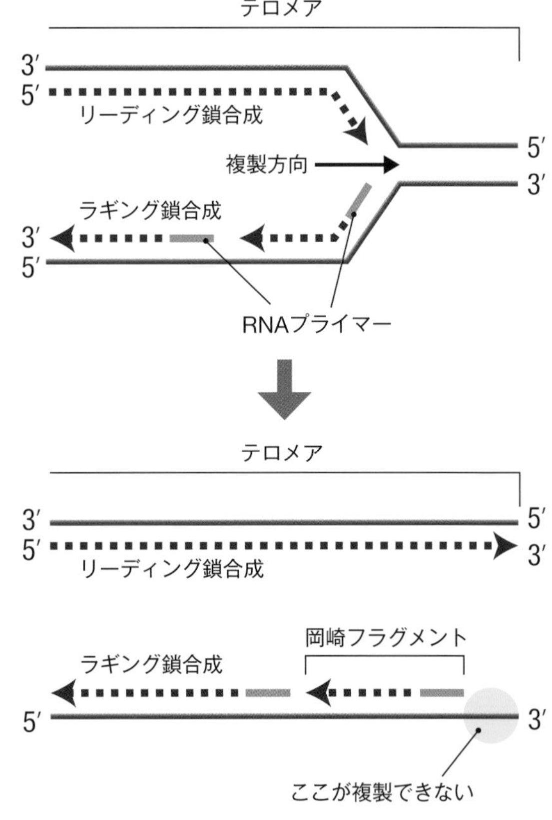

▲2本鎖DNA複製の仕組み

DNA合成酵素は、合成できる方向が5'→3'方向と決まっている。ラギング鎖合成の場合、素直に合成方向に進むことができないので、プライマーのRNAを前方に合成して、そこから戻りながら短いDNAを合成するという作業を繰り返す。これらの短いDNA断片を岡崎フラグメントと呼ぶ。

参考：『生物はなぜ死ぬのか』（小林武彦著　講談社現代新書）

テロメラーゼは、テロメアの繰り返し配列をつくるための鋳型となるテロメアRNAを持っており、たとえば生殖細胞においては大活躍して、テロメアの長さを維持している。また、新しい細胞を生み出す能力のある幹細胞も、生殖細胞同様、テロメラーゼが発現して、テロメアの長さが維持される。

しかし、幹細胞や生殖細胞以外の体細胞では、テロメラーゼが発現しないか、発現したとしても弱い活性しか示さない。そのため、テロメアは細胞分裂のたびに短くなり、本来の半分ほどの長さになると“細胞の老化スイッチ”がオンになり、その一生を終えてしまう。

生殖細胞は次世代に命をつなぐために必要不可欠な大切な細胞だ。また幹細胞は発生の過程や組織・器官の維持において細胞を供給するという役割を担っている。その2つの細胞で、テロメラーゼが発現するからこそ、ヒトは体を維持し子孫を残してくることができたのだ。

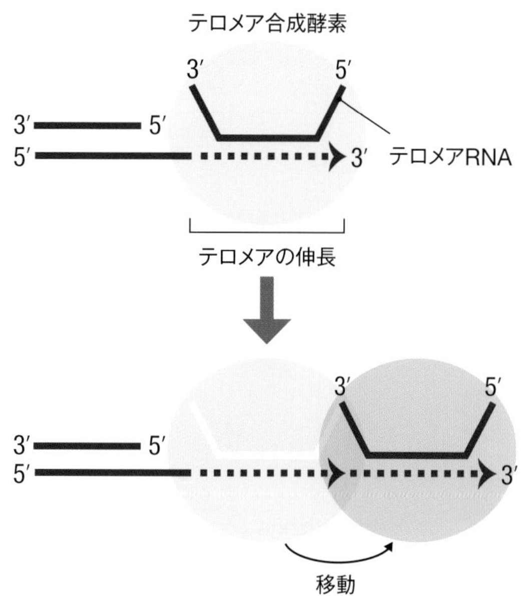

▲端っこを伸ばすテロメアの合成

参考:『生物はなぜ死ぬのか』(小林武彦著 講談社現代新書)

COLUMN 免疫や細胞の老化が、がん化のリスクを抑えている

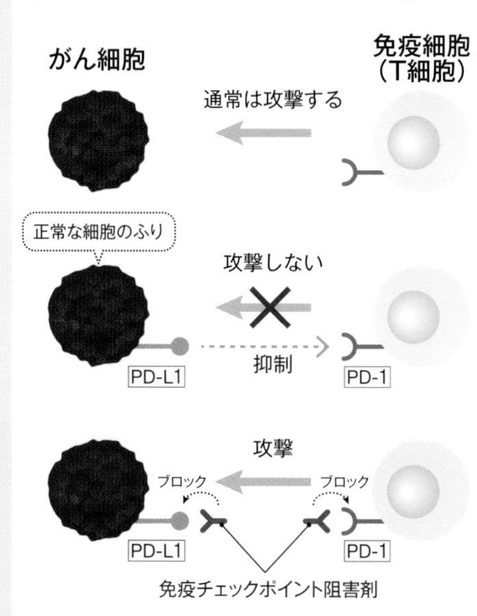

ヒトの体には約37兆個の細胞があり、そのうちひとつでもがん細胞が生き残ると、他のすべての細胞も死んでしまう。生物は多細胞化の進化の過程で、がん化のリスクを最小限にすべく、全細胞のクオリティコントロール(品質管理)の機能を獲得した。

その機能は、主に免疫機構と細胞老化機構の2つのメカニズムで支えられている。

免疫機構は外部からの細菌やウイルスなどの侵入者のみならず、老化した細菌やがん細胞などを攻撃し、排除するはたらきがある。この機能をうまく使ったのが、がん治療の新しい方法である免疫チェックポイント阻害剤である。

また、細胞老化には、活性酸素や変異の蓄積により、異常になりそうな細胞を異常になる前にあらかじめ排除し、新しい細胞と入れ替えるという非常に重要なはたらきがある。これによって、がん化のリスクを抑えているというわけだ。

▲がん細胞のPD-L1による免疫抑制

PD-L1を持つがん細胞に免疫細胞(T細胞)のPD-1が結合すると、がん細胞と認識されず、免疫細胞の攻撃を受けずに、がん細胞は増殖する。この性質を逆に利用して開発された抗がん剤が「免疫チェックポイント阻害剤」である。この抗体はPD-L1とPD-1を認識し、免疫チェックポイントを阻害、T細胞を活性化することでがん細胞を攻撃する。

参考:『生物はなぜ死ぬのか』(小林武彦著　講談社現代新書)

■長寿「ハダカデバネズミ」の生き方

◀ハダカデバネズミ
Adobe Stock © Eric Isselée
口の中からではなく、唇を突き破って出っ歯が生えているため、歯で土を掘っても、口の中には土が入ってこない構造になっている。また、目は退化して小さく、明るさを感じる程度だが、匂いから情報を得るためか、ブタのような大きな鼻を持っている。

ハダカデバネズミというネズミがいる。その名の通り、毛がなく出っ歯で、東アフリカ（エチオピア、ケニア、ジブチ、ソマリア）の乾燥地域にアリの巣のような穴を掘りめぐらし、その中で、植物の根などを食べて一生を過ごすネズミである。

天敵は時折ヘビが侵入してくるくらいで、あまりいない。そのため、体長は10cmと同じ齧歯類（げっしるい）のハツカネズミとほぼ同じサイズながら、ハツカネズミの寿命が2～3年なのに対して、ハダカデバネズミは30年と10倍ほど長く生きる。ネズミの仲間では最長寿だ。

●省エネ体質が長寿の秘訣

ハダカデバネズミが長寿になったのは、天敵が少ないためだけではない。まずは、低酸素の生活環境ということである。深い穴の中で、100匹程度が集団生活を送っているため、酸素が薄い状態に適応しているのだ。普通のネズミは酸素がなくなると5分程度で死んでしまうが、ハダカデバネズミは20分程度生きていられる。また、体温も非常に低く（32度）、体温を維持するエネルギーが少なくていいので、食べる量も少なくて済む。

この代謝が低い省エネ体質のさらに有利な点は、エネルギーを生み出すときに生じる副産物の活性酸素が少ないということである。活性酸素は、生体物質（タンパク質、DNAや脂質）を酸化させる作用のある老化促進物質であり、これらが少ないということは、細胞の機能を維持するうえで有利なのだ。

たとえば、DNAが酸化されると遺伝情報が変化しやすくなり、がんの原因となるが、そのリスクが減る。実際、ハダカデバネズミはまったくがんにならない。

そのうえ、狭いトンネルの中で暮らしているため、体に多くのヒアルロン酸が含まれ、皮膚に弾力性を与えている。このヒアルロン酸も抗がんの作用があることが判明している。

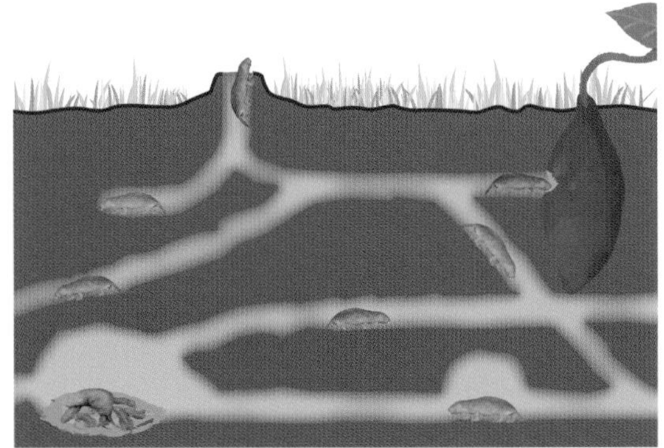

▲ハダカデバネズミの巣穴のイメージ
長いものでは全長約3㎞にも達する巣穴の中で、数10匹から300匹ほどのコロニー（群れ）を形成し生活する。

●「真社会性」を取る生き物

省エネ体質に加えて、もうひとつの長寿の原因となる特徴は、哺乳類では珍しく「真社会性」を取る生き物であるということだ。真社会性とは、ミツバチやアリなどの昆虫で見られる女王を中心とした分業制である。

ハダカデバネズミはコロニーを形成しているが、その中で子どもを産むのは、ミツバチの女王バチのように、１匹の女王ネズミだけである。ミツバチの場合は、はたらきバチはすべてメスで、それらは生まれながら子どもを産めない。一方、ハダカデバネズミの女王以外のメスは、女王ネズミの発するフェロモンや物理的な接触などによって排卵が止まり、子どもが一時的に産めなくなっている。女王ネズミが死んでいなくなると、排卵が復活した別のメスが女王になり、子どもを産み始めるのだ。

女王以外の個体は、それぞれ仕事を分業している。護衛係、穴掘り係、食料調達係、掃除係、子育て係、布団係などだ。たとえば、布団係はゴロゴロして子どものネズミを温め体温の低下を防いでいるが、真社会性の大切なことは、これらの分業により仕事が効率化し、１匹当たりの労働量が減少することである。その結果多くの個体もゴロゴロ寝て過ごす姿が見られ、こうした労働時間の短縮と分業によるストレスの軽減が、寿命の延長に重要だったと考えられている。そして、寿命の延長により、「教育」に費やせる時間が多くなり、分業がさらに高度化・効率化し、ますます寿命が延びたというわけである。

●理想的なピンピンコロリ

約30年も生きるハダカデバネズミだが、不思議なことに若齢個体と老齢個体でその死亡率にほとんど差がない。しかも、その生存期間の８割の期間は、活動量、繁殖能力、心臓拡張機能、血管機能などにおいて、老化の兆候を示さないことが報告されている。つまり、歳を取って元気のない個体がおらず、死ぬ直前までピンピンしている。

何が原因で死ぬのかはわかっていないが、まさにピンピンコロリで理想的な死に方なのだ。

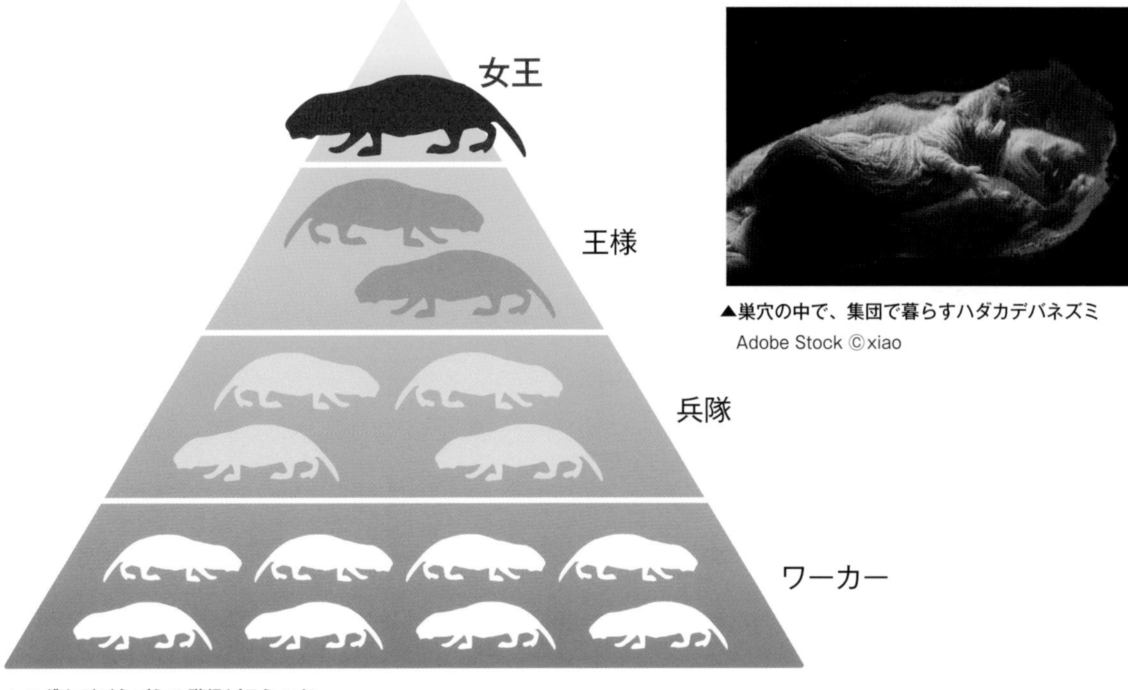

▲巣穴の中で、集団で暮らすハダカデバネズミ
Adobe Stock ©xiao

▲ハダカデバネズミの階級ピラミッド
コロニーを支配する女王を頂点に、王様（繁殖のためのオス）、ヘビなどの外敵から巣を守る兵隊、エサ集め、穴掘り、子育てなどをするワーカーに階級が分かれる。
体の大きさは、女王>王様>兵隊>ワーカーの順番である。

■性別を決めるＹ遺伝子が危ない！

生物が子孫を残す方法としては、無性生殖と有性生殖の２つの方法がある。単に子孫を残すだけなら、ひとつの個体が単独で新しい個体を残す無性生殖のほうが容易である。しかし多くの生物は、わざわざ手間のかかるオスとメスの染色体（たとえばＸ染色体とＹ染色体）をつくって新しい個体が誕生させる有性生殖という方法を取っている。

これは、そのほうが多様性を実現でき、その結果として環境変化に対応しやすかったからだと考えられている。

しかし、その有性生殖に変化が生じていると指摘されている。2002年には、オーストラリア国立大学教授のジェニファー・グレイヴス（遺伝学者）が、「３億年前にはＹ染色体上に約1400個の遺伝子があったのが、それが遺伝子のコピーミスのために減少しており（現在は100個程度）、500万年後には消えてしまうかもしれない」とする論文を発表して、生物の進化を見直すひとつのきっかけとなった。

● 有性生殖と無性生殖の違い

生物が子孫を残す方法には、前述したように、無性生殖（ひとつの個体が単独で新しい個体を形成する生殖）と有性生殖（オスとメスによる生殖）があるが、地球の生命は無性生殖から始まった。しかし、環境の変化が繰り返される中で、有性生殖生物が増えていった。

無性生殖では、親の体の一部が分離して新しい個体になるために、新しい個体は親の遺伝子をすべてそのまま受け継いでいる。そのため、環境の変化に対応することができなかった。

それに対して有性生殖では、交配を通じて様々な遺伝的組み換えが起こり、多様な子孫が生まれる。そのため有性生殖を行う生物には、環境が変化した際にもそれに適応した子孫が早く生まれ、絶滅のリスクが少なかったからである。

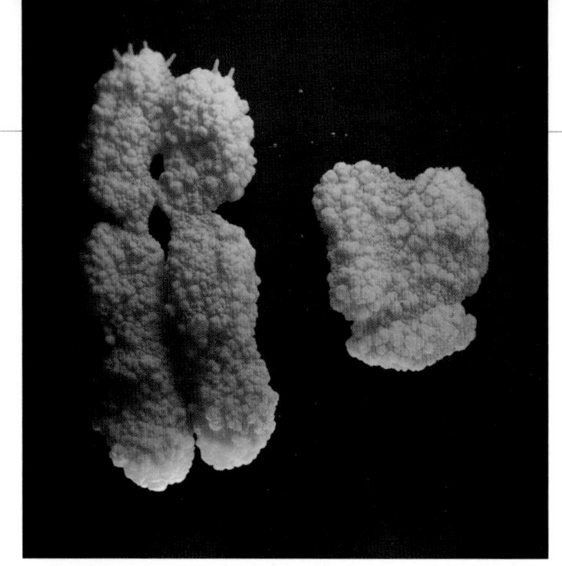

▲Ｘ染色体（左）とＹ染色体（右）のイメージ
iStock ©Firstsignal

● ヒトの染色体と減数分裂

ヒトの場合、父親と母親のそれぞれから受け継いだ46本の染色体が23対のペアになって細胞の核の中に収納されている。この46本の染色体のうち、44本は常染色体といい、お互いに同形同大の染色体同士が対（ペア）となっており、相同染色体と呼ばれ、右図に示すように、サイズの大きいほうから、１～22の番号がついている。

また、46本中、残りの２本が性染色体で、それぞれＸとＹの記号がつけられており、ＸＸかＸＹのペアとなっている。そして、この性染色体のＸとＹの組み合わせで性別が決定する。性染色体がＸＸのペアになると女性に、性染色体がＸＹのペアになると男性になる。

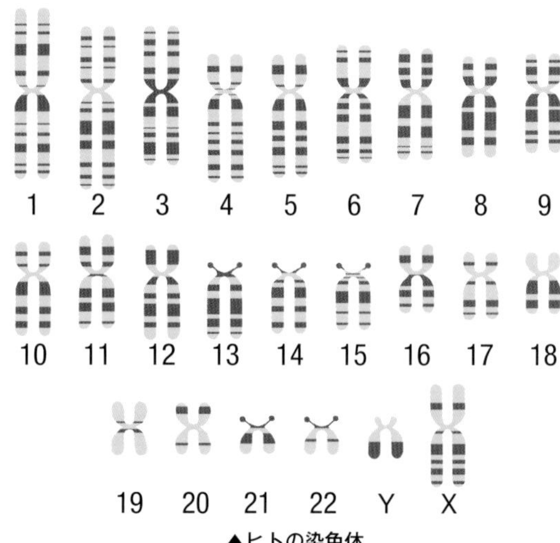

▲ヒトの染色体

ちなみに、ヒトの体をつくっている体細胞はすべて染色体が46本23対の２倍体だが、卵子と精子などの生殖に関わる細胞（配偶子）は減数分裂により染色体の数が半分になっている。つまり、精子や卵子の染色体は体細胞の染色体数の半分（23本）で１倍体（単数体）と呼ばれる。この染色体を23本持った精子と卵子が結びつくことで、受精卵は体細胞と同じ量の染色体を得ることになるのだ。

始原生殖細胞

相同染色体

1. 染色体は同じものが2本セットで存在する（相同染色体）。ヒトでは1本は父親、もう1本は母親由来。

姉妹染色分体

2. それぞれの染色体が複製し2対の姉妹染色分体となる。

3. 姉妹染色分体が対合し二価染色分体となる。一方の染色分体に DNA の2本鎖切断が起こり、その末端が削られ組み換えが開始する。

4. 切断末端が相同染色体の相同配列に入り込み、そこで DNA 複製が起こる（黒点線）。赤矢印部で1本鎖DNA が切られてそれぞれ別の鎖（赤は黒、黒は赤）とつなぎ換えられ組み換え終了。

5. 組み換えにより、染色体の一部が乗り換えを起こす。

6. 相同染色体が分離し、減数第一分裂終了。

7. 引き続き染色分体が分離し、減数第二分裂終了。4つの配偶子（精子等）になる。

a b c d

▶**減数分裂時に起こる遺伝的組み換え機構**
始原生殖細胞とは配偶子の元となる細胞のこと。まずDNA が複製されて染色体が倍加し２本の姉妹染色分体となり（２）、さらにこれらが対合（ついごう）して４本の二価染色分体となる（３）。この時に一方の染色分体に切断が起こり、その切断片がもう一方の染色分体の相同配列に入り込み組み換えを起こし、染色分体が乗り換える（５）。このようにして新しい組み合わせの染色体を持つ配偶子（bとc）がつくられる。

参考：遺伝学電子博物館「DNAの組み換え」

●性別を決定しているのはＹ遺伝子

それにしても、性別はどうやって決定されているのか。そのきっかけとなるのは、Ｙ染色体性決定領域遺伝子（SRY：Sex-determining region Y）である。この遺伝子は、その名の通り、Ｙ染色体に乗っているが、卵子と精子が受精した後、胚を形成するときにはたらき、未分化状態の生殖腺（せいしょくせん）を精巣に分化させる引き金となるのである。

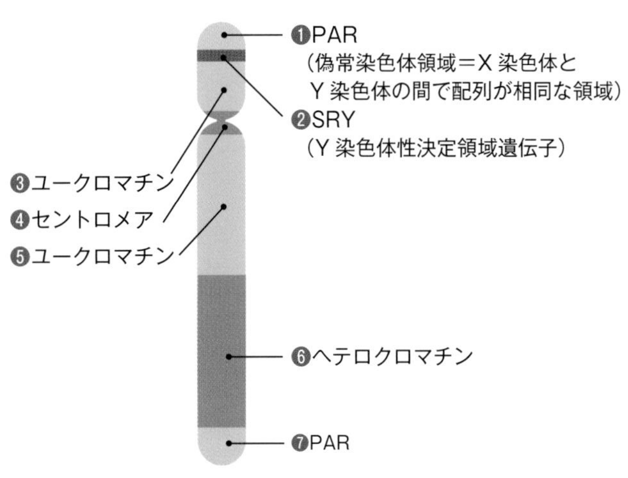

▲ヒトのＹ染色体の構造

● 少しずつ減っている Y染色体性決定領域遺伝子

性別を決定するのが、Y染色体性決定領域遺伝子（SRY）だが、前述したように、ジェニファー・グレイブス教授が、「ヒトのY染色体性決定領域遺伝子は500万年後に消失してしまうだろう」と指摘している。実際、152ページの「ヒトの染色体」の図を見てもわかるように、Y染色体はX染色体よりかなり短く、小さいことがわかるだろう。

だが、もともと小さかったわけではない。最初の哺乳類が登場した1億6600万年前には、Y染色体はX染色体と同じサイズで、同じ遺伝子量を持っていたと考えられている。しかし、Y染色体には大きな欠陥があった。それは、X染色体には生存に必要な遺伝子があり、必ず1本は必要であるということだ。つまり、性染色体にはXXという組み合わせとXYという組み合わせしかない。YYという組み合わせは存在できないのだ。

それが、長い年月の間にY染色体性決定領域遺伝子が少しずつ数を減らした原因だと考えられている。たとえば、伴性潜性（劣性）遺伝（性染色体上に存在する遺伝子が親から子に伝わること）によって発生する疾患は、X染色体にスペアのない男性（XY）に多く発症する。一方、X染色体にスペアのある女性（XX）の場合は、潜性（劣性）の場合、両方のX染色体に疾患の発症原因となる遺伝子を持たないと発症しないため、女性が発症することは稀（まれ）である。

また、XXの組み合わせなら、2本のペアで存在しているため、一方に何らかの変異や異常が起こった場合でも相同組み換えなどで修復して遺伝情報を維持することができるのに対し、XYの組み合わせでは修復することができず、Y染色体の方がX染色体よりも壊れやすくなる。そのため遺伝情報が徐々に失われていったのだ。

● 相同組み換えとは？

相同組み換えとは、切断された染色体（2本鎖DNA）を配列がよく似ているDNA(相同なDNA)を用いて修復する現象である。染色体（DNAの2本鎖）が切れてしまうと遺伝子の情報が分断されたり、細胞分裂の時に染色体の一部が失われたりしてしまう。それを防ぐために、よく似た遺伝子を使って切れた染色体をつなぎ直すのだ。たとえばXXなら、両染色体間でそれが可能だ。しかし、XYでは組み換え修復ができない。そのため、遺伝情報は失われることがある。

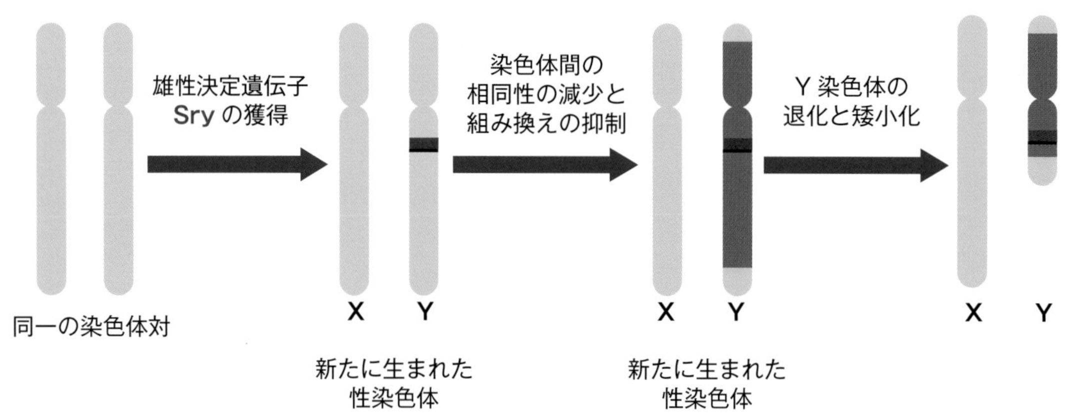

▲相同組み換えによる性染色体の変遷

●この世から男は消えてしまうのか

Y染色体性決定領域遺伝子がなくなってしまうと、男性は絶滅してしまうのだろうか。

共通の祖先を持ち、2500万年前に進化的に分岐したヒトとアカゲザルのY染色体を比較した研究では、ヒトはこの間、たったひとつの遺伝子を失っただけだし、アカゲザルは1個も失っていなかった。つまり、Y染色体性決定領域遺伝子が小さくなるペースは、実際には心配するほど速くないようである。

また近年の研究では、現存の生物種のY染色体に残っている遺伝子は極めて安定していることも明らかになっている。淘汰されたものの、本当に必要な遺伝子はちゃんと残っているのだ。

とはいえ、長いスパンで見れば、Y染色体が小さくなっているのは事実である。それについて、残ると考える研究者は、防衛機構が機能していると主張し、一方、絶滅派は時間の問題だという。あるいは、「それよりも、500万年後に人類が果たして存在しているのか」と危惧する研究者もいる。

ひょっとすると、ヒトがY染色体を持たずに子孫を残すように進化する可能性もある。

たとえば、トゲネズミとモグラレミングの仲間には、Y染色体を持たないのにちゃんとオスとメスが生まれる種がいる。

▲アマミトゲネズミ
出典：公益財団法人東京動物園協会　東京ズーネット

日本の奄美大島に生息しているアマミトゲネズミや徳之島に生息しているトクノシマトゲネズミもそうだ。いずれも、性染色体がXO/XO型である。そして沖縄本島に生息するオキナワトゲネズミは、同じトゲネズミであるにもかかわらず、性染色体がXX/XY型だ。

トゲネズミを研究している北海道大学の黒岩麻里教授は、アマミトゲネズミやトクノシマトゲネズミは、独自に進化を遂げたのではないかとしたうえで、「SRY遺伝子に代わる遺伝子がどこか別の染色体上にあって、それがオス化を起こすスイッチを入れているのではないか」としている。これは、Y染色体がなくなったとしても、それがオスの絶滅を意味するわけではないということだ。これらの種では、オスになるのに必要な遺伝子が別の染色体に移動しているのである。

性染色体の組み合わせ

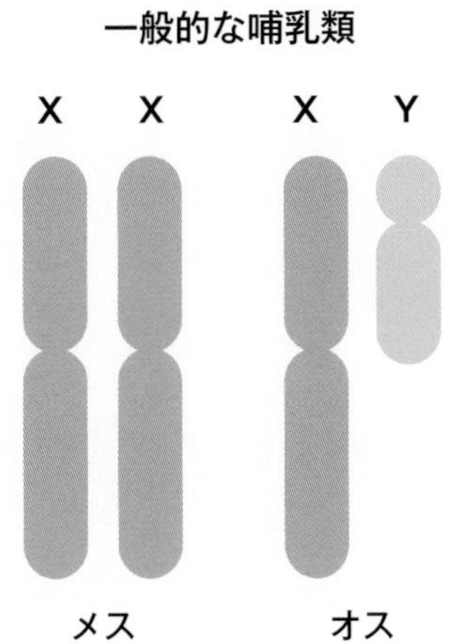

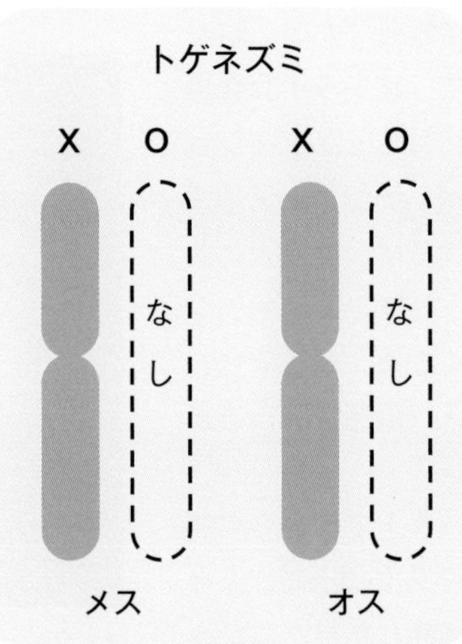

◀一般的な哺乳類とトゲネズミの性染色体の組み合わせ

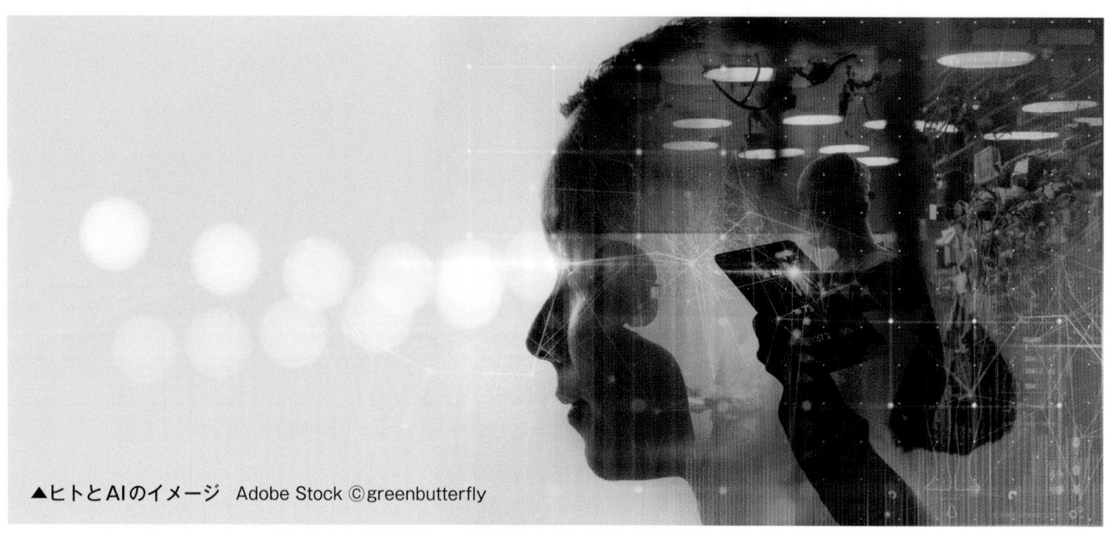
▲ヒトとAIのイメージ　Adobe Stock ©greenbutterfly

■ヒトはコンピュータと共存できるのか？

ヒトは約600万年前、チンパンジーなどの類人猿と共通の祖先から枝分かれし、進化した。そして、これまでヒトは集団（社会）の中で進化してきた。「進化が生物をつくった」と考えれば、ヒトはコミュニケーションで進化してきたともいえる。

しかし、人間社会は今、集団を大切にする考えから、より個人を大切にする考え方へ転換しようとしているようにも見える。仮にここから600万年、ヒトが進化を続けるのなら、集団よりも、「個」を優先した進化における選択もあり得るかもしれない。

●ヒトはメタバース（仮想空間）で生きるのか!?

現在のコミュニケーションツールのメインは、スマホやパソコンといった電子媒体である。新型コロナウイルスの影響によって、オンライン会議やオンライン授業の普及など、コミュニケーションの形は大きく変化した。だが、デジタル信号情報を介したコミュニケーションでは、直接人と会った場合と比べ、「心」の通ったコミュニケーションは、どうしても取りづらくなる。そこで今、注目されているのがメタバース（仮想空間）である。

メタバースでは、コンピュータ上で仮想の空間をつくり、そこにアクセスすることによって、人々はまるで現実の空間のように活動したり、コミュニケーションを取ったりすることができるとされている。

実際、朝起きたらすぐVR（バーチャルリアリティ）ゴーグルをつけ、１日中メタバースに没頭し、アバターを通じてユーザー同士で交流している人たちもいる。またメタバースでは、アバターは自由に設定できるので、性別、年齢関係なく、男性が女性、女性が男性になっていることも見られる。

現在、メタバースはゲーム業界をはじめ、音楽、不動産、観光、小売り、医療など、様々な業界で利用され始め、教育業界でもその活用が期待されている。しかし、それにより、人間社会そして人間そのものの存在がどう変化していくのか、その未来像は見えていない。

▲メタバースのイメージ　Adobe Stock ©Thinkhubstudio

●AIとどうつき合えばいいのか

AI（人工知能）と聞いてまず思い浮かべるのは、SF映画に出てくる人型などのロボットだろう。いうまでもなく、AIは人間がつくり出したものであり、人が情報を入れ込むことで、ヒトっぽい存在にすることができる。人に創造された“人格”という意味では、AIもまたアバターといっても過言ではない。アメリカの未来学者であるレイ・カーツワイルは、2045年にAIが人間よりも優れた知識・能力を持つシンギュラリティ（技術的特異点）に到達するという予測をした。

また、イギリスの宇宙物理学者であるスティーブン・ホーキング博士（1942〜2018年）は、最後に書き上げた著書『BRIEF ANSERS to THE BIG QUESTION』（2018年10月刊）の中でAIについて、「気がかりなのは、AIの性能が急速に上がって、自ら進化を始めてしまうことだ。遠い将来、AIは自分自身の意思を持ち、私たちと対立するかもしれない」としたうえで、「AIの到来は、人類史上最善のできごとになるか、または最悪のできごとになるだろう」と警鐘を鳴らしている。

AIは「特化型AI」と「汎用型(はんようがた)AI」に分類され、「弱いAI（特化型）」「強いAI（汎用型）」という分け方もある。特化型は文字通り、特定の決められた課題に対して自動的に知的活動を行うものである。たとえば、スマホやパソコンの音声認識や画像処理、掃除ロボット、車の自動運転システムなどが挙げられる。かつてチェスや将棋、囲碁のチャンピオンを破り驚かせたAIは、それぞれのゲームに特化したものだが、その分野に関しては人間をはるかに凌駕(りょうが)した機能を持ち、最近話題のチャットGPTなどもこのグループに含まれる。

それに対して、人間の頭脳と同じように様々な課題解決を可能にしたのが汎用型AIだ。たとえば、ドラえもんである。ただ、研究開発は続けられているが、現時点では、まだ実現には至っていない。

ホーキング博士らが問題視しているのは、この汎用型AIである。

人はいずれ死ぬが、破壊されない限り“生き続ける”汎用型AIが無限にバージョンアップを繰り返し、アバターとしての役割ではなく、“自分の意思”を持ったらどうなるのか。

ホーキング博士はこうも言っている。

「AIのような強力なテクノロジーについては、最初に計画を立て、うまくいく道筋を整えておく必要がある。私たちの未来は、増大するテクノロジーの力と、それを利用する知恵との競争だ。人間の知恵が、確実に勝つようにしようではないか」

▲汎用型人工知能（AIロボット）のイメージ　Adobe Stock ©PhonlamaiPhoto

▲核戦争のイメージ　Adobe Stock ©severin

■未来に生き残る生物は？

2015年２月、イギリスのオックスフォード大学の研究者を中心としたグループが「12Risks That Threaten Human Civilization」というレポートを公開した。直訳すると「文明を脅かす12のリスク」だが、当時は「人類滅亡、12のシナリオ」としてセンセーショナルに報道された。

12のリスクには、現在進行中のリスクとして①極端な気候変化、②核戦争、③世界規模のパンデミック、④生態系の崩壊、⑤国際的なシステムの崩壊（世界経済がグローバル化して、経済危機や貧困の差が拡大し、社会混乱や無法状態をもたらす）の５つが、外因的なリスクとして⑥巨大隕石の衝突、⑦大規模な火山噴火、新たなリスクとして⑧合成生物学、⑨ナノテクノロジー、⑩人工知能、⑪その他の未知の可能性の４つが、そして、国際政治のリスクとして、⑫政治の失敗による国際的影響（問題発生時、まずはその国で適切に対処しないと、問題が世界全体に広がり、悪化させることに）が挙げられている。８年後のいま、世界的な気候変動による生態系の破壊、新型コロナウイルスによるパンデミック、ロシアによるウクライナ侵攻など、現実の脅威となっているケースも多く見られる。

現在、地球は第６回目の生物の大量絶滅時代に突入している。前回の約6650万年前の中世代白亜紀末期の大絶滅では、地球から恐竜など生物種の約７割が消え去った。果たして今回はどうなるのか。未来にはどういった生物が生き残るのだろうか。

●鳥類は勝ち組

第５回目の生物大量絶滅の危機を乗り越えたのが鳥類である。獣脚類の恐竜から進化した鳥類がなぜ生き延びることができたのかははっきり証明されていないが、隕石が衝突し森林が焼き尽くされたため、樹上性の鳥類はその棲みかを失い絶滅したが、地上性の鳥類は、地中などにわずかに残った種子類を、くちばしで掘り出して食べることができたため生き延びられたともされる。また移動能力の高さも、少ない食料を探すのに有利だったと思われる。その後、新生代での森林の回復により、再び樹上性の系統が生み出され、現在の繁栄につながっていると考えられている。そういう意味では、鳥類は勝ち組なのである。

▲空を埋め尽くすトリの大群　Adobe Stock ©henk bogaard

●恐るべきクマムシ

忘れてならないのは、クマムシである。クマムシはムシとはついているが、昆虫ではない。緩歩動物門に属する生き物である。最も古い化石はカンブリア紀（約５億4200年前～約４億8830年前）の岩石から見つかっているが、驚くべきはその生息域で、地球上では熱帯から極地方、超深海底から高山、温泉の中にまで及んでいる。

2007年にはクマムシの耐性を実証するため、宇宙空間に10日間さらすという実験が行われたが、クマムシは死ななかった。2019年に打ち上げられたイスラエルの月面探査機にはクマムシも乗せられていた。着陸には失敗したが、クマムシは月の世界で生きている可能性がある。もし人類が死に絶えてもクマムシは生き続けるだろう。

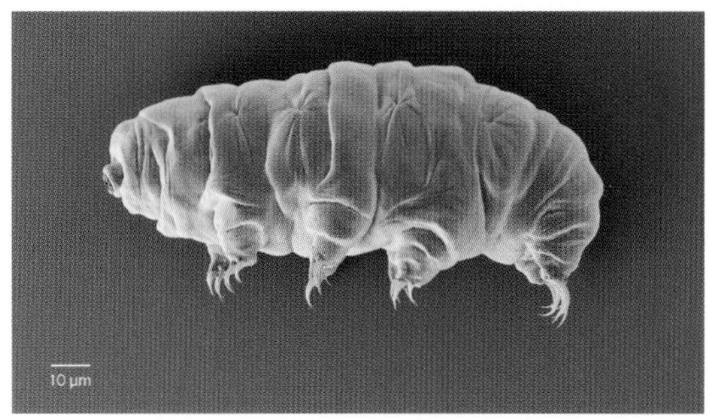

▲クマムシ（模型）
体調は50μmから1.7㎜。非常に強い耐久性を持つことから「長命虫」と言われたこともある。

●ショッキングな近未来のヒトの姿

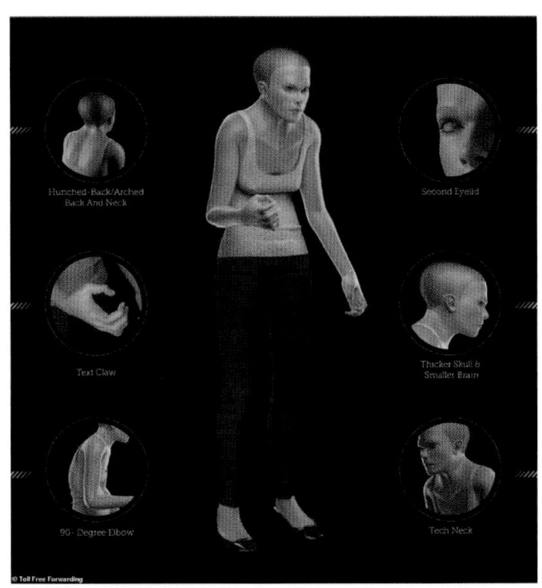

▲2100年の人間の３Ｄモデル
出典：Bill Whittle-YunTubeより

上の３Ｄ画像はアメリカのテック企業「Toll Free Forwarding」が示した、2100年における人間の姿の予想図だ。スマホの使いすぎやパソコンでの長時間作業で頭部が前傾し、それを支えるために首や肩甲骨周辺の筋肉が発達し猫背になる。頭は電子媒体から放射される電磁波から脳を守るため、頭蓋骨が大きくなり、中身の脳は運動力の低下から小さくなる。手はスマホを握ったままの形で固定され、指先もタッチしやすいようになっている。ブルーライトから守るためか、目には第２のまぶたができる——まるで宇宙人のようなこの画像は、様々な科学的予想に基づいて、同社が2019年につくった未来の人間の３Ｄモデル「Mindy」である。

進化は「変化と選択」を繰り返し、最低何万年もかかるので、このような劇的な変化が2100年までに起こることはない。ただ、遠い将来、たとえば100万年後ぐらいには、現在とかなり違う姿になっているのは間違いない。

●人類は宇宙で生き延びる!?

たとえば何万年後かに、地球滅亡の危機を迎えた人類は、何万光年も離れた地球以外の惑星に避難して生き延びることを考えなければならないかもしれない。

その方法としてヒトを睡眠状態にし、肉体を凍らせて移送するという手段もあるが、ゲノムはデジタル情報なので、データを送り、肉体をその現地で新たにつくるということも可能かも……。あるいはSFの世界だが、AIロボットに自分の意識を埋め込み、不死のアンドロイド（人造人間）として生き続ける道を選ぶことも考えられる。いずれにせよ、そんなに楽しそうな未来ではない。

地球が滅亡しないように、私たちのかけがえのない地球を大切にしたい。

■ 監修 ―――――― **小林武彦**（こばやし　たけひこ）

1963年、神奈川県生まれ。九州大学大学院修了（理学博士）。基礎生物学研究所、米国ロッシュ分子生物学研究所、米国国立衛生研究所、国立遺伝学研究所を経て、東京大学定量生命科学研究所教授。日本遺伝学会会長、生物科学学会連合代表などを歴任。日本学術会議会員。生命の連続性を支えるゲノムの再生（若返り）機構を解き明かすべく日夜研究に励む。海と山と演劇をこよなく愛する。主な著書に『寿命はなぜ決まっているのか』（岩波ジュニア新書）、『DNAの98％は謎』（講談社ブルーバックス）、『生物はなぜ死ぬのか』（講談社現代新書）などがある。

■ 編者 ―――――― 『GEOペディア』制作委員会

■ 編集・制作協力 ―― ザ・ライトスタッフオフィス（河野浩一、髙﨑外志春）

コトノハ（櫻井健司）

未来工房（佐藤弘子）

■ デザイン・DTP ―― Creative・SANO・Japan（大野鶴子／水馬和華）

GEO PEDIA ペディア

最新

生物の絶滅と進化の謎に迫る

2023年7月20日　初版発行

発行者　野村久一郎

発行所　株式会社 清水書院

〒102－0072　東京都千代田区飯田橋3－11－6

電話：東京(03)5213－7151

振替口座　00130－3－5283

印刷所　株式会社 三秀舎

Printed in Japan　ISBN978-4-389-50149-5